产品设计

谢玮 编著

化学工业出版社
·北京·

图书在版编目（CIP）数据

产品设计 / 谢玮编著 . —北京：化学工业出版社，2023.11

ISBN 978-7-122-44233-8

Ⅰ. ①产… Ⅱ. ①谢… Ⅲ. ①产品设计－高等学校－教材 Ⅳ. ① TB472

中国国家版本馆 CIP 数据核字（2023）第 181986 号

责任编辑：邵桂林
责任校对：王鹏飞
装帧设计：溢思视觉设计 / 姚艺

出版发行：化学工业出版社（北京市东城区青年湖南街13号　邮政编码100011）
印　　装：三河市延风印装有限公司
710mm×1000mm　1/16　印张$16^3/_4$　字数263千字　2024年1月北京第1版第1次印刷

购书咨询：010-64518888　　售后服务：010-64518899
网　　址：http://www.cip.com.cn
凡购买本书，如有缺损质量问题，本社销售中心负责调换。

定　　价：75.00元

前言 Preface

设计是人类社会发展当中的一项重要的社会文化活动，反映着整个社会发展的文明程度。21世纪，产品设计作为世界各国制造业之间竞争的重要动力，被人们逐渐认识并且关注，它对于各国经济的发展起着关键性作用。近年来，由于我国对于产品设计的高度重视，制造业也获得了飞速的发展，这些都使工业设计行业的前景更加宽广。随着科学的不断发展与创新，产品设计的概念也在不断与时俱进。但是，无论产品设计的概念如何扩展和演绎，其根本核心并未也不会发生改变。

本书围绕产品设计展开研究，内容共分为7章。第1章是对产品设计的基础理论，包括产品设计的定义、要素、基本原则、类型、产品设计师的能力和素质等；第2章主要阐述了产品设计的相关理论，包括设计管理、人机工程学、设计心理学、产品符号学、设计美学、形态语意学、CAD与CAM相关理论、产品系统设计理论、设计评价理论；第3章主要介绍了产品设计定位等内容，包括产品设计定位的基本概念、方法、步骤和过程；第4章主要介绍了产品设计程序及方法等内容，包括产品设计程序认知、产品设计市场调查、产品造型设计、产品模型制作等；第5章主要写了产品设计方法，包括仿生设计法、移植设计法、替代设计法、类比设计法、组合设计法、愿望满足设计法等；第6章主要介绍了产品设计创新思维与方法，内容有创新思维的产生、产品设计创意方法的应用、产品设计开发计划；第7章主要介绍了产品设计的发展与展望，包括现代设计思潮、未来设计的发展等。

在撰写过程中，笔者查阅了大量文献资料，借鉴了相关研究成果和实践经验，在此深表谢意。尽管笔者在写作中力求完美，但书中仍然难免有疏漏之处，恳请各位读者不吝赐教。

编著者

2023年7月

目录 Contents

产品设计 Product Design

绪论

自古以来，人类为了生存与生活，一直在不断地进行物质生产，创造了许许多多的物质文明，同时也促进了设计的发展。从历史的角度来看，产品是人们根据生活所需进行构思并制作出来的兼具造型样式和功能的器物，这种具有创造性的行为其实就是我们今天所说的“设计”。虽然设计的概念在近几百年才被提出来，但是它的实质诞生和传承却是伴随着人类的起源一直未停滞过。如今随着社会的进步和科学技术的迅速发展，世界早已进入一个崭新的设计时代，设计渗透到人们生活的各个方面，改变着大众的生活方式，进而影响人们的思想观念。

在设计越来越趋向专业化的今天，设计的时代特征愈加显著。一方面，在设计的发展过程中，许多原有的设计形式不同程度地应用了新的表现手法，给人以现代感；另一方面，又有许多新的设计概念不断产生，如设计中绿色环保的概念、可持续发展的概念，使得“可持续设计”“绿色设计”开始备受社会各领域的关注。总之，随着科技的进步和社会的变革，人们对设计价值认识的逐渐提高，设计自身逐渐完善和日益成熟，使得设计行业越来越科学化、系统化和专业化。❶

产品设计作为一门交叉学科，知识范围涉及自然科学、社会科学和人文科学中各个领域。作为设计师，经常需要将不同学科的知识有机地组织起来，才能更好地处理设计中各种复杂的问题。虽然我们可能对其他学科知识掌握的深度有限，很难在每一个领域都成为专家，但我们至少应该对相关学科的知识背景、知识体系有一定的了解。这样，在操作具体项目的时候才能在各个阶段准确地做出判断，同时为与其他学科背景的专家合作奠定基础。例如，如何设置问卷调查才能够捕捉到用户的真实想法，需要我们具有调研方面的相关知识；还有，在设计人性化产品时，会涉及用户的行为习惯、心理情况、思维方式以及人体的生理结构等的研究，这就需要我们具备心理学和人机工学的知识。另外要设计出美观、令用户满意的产品造型，还需要我们了解美学特征、掌握材料属性和加工工艺。因此，我们在本书中就这些内容做了详细的讲解，并附带了参考案例，期望借由这些知识点的梳理和设计案例，让大家能够获得有关产品设计方方面面的知识，并由此认识到储备各种学科知识的必要性。

---

❶ 韩禹锋，姚民义.设计概论[M].北京：化学工业出版社，2018.

成功的产品靠的是设计师对设计阶段每个环节科学严格的控制，我们不能轻视或忽略其中的任何一个环节。一招出错，可能满盘皆输。例如，假设我们没有运用科学的方法展开市场调研，设计团队就无法对产品进行正确的定位，围绕错误的设计定位展开后续设计，可能会导致灾难性的后果。21世纪初，西门子公司确定了“手机饰品化”的设计定位，并推出造型非常前卫的Xelibri系列手机。但是，由于设计定位与市场的接受程度出现严重错位，因而导致销量急剧下滑，甚至为后期西门子手机彻底退出市场埋下了伏笔。掌握科学的市场调研方法会为整个设计过程指明方向。设计过程如同行进中的高速火车，准确的调研结果可以保证火车不会偏离轨道。因此，在本书的“产品设计程序”的章节中，我们详细、完整地介绍了市场调研和设计定位的方法和步骤。除此之外，针对每个案例的特点，我们还介绍了设计流程中其他环节的科学方法。

我们经常在生活中使用或欣赏到设计巧妙、结构合理、造型优美的各类产品，却不知道这样的设计是如何诞生的。作为设计师，我们不仅要懂得欣赏设计的结果，更要理解设计的过程，因为过程对设计的可借鉴性要远高于结果。那么，一个精彩的产品创意到底是怎样产生的？一个成功的产品设计要经历哪几个环节？每一个环节又该如何操作？这些不仅是初学者关心的，更是相关从业人员希望深入了解的内容。为了解密产品设计的诞生过程，我们在各个章节中进行了解析，希望尽可能地覆盖到设计流程中的方方面面，力求让大家全面透彻地了解产品设计的全过程。

产品设计是一门综合性很强的学科，通过本书的理论分析、方法梳理以及实际案例希望能够让读者较好地理解产品设计的理论知识、设计原理以及设计方法。

产品设计 Product Design

第 1 章

产品设计的基础理论

1.1 产品设计的定义及相关概念

1.2 产品设计要素解析

1.3 产品设计思潮与理念

1.4 产品设计的基本原则

1.5 产品设计的类型

1.6 产品设计师的素质和能力

1.1 产品设计的定义及相关概念

1.1.1 产品设计定义

“产品”一词，在《现代汉语词典》中的解释为“生产出来的物品”。它是指能够被人们使用或消费，并能满足人们某种需求的东西，包括有形的物品与无形的服务、组织、观念或它们的组合。在经济领域中，通常也可理解为组织制造的任何制品或制品的组合。产品的狭义概念可以理解成被生产出的物品，产品的广义概念则是可以满足人们需求的载体。产品的“整体概念”——人们向市场提供的能满足消费者或用户某种需求的任何有形物品和无形服务。

社会需求是不断变化的，因此，产品的品种、规格、款式也会相应地改变。新产品的不断出现，产品质量的不断提高，产品数量的不断增加，是现代社会经济发展的显著特点。当然，消费者购买的不只是产品的实体，还包括产品的核心利益（即向消费者提供的基本效用和利益）。

从上述内容来看，“产品”的产生与人类社会以及市场经济息息相关，而设计正是推动产品不断优化改良与发展的重要手段。

随着工业对全球自然环境的影响日趋显现，产品设计的定义也得到更为广泛的延伸。就设计的本质而言，并不能形成一个永恒不变的固定形式或一成不变的定义，因此与社会时代的进步和科技的发展紧密相连，保持与时俱进的态度和追求创新的觉悟是产品设计发展的重要保障。

从宏观上来讲，产品设计的基本概念应是“以其所处时代的科学技术成果为依托，以维护人类赖以生存的自然环境为前提，以创建和不断提升人类的工作和生活品质为最终目标的一种规划行为”。产品设计是从社会经济发展的需求出发，以人们认知社会的心理需求为基点，用系统论的思维方法，运用社会学、心理学、美学、形态学、符号学、工程学、材料学、人因学、色彩学、创造学、经济学、市场学等学科知识，综合分析、研究和探讨“人与物与环境”之间的和谐关系。在不断提升人们生活品位的过程中，设计出使生产者和消费者满意的产品。

从微观上来讲，产品设计是以现有科学技术为基础，研究市场显在和潜在需求，分析人的生存、生活、生理和心理需求，并以消费者潜在和显在的需求为出发点，提出设计构思，分步解决结构、材料、形态、色彩、表面处理、装饰、工艺、包装等设计，直到生产出消费者满意的产品为止。

产品设计是伴随着市场竞争的不断加剧，人们生活水平的不断提高和人类需要的不断升级而不断发展的一门综合性学科。它着眼于对人类社会价值观的深刻认识和对人类生理、心理及本能意识的综合评价与判定、研究与人们生活和工作过程相关的一切产品。其目的在于设计具有时代科技内涵和符合当代主流价值观，使消费者从使用、视觉、心理感受及审美追求上都能感到方便、愉悦的产品。

1.1.2 产品设计内涵

产品设计源于社会的物质生产，是与人们的生产、生活密切相关的。从原始的器物造型到现代工业产品的造型，人们都是按照不同时期的技术条件、生活水平和审美观念创造各类不同的生产、生活用品。在原始社会，由于生活水平的低下，生产技术的限制，人们仅靠在岩石和骨头上传递着信息和延续着文化，器物的设计与制作也难以维持生存为主要目的，所以那时的器物大都比较简陋、粗糙。随着人类文明程度及技术水平的提高，以及纸张的发明与应用，人类才在满足生存的基础上逐渐在器物中加入了装饰性设计。在现代化工业社会里，随着社会物质生活和文化生活水平的不断提高，人们对产品的这些要求也越来越高，无论是结构性能所表现的实用性，还是外观形态所表现的艺术性，都是衡量产品价值的主要方面。

今天，工业产品已经深入到人们生活、工作、生产、劳动的每个角落。从家庭日用品、家用电器、服装、家具到各类生产设备、仪器仪表、办公用品，以及公共环境中的各类交通工具、公共设施等，都涉及产品设计。所以产品设计具有非常广泛的社会性，它直接影响和决定人类生活、生产方式，是人类社会生活中不可或缺的重要组成部分。另外，近年来随着智能化的普及，将再一次引发人类社会全方位的变革，随着人类社会进入新的发展时期，产品设计将在科学技术的带动下，以“为人类创造美好生活”为目的，在各个领域中为人类生活、生产开创新的局面。

1.1.3 产品设计的作用

产品设计是“设计物—工业产品—使用者”之间最基本的一个关系。每一件产品均具有不同的作用。人们在使用一件产品的过程中，是经由功能而获得需求的满足。一件工业产品对使用者来说，主要是购买其实用功能。如电冰箱的实用功能为冷冻、冷藏食品；一把电动剃须刀的实用功能为去除须毛。此外，通过形状、色彩、材料肌理、表面处理等，产品还被赋予了美学功能。而根据使用环境和用户群体的不同，产品又具有一定的象征功能。

1.1.3.1 实用功能作用

产品给予使用者直接的物理、生理作用的所有功能，均归类于实用功能。一把椅子，其椅面宽度、深度、倾角、圆角、有否软垫等设计，用以支撑身躯重量，避免臀部、腿部不合理的受力分布，节省体能消耗，保证自由活动空间与坐姿的改变；椅背高度、宽度、形状、有否软垫等设计用以支持脊柱并放松背部肌肉，减少疲劳；扶手用以支撑手臂、保持坐姿。这一切，均是提供实用功能、满足使用者的要求、提供舒适的座位、避免疲劳等。

应特别强调指出：赋予工业产品实用功能时，必须为人类创造良好的物质生活环境。随着社会的发展，产品设计应满足“产品—人—社会—环境”的统一协调，这一点越来越重要。当人类在治理燃煤所带来的“黑色公害”时，却又产生了塑料制品带来的“白色公害”；当世界各地越来越多地生产汽车、电冰箱时，却又给人类造成了大气污染、臭氧层的破坏……这些教训必须重视。国际工业设计协会（ICSID）、世界设计博览会、国际设计竞赛等以“设计和公共事业”“为了生命而设计”“信息时代的设计”“灾害援助”等作为主题，就是工业产品设计现时代的重要使命的体现。

1.1.3.2 美学功能作用

产品的美学功能是产品对人类心理、人体感官发生的作用和引起的感受。赋予产品美学功能是设计师的主要工作之一，一般是通过形态设计、色彩运用、材质处理、表面加工、装饰等手段使产品符合人的审美需求。

随着社会经济的发展以及人们生活水平的提高，产品的美学功能越来越被重视，新颖美观的产品不仅可以提高市场竞争力，还可以提高使用效率，提升用户的使用体验。

一般而言，同类产品中，在价格、性能相同的情况下，消费者会更乐于选择造型美观的产品。而在选择新产品的时候，产品的美学功能也同样会影响消费者的选择，因为大部分产品的实用功能在购买时无法完全体验到，消费者则会从产品的外观造型、材质工艺等方面去进行考虑。美观的产品还能够对用户的生理和心理产生良好的影响，从而提高使用效率。

因此，产品设计要上台阶，赶上时代的需要，必须重视美学功能作用。

1.1.3.3 象征功能作用

产品的象征功能是在观察、使用产品时得到的所有有关精神、心理、社会等各方面的感受、体验。可以有国家的象征，企业的象征，社会地位、声誉、财富的象征，功能的象征，情感因素的象征，等等。

传统观念里，手表的主要功能只有一个，就是“计时”。而在国外及北京、上海、广州等经济发达地区，手表的计时功能早已被弱化，它被当成一件艺术品，成为一个人身份、地位、品位的象征。来自瑞士的经典奢侈品劳力士手表，处处表现出一种卓尔不群的品位，象征着地位和财富。

再有著名的ZIPPO打火机，其产品的外观设计早已超越了物质功能的束缚，进而演化成一种装饰文化。人们购买的不仅仅是它能打火的功能，更重要的是购买它的象征功能，这正是ZIPPO打火机的卖点。

产品的象征功能主要是经由造型、色彩、材料、表面处理与装饰等美学因素得以体现。所以，象征功能和美学功能更有密切的关系。

产品通常具有上述各种功能。运用功能观念，可使产品对人类的意义更加明显。当然，在不同产品中，这些功能所表现的优先次序和重要性不尽相同，重要的功能通常由较次要的功能加以陪衬。产品设计师必须充分掌握使用者的心理、生理需求，将各种需求分成层次，决定其优先次序，与有关的工程技术人员共同努力才能设计出具有适当功能的产品。此外，在设计产品时，环境功能和社会功能都应予以考虑。

1.2 产品设计要素解析

工业设计把研究对象的产品当作一个系统，运用技术和艺术的手段进行创造、构思、设计，并使一个系统转换变为连贯统一的和谐整体。实践证明，产品存在的基本条件或系统的组成要素为：功能、物质技术条件、造型形态。这三者相互关联和彼此作用，功能是目的，物质技术条件是基础，造型形态是手段，由此构成系统与要素的对立统一。

首先，因为产品是供人使用的，所以功能是第一位的，是整个设计中的主导因素，对产品的形态具有决定性影响。功能与造型形态有着不可分割的密切联系。

在大工业背景下的产品设计的基本概念概括起来就是“Form Follows Function”，即“形式追随功能”，或者可以理解为“造型机能”。该理论最早是由19世纪八九十年代的芝加哥学派建筑师路易斯·沙利文提出的，后来成为诸多建筑设计的基础理论，并直接开启了现代主义或理性主义设计时代的序幕。“形式追随功能”尽管是建筑界功能论者的代表论调，但长期以来对产品设计也产生了极大的影响。该理论的核心意思，就是功能决定形式，功能是一切设计所要考虑的首要问题。“形式追随功能”在人类现代设计发展近一个世纪的历程中，功能主义始终作为一条主线贯穿其中。功能主义设计哲理至今依然是产品设计的主流。包豪斯的原则也沿袭了这一观点，即任何一件东西，都因其功能的不同而有不同的形态。

产品设计发展到今天，其目的也不能因单纯追求功能是“第一位”的而使产品外观充满冷漠感和失去人情味，变得没有个人特色和失去不同文化的共生关系，造成设计上的千篇一律。赖特是早期独立实现功能学说的大师，他强调：产品设计一方面应重视人类的需求与感情的因素；另一方面，应重视人与自然的和谐关系，在形态与功能并重的创作中，形态要引起精神的舒适、愉悦的心理，同时造型必须体现功能，有助于功能的发挥而不是阻碍。如果只重视功能而无视于形态的塑造，必然将产生机械的功能主义弊病；如果只讲求形式的表现，而无视功能的需求，则将造成虚伪的形式主义。功能与形式必须互为表里，密切结合，使造型更加完美。

在任何意识的造型表现中，功能是判定其价值的根本。当然，随着时代的发展，功能的含义也更为宽泛。我们对功能的理解，应该包含以下三种基本形态：

1.2.1 物理功能

产品的物理功能是针对构成形态的有关材料、结构等因素而言的，不同的材料有着不同的结构，因而塑造的形态也不同，如果不考虑物理功能，形态将很难塑造成功。例如，我们要做一把椅子，首先要考虑用什么材料、采用什么加工工艺，从而塑造什么样的形态，来实现椅子“坐”的功能。

巴塞罗那椅(Barcelona chairs)（图1-1）是由密斯·凡·德·罗(Mies van der Rohe)设计，纽约现代艺术博物馆收藏展出，之后在美国诺尔公司（Knoll）限量出产，这是世界现代设计最经典的作品之一。

图1-1 巴塞罗那椅

巴塞罗那椅由呈弧形交叉状的不锈钢构架支撑真皮皮垫，非常优美而且功能化。两块长方形皮垫组成坐面（坐垫）及靠背。椅子当时是全手工磨制，外形美观，功能实用。

图1-2是密斯·凡·德·罗在于1929至1930年间设计完成的布尔诺悬臂椅。密斯认为当椅子可以采用悬臂式结构时，不需要有四条腿，只需要一个“C”形的杆来支撑整个座椅。这把椅子的特点是有一个单一的钢框架，有趣的地方是钢架弯曲成C形。它有两种变体，一种使用扁钢，另一种使用管状不锈钢。

图1-2 布尔诺悬臂椅

1.2.2 生理功能

产品的生理功能是指产品构成形态与使用上的舒适，及应用功能等所涉条件的发挥。因为产品是为人所使用的，如果人在使用过程中感觉不舒服，那产品的设计就彻底失败了。例如，一把椅子的形态再好看，如果人坐上去很不舒服，那么这把椅子再好看又有何用？因此，设计时必须考虑人机工学的要求，以达到安全、舒适、方便的多重效果。

图1-3是西班牙家具品牌Andreu World的Calma系列座椅，这是一系列家庭工作椅，将工作椅的功能性与家庭的舒适性和人机工学融为一体。该系列的标志是一个压铸铝框架，该框架围绕靠背形成了一个环形扶手的框架元素。这种简化的形式和精心制作有助于营造一个平静、舒缓的工作环境。

图1-3 Calma系列座椅

图1-4是约瑟夫·波尔设计的作品，他在1929年设计了这个可移动矩形衣柜，特点是结构紧凑、省空间，被称为“单身汉衣橱”。

图1-4　可移动矩形衣柜

1.2.3　心理功能

产品通过自身的形态特征变化，带给人们不一样的视觉、触觉体验，进而引发人们不同的心理感受。这些形态特征就是产品所谓的“造型”，即形态、色彩、材质、表面纹理以及功能等。人们会根据喜好选购产品，因为适合自己的产品能愉悦身心；另外也有许多人会把产品视作身份和地位的象征，以体现自身品位。因此在个性化的今天，改变一款产品的某个或某些特征，会使人们在心理感受上发生很大变化。

比如传统与现代风格相融合的新中式家具（图1-5），会给不同客户带来不一样的心理感受。对于老一代人来说，虽然新中式家具具有现代风格，但是其

图1-5　新中式家具（设计：赖昱萱　指导老师：谢玮）

中传统的使用方式使他们不用改变固有的思维习惯就能很好地适应，因而在心理上不会产生抵触情绪，从而能够很好地接受这种家具；而对于新一代年轻群体来说，这种传统与现代风格兼具的家具不仅可以满足他们追求高端品质的心理需求，还能回味、体验传统家具的韵味，因而使传统家具在新一代使用者中也扩大了市场。

功能决定“原则形象”，内容决定“原则形式”，这是现代设计的一个基本原理。任何时候，设计师都要了解自己设计的产品功能所包含的内容，并使造型适应它、表现它。但是，形态本身也是一种能动因素，具有相对的独立价值，它在一定条件下对促进产品功能的改善会起到催化剂的作用。

其次，结构、材料、各种工艺为艺术造型的实现提供必需的物质技术条件。

物质技术条件既是实现产品功能和造型的客观物质基础，又是塑造产品形象的“语言”。它给产品造型以制约，同时又给它以推动作用。没有适当的构造，形态就无法搭建起来。例如，一把椅子，如果没有适当的支撑材料和结构，那么也无法实现“坐”的功能，它的形态也仅留下虚伪的空壳。当然，形态与构造并不是天然就吻合一致的，所以，在造型设计中必须合二为一。这就要求设计师必须把两者有机地统一为一个整体。

结构也受到材料和工艺的制约，不同材料与加工工艺能实现的结构方式也不一样。所谓材料，是造型工作所借助的某些物质。材料是造型活动开始所预定的，也是造型活动完成后自然留下来的，只不过已经不是材料本身的形态而是转化成的新造型物。尽管设计的造型美通过形、色、质三大因素给予观赏者以感情影响，然而，任何造型的形、色、质实际上都是依附于材料和工艺技术，并通过工艺技术体现出来的。不同的材料与加工技术会在视觉和触觉上给人以不同的感觉。由于材料的配置、组织和加工方法的不同，造型产生不同的质感，如轻、重、硬、软、冷、暖、透明、磨砂、反射等不同的形象感。因此，材料的加工工艺和表面处理工艺的应用，不仅丰富了造型的艺术效果，而且成为造型质量的重要标志。丹麦设计家克林特说：“选择正确的材料，采用正确的方法处理材料，才能塑造逼真的美。”

充分利用现代工业技术提供的条件，充分发挥材料和加工技术的优势，可以使产品造型的自由度和完整性增加，给产品带来多样化的风格和情趣。物质技术条件也要为产品的功能服务，如果不顾功能是否需要而一味地堆砌材料，必然会破坏产品的整体协调性。

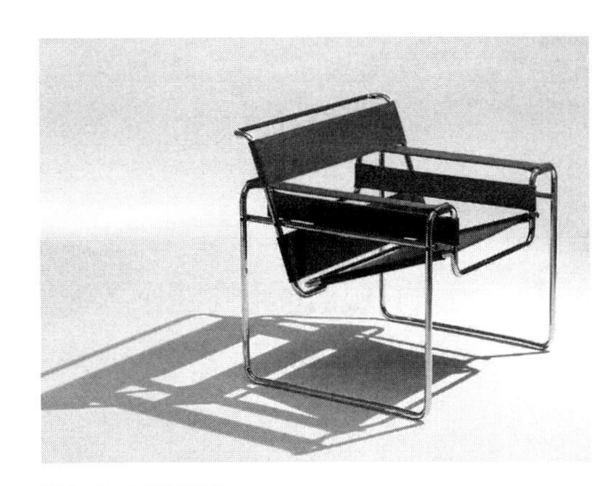

图1-6　瓦西里椅

图1-6是匈牙利设计师马塞尔·布鲁尔设计出来的作品——瓦西里椅，是他在1925—1926年设计出来的，他设想用车把的钢管弯制成家具，将传统俱乐部椅的形式简化成一个轮廓，仅用帆布拉结成座椅的靠背、坐垫及扶手。

图1-7　嵌套桌

图1-7是一个嵌套桌，它是约瑟夫·阿尔伯斯在1927年设计的作品，每张桌子由实心橡木与漆面玻璃制成。

图1-8　包豪斯国际象棋

图1-8的国际象棋是德国包豪斯设计学院设计师Josef Hartwig在1922年设计的，其每一颗棋子都遵循了“功能决定形式”的概念。它们简单的几何体外观却彰显了其身份与操纵方式。这套象棋是包豪斯最经典、永恒的设计品之一，它完美地体现了包豪斯时期技术的耐用性和工艺的创造力。

图1-9是玛丽安娜·布兰特设计的过滤茶壶，外形是几何元素的组合，极具雕塑感。

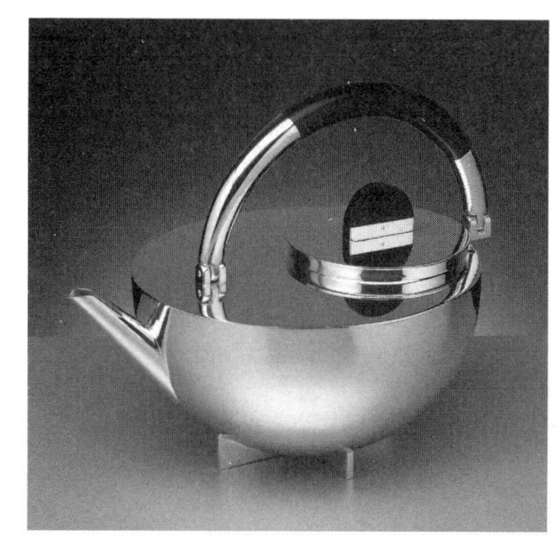

图1-9 过滤茶壶

1.2.4 影响产品设计的四个人为要素

除上述观点外，从某种意义上来看，以产品设计为核心任务的工业设计又相继受制于四类人的作用：消费者的需求、企业的条件、设计者的风格水平以及管理者的决策。[1]各类人的思维与关心的问题各不相同且相互影响，这也形成了影响产品设计的四个基本要素，我们在此针对各个要素分别进行探讨。

（1）消费者的需求 产品的消费者，包括购买者和使用者。他们的需求是产品存在的基石。在现实生活中，每一个人都处在一个特定的时代、一个特定的自然和人文环境之中，他们的分类取决于所拥有的社会经济地位和不同的文化熏陶，这也同时决定了各自的社会需求，从而构成了独特而丰富的集群需求。设计的人本主义根源即在于此。这也是产品设计的属性之一。

随着经济的不断发展和物质文化水平的不断提高，人类的生活越来越趋于多样化。这样的生活需求，决定了企业必须从消费者文化品位的角度进行多层次划分。第一层级的划分是为了圈定企业的目标人群；第二层级的划分是为了解决产品的项目品牌问题；其后的层级是为了解决每一个产品项目中的产品组合问题。而决定这些问题的依据就在于企业对消费者生活文化品位的逐级研究，需要依据现实的情况来区分有效的目标群，然后研究群体形成的根本原因，从他们的文化背景、生活经历、经济状况和当前的社会角色扮演中寻找存在的问题和需求，从他们的视角去寻找产品的设计问题，最终用产品来营造他们的个性文化生活。消费者的认同是产品设计成功的最根本决定因素。

（2）企业的条件 现实中从来就没有一般意义上的产品设计，其商业属性已

[1] 张红燕，刘子建.从工业设计的角度浅谈设计管理[J].美与时代(上半月)，2009(02)：31-34.

先天决定了设计的企业归属，其首先体现了企业的意志。消费者之所以会选择某一企业的产品，有时不仅是因为该产品能满足其使用要求，还在于相较于其他同类产品，它是独特的。这种独特不仅体现了企业对消费者生活观念的一种独特理解，还体现了企业对自身与竞争者差别化的一种角色定位。这种产品观念往往在证明成功之后，会被企业长期保持下去。这符合文化的积淀与传承。因此，企业的产品设计才会鲜活、具体而独特。

（3）设计者的风格水平　不同的设计者意味着不同的设计结果，设计者的修行、学问和对事物的理解，同样决定了最终的结果。企业的选择必然首先来自设计者的选择，毫不夸张地说，在选择设计者的同时，就已经选择了设计的最终结果，因而设计者的选择则理所当然成为设计管理尤为重要的一个关键环节。也就是说，设计师对企业的目标文化圈应该有较深入的认知。当然从现实手段来讲，设计师对材料、工艺的偏好也可以成为被选择的一个依据。[1]

（4）管理者的决策　企业产品获得成功的关键还在于：由谁来选择设计者和为决策者认可最终结果提供可行的方案；由谁来引导设计者快速而有针对性地认识企业并步入企业的设计角色；由谁来根据企业的大政方针确定企业的设计战略，从而确保设计的企业属性不被混淆。简单而言，管理者须在充分理解企业所处时代、地域和行业特征的前提下，立足于企业自身先天和后天优势的基础上，从企业的既定战略层面，确定符合企业特性的设计战略，进而选择合理的设计策略；然后，在此基础上选择合适的设计师，构建合理而有效的设计机制，最大限度地整合企业内外设计资源，并适时调整设计的资源组合，满足和加速企业的发展需求。

1.3　产品设计思潮与理念

产品设计自诞生之日起，其发展一直伴随着人类的政治、经济、文化及科学技术水平的发展，源远流长，它始终在技术进步和主动创新的驱动下围绕着人类

[1] 周文静，白晓景，田宇.产品设计程序与方法探究[M].北京：九州出版社，2018.

需求的挖掘与满足不断前行，历久弥新。与科技进步相比较而言，发端于不同时期的设计思潮是影响设计师设计行为的重要因素。从20世纪初期德意志工业联盟对于标准化、大批量生产方式的探索，到20世纪20年代包豪斯设计学校现代设计教育体系的确立，又经过了20世纪50年代功能主义和国际主义风格的流行阶段，再到20世纪60年代的波普设计及20世纪80年代的后现代设计，如今，产品设计在经历百余年的发展后，正呈现出一种多元化的发展态势。随着非物质时代的到来，以互联网、计算机为媒介的数字信息的介入，人类的价值观念必然会发生一系列变化。设计作为价值观念的一种物质载体与显现，其核心节点中物质与精神的共有层面，不可避免地随之发生质的突变，进而深深地影响产品设计思潮与理念。人们对产品有着诸多需求，自然会对产品的设计理念与设计风格有着不同的理解和倾向。以下是一些具有代表性的设计思潮与理念，供大家参阅。❶

1.3.1 人性化产品设计

人性化设计是体现人文关怀、尊重人性的一种设计理念。

人性化产品设计需要设计师在设计的过程中充分考虑人的行为习惯、人体的生理结构、心理情况、人的思维方式等，在保证产品基本功能和性能的基础上，使人的生理需求和精神追求得到尊重和满足。美国行为科学家马斯洛提出的需要层次论，提示了人性化设计的实质。马斯洛将人类需要从低到高分成五个层次，即生理需要、安全需要、社会需要(归属与爱情)、尊重需要和自我实现需要。他认为上述需要的五个层次是逐级上升的，当下级的需要获得相对满足以后，上一级需要才会产生，再要求得到满足。人类设计由简单实用到除实用之外蕴含有各种精神文化因素的人性化走向正是这种需要层次逐级上升的反映。产品设计在满足人类高级的精神需要、协调、平衡情感方面的作用却是毋庸置疑的。因而设计的人性化因素的注入，绝不是设计师的“心血来潮”，而是人类需要的自身特点对设计的内在要求。一般而言，人性化产品设计主要通过产品的形式、功能、情感化体现、人机工学等方面来实现。

（1）产品造型的人性化设计　造型要素是产品设计中非常重要的一方面，设

---

❶ 曹伟智，李雪松.产品设计[M].北京：北京大学出版社，2021.

计的本质和特性必须通过一定的造型而得以明确化、具体化、实体化。在“产品语意学”中，造型是重要的象征符号，给人以美的感受和良好的心理体验。以往人们称设计为“造型设计”，虽然不是很科学和规范，但至少说明造型在设计中的重要性和引人注目之处。

美国著名的工业设计家唐纳德·诺曼(Donald Arthur Norman）在他的《情感化设计》一书中提到如果一个产品造型不美观，就会影响人们对它的第一印象，容易激发人们的负面情绪、窄化人的思维，在遇到问题的时候，用户不会愿意去探究其使用方法，进而抛弃产品。所以说，产品造型美也是生产力，它的作用不仅仅在于养眼，还可以影响人们的情绪，进而提高效率。

图1-10所示夏至运动时钟通过时针的转动将时钟变成移动的艺术，随着时间的流逝，时钟将逐渐改变形状，呈现出不一样的造型，给人以精致高雅的视觉感官体验。

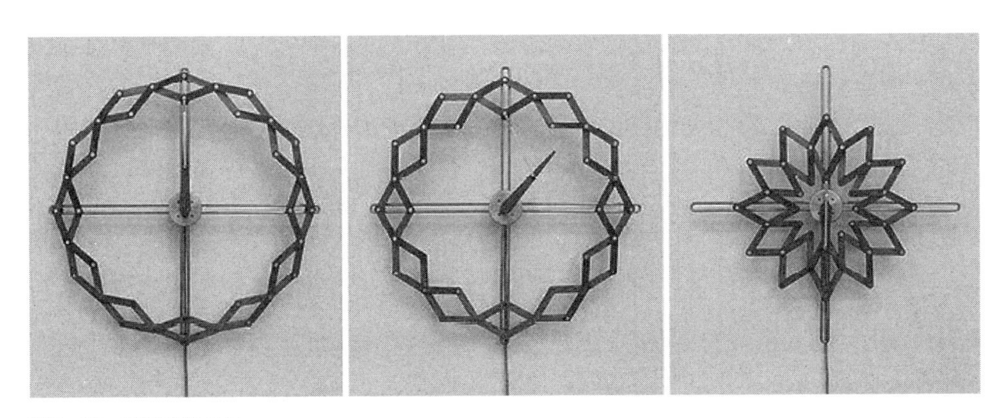

图1-10　夏至运动时钟

我们在使用杯子的过程中，有时会在杯子底部接触面留下难看的水渍，用杯垫解决是一种方式，但有没有更奇妙的体验？图1-11是日本设计师坪井浩尚设计的樱花杯，他通过杯子造型的变化设计将缺憾转化成了另外一种体验，使用杯子时杯底会形成樱花形状的水渍，非常漂亮有趣。

这些设计案例均是从产品造型上进行人性化设计，设计师在设计产品的过程中，兼顾了产品的造型和功能，以及用户的审美情趣等方面，对设计形式和功能进行了“人性化”因素的注入，赋予设计物以“人性化”的品格，使其具有个性和情趣。

图1-11　樱花杯（设计：坪井浩尚）

（2）产品色彩的人性化设计　在设计中，色彩必须借助和依附于造型才能存在，必须通过形状的体现才有具体的意义。但色彩一经与具体的形相结合，便具有极强的感情色彩和表现特征，具有强大的精神影响。针对不同的消费群和不同的使用场合，颜色的选择非常重要，如儿童的产品应以色彩鲜艳为主，高饱和度、鲜艳的颜色最容易被孩子感知和辨认，也最能吸引其注意力。而老年人的眼睛由于晶状体变黄变浑浊，会选择性地吸收蓝光，从而导致老年人对蓝色的鉴别能力较弱，所以在一些产品界面的重要元素方面要避免使用蓝色。因此设计师应从用户人群的性别、年龄、民族、宗教等方面作出不同的分析与设计。

图1-12中的Rabbit拼图玩具通过鲜艳明亮的色彩引导孩子完成兔子形象拼图，鲜艳的色彩能够对孩子产生吸引力，提升孩子进行拼图的专注力。这款产品作为智力发展和图形训练的教育玩具，它提高了儿童的形态认知、颜色认知和他们对动物手势的理解。每组完成的拼图都形成了兔子的生动形象，也可以当作一块可爱的装饰品。

图1-13中的Vitra HAL彩色座椅，虽然结构简单，但是色彩的搭配给人一种清新靓丽的感觉，彩色的聚丙烯座椅壳与可在户外工作的四脚协调的管状钢管底座搭配使用，这些明亮多彩的椅子不仅为客人提供座位，而且还将为空间带来快乐的气氛。

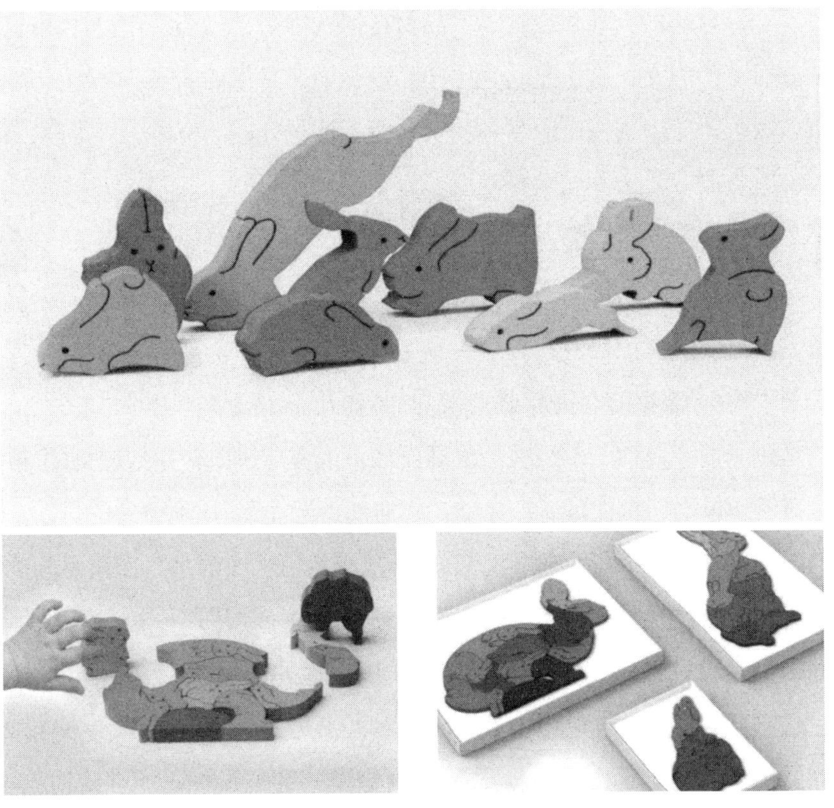

图1-12　Rabbit拼图（设计：Xu Bin, Prof.Bao Haimo, Feng Xinqi, Hou Shurong, Hu Xiaohui, Jia Mengyin, Li Panpan, Ma Jialei）

图1-13　Vitra HAL彩色座椅（设计：Jasper Morrison）

（3）产品材料的人性化设计　产品材料的选择对于当今绿色设计和环保设计具有十分重要的意义，这也是人性化产品设计中非常重要的一环。因为人类的资源越来越缺乏，所以选择可以循环利用和便于加工处理的材料十分重要，在设计选材时可以从以下几个方面进行考虑：

一是设计能改善的产品；

二是设计可再生利用的产品，重新生产一种材料所需要的能源总是要比再生利用材料所需要的能源要多；

三是采用低能耗生产的材料；

四是择一种经典性、永恒性的外观设计，或者通过改换少数关键部件可以方便地更新造型风格，从而延长产品的“相对使用寿命”，达到节省的目的。

（4）产品功能的人性化设计　任何一件产品的出现都是为了满足人的需要，特别是对功能的需要，产品功能的人性化设计是为了让用户更加方便地使用。因此人性化产品设计应从功能中寻求突破，使设计的产品和人的生活环境更加融合，使用户在使用产品的过程中更加愉悦，真正达到用户和产品的统一。如提醒服药养成健康生活的药盒，又如加有GPS定位的智能拐杖，能够帮助老年人找到回家的路。

（5）产品名称的人性化设计　借助于语言词汇的妙用，给设计物品一个恰到好处的命名，往往会成为设计人性化的“点睛”之笔，可谓是设计中的“以名诱人”。如同写文章一样，一个绝妙的题目能给读者以无尽的想象，给主题以无言的深化。一种好的设计有时亦需要好的名字来点化，诱使人去想象和体味，让人心领神会而怦然心动。意大利设计大师索特萨斯1969年为奥利维蒂公司设计的便携式打字机，外壳为鲜艳的红色塑料，小巧玲珑而有着特有的雕塑感，其人性化的设计风格已令消费者青睐有加。而其浪漫而富有诗意的名字——“情人节的礼物”更是令人情意顿生、怜爱不已。1992年意大利年轻的设计师马西姆·罗萨·和尼设计了一个带扶手的沙发椅，虽然柔软舒适，造型却非常普通。然而设计师对这一设计的命名却让其名声大噪，身价倍增。他把这一作品叫作“妈妈”，意味着这一沙发能提供给人以保护感、温暖感和舒适感，就像躺在妈妈怀里一样。设计师在展示其设计的实用功能的同时，还给我们提供了许多实用之外的东西，带给我们许多思考和梦想，其给人的心灵震撼和情感体验是不言而喻的。

（6）情感化设计与个性化设计　设计的目的是为人而不是产品，而现代人的消费观念已经不是以前仅仅满足于获得产品的使用价值。在产品中增加一些具有趣味性、情感化的设计，可以让用户在使用过程中享受到愉悦、积极、正面的情感，在一定程度上也可以缓解用户的生活压力，增加产品的附加值。

图1-14是由匈牙利设计师Dénes Sátor设计的蛋形地图（egg map）。这个蛋形地图是一个非同寻常的城市导航工具，专为那些懒得查看折叠地图或难以寻到Wi-Fi的游客而设计，它可以非常适手地握在掌中，也可以轻松地随身携带在口袋或背包中。整个蛋形地图用弹性橡胶制成，内部填满了空气，无论是摔、踩、扔，还是甩，都不必担心它会破。地图信息直接印在表面，采用不同深浅的颜色，城市被分割成各个显而易见的地块，使用者可以在视觉上快速识别和定位某个区域，然后通过挤压将这一区域放大，发现隐藏其中的街道信息、附近景点、公共交通设施以及餐馆。它不仅可以作为地图使用，在烦闷的时候也可以作为解压球进行把玩，缓解压力。

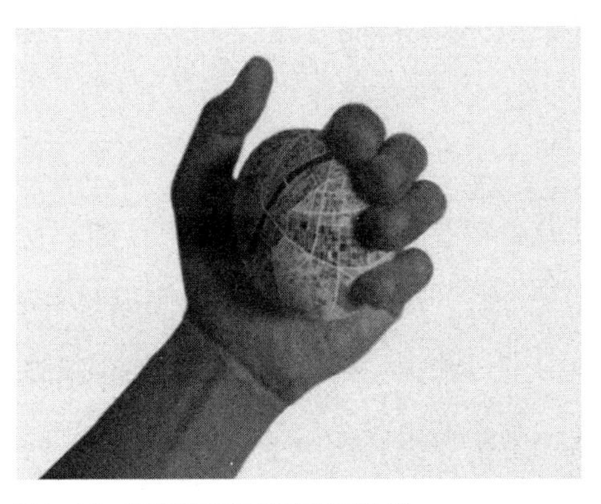

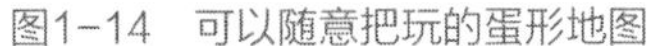

图1-14　可以随意把玩的蛋形地图

（7）产品人机工程的人性化设计　所谓人性化产品，就是包含人机工程的产品，只要是人所使用的产品，都应在人机工程上加以考虑，产品的造型与人机工程无疑是结合在一起的。我们可以将它们描述为：以心理为圆心、生理为半径，用以建立人与物(产品)之间和谐关系的方式，最大限度地挖掘人的潜能，综合平衡地使用人的机能，保护人体健康，从而提高生产率。仅从工业设计这一范畴来看，大至宇航系统、城市规划、建筑设施、自动化工厂、机械设备、交通工具，小至家具、服装、文具以及盆、杯、碗筷之类各种与生产与生活相关的“物”，在设计和制造时都必须把“人的因素”作为一个重要的条件来考虑。若将产品类别区分为专业用品和一般用品，专业用品在人机工程上则会有更多的考虑，它比较偏重于生理学的层面；而一般性产品则必须兼顾心理层面的问题，需要更多的符合美学及潮流的设计，也就是应以产品人性化的需求为主。

1.3.2 绿色设计

绿色设计（Green Design）是20世纪80年代末出现的一股国际设计潮流。由于全球性生态失衡，人类生存问题引起了世界范围的重视，开始意识到发展和保护环境、设计与保护环境的重要性。绿色设计也称为生态设计（Ecological Design），是指在产品整个生命周期内，着重考虑产品环境属性（可拆卸性、可回收性、可维护性、可重复利用性等）并将其作为设计目标，在满足环境目标要求的同时，保证产品应有的功能、使用寿命、质量等要求。

绿色设计源于人们对现代技术所引起的环境及生态破坏的反思，体现了设计师社会责任心的回归。绿色设计涉及的领域非常广泛，在通信、交通工具、家用电器、家具等领域备受设计师的关注，将成为今后工业设计发展的主要方向之一。[1]

设计对环境的作用已经在诸多领域有着淋漓尽致的展现，也让国家及企业领导人越来越重视。许多国家因此制定了一系列相关的法律及法规以便人类在设计时为自身谋福利。例如，在德国，政府通过法律手段强制性要求电视机生产企业必须回收自己所生产的电视机，因此，施耐特电子公司开发设计出一种“绿色电视机”，该电视机的零部件回收率可达90%以上。

对于工业设计而言，绿色设计的核心是“3R”（Reduce，Reuse，Recycle）原则，即减少环境污染、减小能源消耗、产品和零部件的回收和再生循环或者重新利用。那么如何在产品中融入绿色设计呢？主要可以从以下几个方面进行[2]：

（1）选择绿色材料　在产品设计的过程中，材料的选择是设计的第一步，要

---

❶ 周文静，白晓景，田宇.产品设计程序与方法探究[M].北京：九州出版社，2018.

❷ 绿色设计：当代设计不可回避的时代命题［EB/OL］https://www.163.com/dy/article/HFL7VB820541BT1I.html（2022-08-25）[2023-01-20]

满足其性能的同时，使用最佳的环保材料。绿色设计中要求的材料，不仅要考虑材料本身的环境性能，同时更为重要的是材料在整个产品制作的过程中，是否能够耗费较少的能源、几乎不产生或最大限度上产生较少的有害气体或物质。还要考虑用该材料制成的产品在失去了原有的使用价值后，是否便于回收处理、再次利用，或是其材料本身具有较强的可降解性能，对环境构不成危害等。在进行材料的选择时，可选择降解材料、节能型材料、可回收再生材料等，这些都属于“绿色材料”，有利于节约能源和保护环境。如图1-15废弃管道的再利用设计就是从材料上入手，运用废弃通风管道回收再利用，加工处理后和竹材相结合形成了公共座椅。在造型上，运用通风管道零件的造型特点，对座椅整体的造型进行抽象设计，坐垫运用环保材料竹条对人坐的区域进行编织和围绕，整个产品体现了绿色设计的“3R”原则。

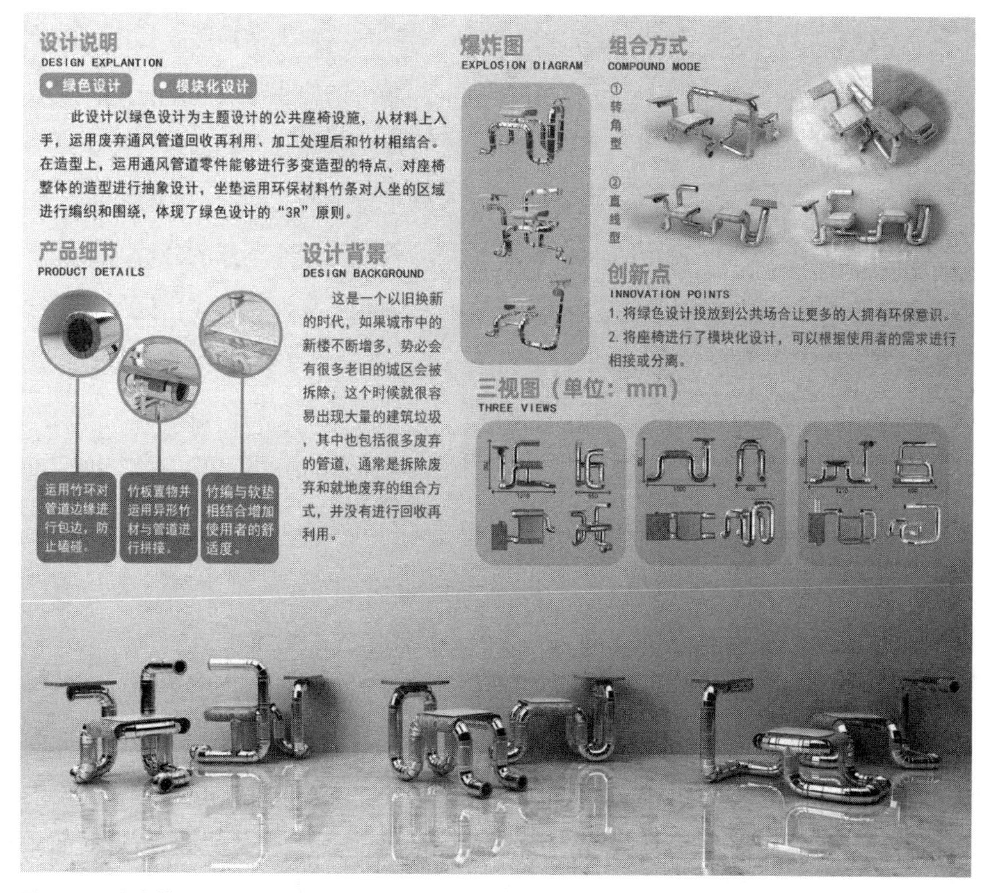

图1-15　废弃管道的再利用设计（设计：欧思佳　指导老师：谢玮）

比如2019年韩国K-Design金奖产品——丝瓜瓢环保包装袋设计（图1-16），这是一款以干枯的丝瓜为材料的杯子包装。不同于一般的包装材料，风干后的丝瓜具有丰富的纤维丝状结构，不仅为玻璃杯等易碎产品提供保护，而且具有清洗能力强、材料成本低的优点。利用丝瓜络的特性，我们使之产品化，让它成为一个多功能的包装。丝瓜络包装具有超长的使用寿命，它帮助人们承载易碎品之后，可以用来清洗餐具，也可以利用它作为隔热垫。通过再利用，让丝瓜络包装不再是被丢弃在垃圾桶的废弃物。而原生态的材料即使被丢弃，也能被土壤中的微生物快速地分解，成为新的作物营养。通过对特殊材料的探索与发现，利用材料的特殊性及对使用场景的分析，希望将原生态环保材料应用到包装设计等领域，创造新的生活方式，让生态循环更有价值。

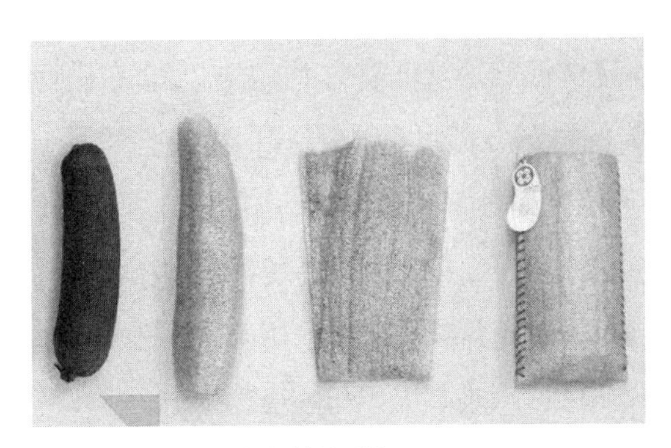

图1-16　丝瓜瓢环保包装袋设计

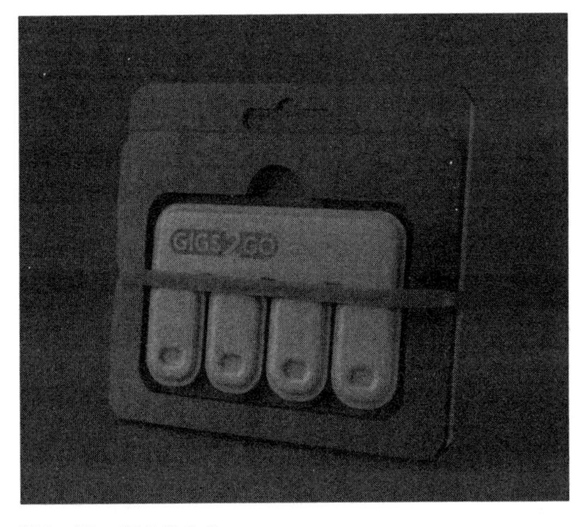

图1-17　GIGS 2 Go

GIGS 2 Go是一种新型数据U盘（图1-17）。这种廉价的信用卡大小的数据U盘由100%消费后的再生纸制成，具有可生物降解、轻便、廉价和耐用的特点。

（2）考虑循环使用　绿色设计要求产品在设计的过程中深入考虑零部件的拆卸问题，将可拆卸性作为产品设计的一个基本标准。当产品在失去使用价值成为废品时，它的零部件能够完整地拆卸下来，并可进行重新利用或是将其零部件的原材料进行循环再利用。这样的可拆卸零部件的设计方式，既能节省原材料的使用，同时又能有效地保护环境，可谓一举两得。

模块化设计就是一个很好的思路。模块化设计就是指在对一定范围内的不同功能或相同功能不同性能、不同规格的产品进行功能分析的基础上，划分并设计出一系列功能模块，通过模块的选择和组合可以构成不同的产品，满足不同的需求。模块化设计既可以很好地解决产品规格、产品设计制造周期和生产成本之间的矛盾，又可使产品快速更新换代，提高产品的质量，方便维修，有利于产品废弃后的拆卸、回收，为增强产品的竞争力提供必要条件。

Kent Yu设计的“筑”是一款坐具（图1-18），灵感源于竹子，以竹条为材料，采用模块化设计，通过交叉摆放的竹制框架堆叠出具体的轮廓。“筑”的长度可长可短，取决于空间需求。另外，模块化设计降低了生产、运输和存储的成本。

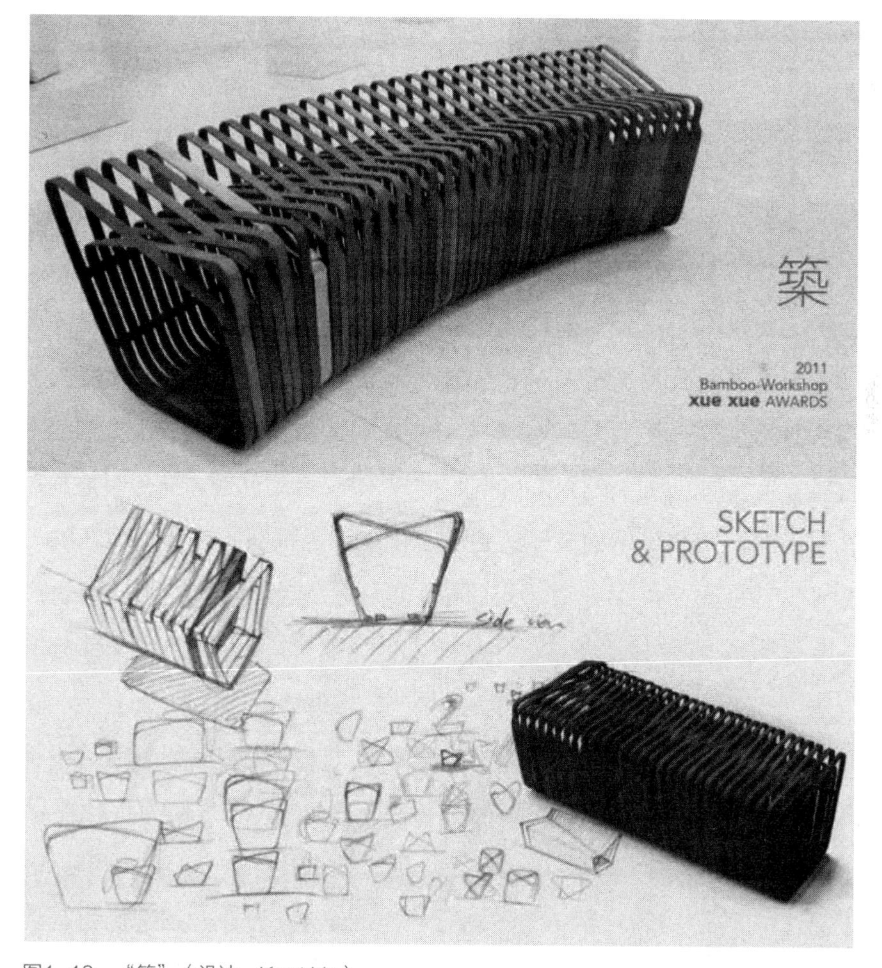

图1-18　“筑”（设计：Kent Yu）

Leg & Go 8in1 Balance Bike是一款可变形的木制自行车（图1-19），可与6个月至6岁的儿童一起成长。其独特的框架可进行8种变形，可变形为摇摆大象、三轮车、踏板自行车，甚至是极地自行车雪橇。由于其可定制性和尺寸可调性，可以避免在儿童成长期间，父母需要购买两到三辆不同的自行车产生的经济上的浪费，节约了经济和资源成本。

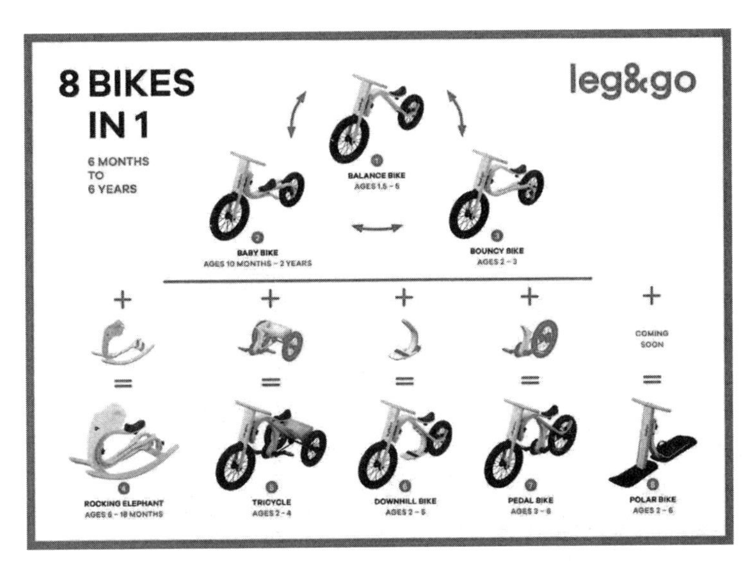

图1-19 Leg & Go 8in1 Balance Bike

（3）设计实现回收　过去，产品的设计主要看重产品的性能，很少考虑产品使用后的回收和利用，以导致资源的浪费。可回收设计充分考虑到产品的零部件、材料、包装的回收可能性以及回收的方法等一系列问题，充分有效利用每一部分，对能源浪费和环境的破坏达到最小化。绿色可回收设计是现在的一个热点，想要建立完整的绿色产品的设计体系，需要各个部分的相互协调。

图1-20 生态薯条包装设计

比如生态薯条包装设计（图1-20）。薯条作为现代生活中的快消食品，会产生大量包装垃圾。而这款设计方案选择将马铃薯的皮重新加工，制作成为一种新的生态包装。

德国每年有成千上万吨的水生植被被送往垃圾填埋场，于是德国设计师Carolin Peitsch将丰富的海草制成纤维，再借助生物树脂进行加固，最终形成了一种极简主义的椅子——大叶海藻椅（图1-21）。

图1-21　大叶海藻椅

作为大型家电产品制造商，伊莱克斯公司每年都需要消耗大量塑料制品。为了响应环保的号召，他们发起了一项海洋塑料垃圾回收运动，呼吁人们关注海洋生态环境，唤起公众的环保意识。与此同时，伊莱克斯公司对收集来的塑料垃圾进行重新利用，制成了这款限量版、拥有五彩斑斓外壳的吸尘器（图1-22）。其中的彩色部分由回收塑料直接压制成型，省去了二次加工带来的污染。这款吸尘器70%的原材料来源于回收塑料，最大限度地将塑料垃圾“变废为宝”，不仅节约了资源，还打开了新产品的大门。

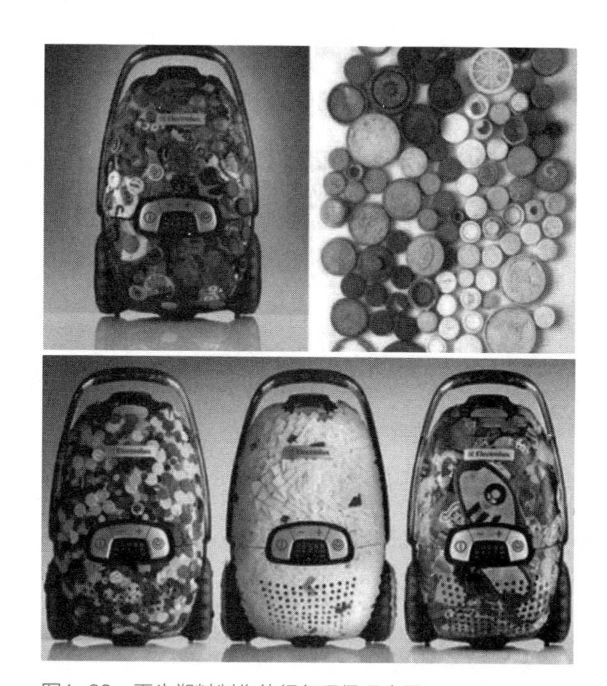

图1-22　再生塑料制作的绿色环保吸尘器

绿色设计是我们在设计中不断尝试、不断探索出来的，科学、合理、符合人类可持续发展的新型的设计方向。绿色设计不仅是理念和材料的低碳化，其设计语言、设计形式也要简洁化。绿色设计与产品设计的融合，将在一定程度上对环境和人体健康产生积极作用，减少生态破坏、资源浪费，带给人们一个有希望、健康、安全的未来。

1.3.3 可持续设计

可持续设计近来取代绿色设计，是一种构建及开发可持续解决方案的策略设计活动，要求均衡考虑经济、环境和社会问题，以再思考的设计引导和满足消费需求，维持需求的持续满足。可持续的概念不仅包括环境与资源的可持续，也包括社会、文化的可持续。评价可持续设计是否成功，要通过对环境、经济、社会三个领域是否造成损失的综合评估获得。

从某种角度来讲可持续设计的观念中包含具体环保材料、技术的运用，但是这里指的是一个完整的系统设计理念。因为大多数事物在相互间都存在着连带关系以至于“牵一发而动全身”，所以在设计之初就要对所设计对象充分考量，这就要求设计师不单对某一件设计产品本身外观、实用性、舒适度的思考，还需要从初步构思、流通过程直到这项产品报废整个周期结合可持续的环保理念进行慎重考虑。要洞悉一个领域中各个可能会受到影响的因素，并且在设计与谋划之初加入相应的应对措施。表面上看来这可能给设计加上很多限制和麻烦，然而从长远来考虑这些会是未来不可规避的问题。正是由于以上种种限制，设计师才能够更好地反思设计为社会及环境所带来的各种影响。

可持续的产品有如下特征：

（1）降低能源消耗　产品在制造过程中会消耗大量能源，设计师在设计产品时应尽量降低产品制造和使用环节的能源损耗。

（2）模块化　产品由一系列模块组装而成，这样可以提供很多功能的组合，提高产品间的通用性，并使产品可以轻松地维修或升级。

法国家具设计师Francois Dransart 设计了一款模块化多功能办公桌。根据功能不同将电子产品和办公用品等进行分类，这款桌子分为桌面、存储盒、电源线管理、照明等几个功能单元，使用者可以根据自己的需求来添加所需的模块。由于采用了模块化设计，让使用者选择空间更加灵活。

（3）环保的材料　环保的材料包括有机可再生材料、生物分解材料、可回收材料等。有机可再生材料包括竹材、木材等，这些自然生长的材料常具有与金属或合成材料一样的优良品质。生物分解材料包括经技术处理的纤维、树脂等，它们都可以被微生物分解成低分子化合物。可回收材料包括纸类、玻璃、塑料、金属等，它和可分解材料一样，在选用时都要考量当前的科技和基础设施，衡量回收过程中消耗的能源与回收所得的关系，使其实现真正有意义的可回收和可分解，对环境的危害降到最低。❶例如，日本Shinichiro设计工作室出品的一次性纸质餐具（图1-23），完完全全颠覆了我们对一次性用品的想象力。各式各样的餐具虽说设计简单，但都拥有优美的曲线，看上去非常有质感。这套餐具全部采用芦苇秆、竹子和甘蔗渣作为产品的原料，防油防水，可完全生物降解，做到了真正的环保。

图1-23　Shinichiro出品的一次性纸质餐具

（4）持久耐用　尽量延长产品的使用周期，做到物尽其用，也可以增加功能，满足用户不同阶段的需求。近几年流行的成长型家具就是很好的案例，和普通家具相比，成长型家具可伴随孩子成长，满足生活、学习各年龄段的需求，不仅可以省去孩子长大后更换家具的麻烦，还能节约更换成本，让家具产品持久耐用，实现家具功能的重生。

如图1-24就是一个设计巧妙的成长型家具，这款家具产品兼顾了孩子婴儿时期、幼儿时期以及儿童时期等不同年龄段对家具的需求，提高了家具的利用率，能节省家长对孩子卧室的二次投资，避免了

图1-24　成长型家具

❶ 周文静，白晓景，田宇.产品设计程序与方法探究[M].北京：九州出版社，2018.

闲置家具无处摆放的尴尬，这种循环利用也是环保的一大块内容。

1.3.4 情感设计

在现代工业设计中，“情感化”设计是将情感因素融入产品中，使产品具有人的情感，它通过造型、色彩、材质等各种设计元素去表达、渗透人的情感体验和心理感受。正是随着生活水平的提高，消费者都希望自己购买的产品不仅好用，而且使用起来还要愉悦或能彰显自己的身份地位。

令人愉悦的产品表现在：生理感官形态的愉悦、心理认知形态的愉悦、社交形态的愉悦和意识形态的愉悦。在产品设计中全面灌注“以人为本”的设计精神，提高产品的亲和力，给人们带来更多轻松快乐、幽默新奇的心理感受和情感体验。[1]

如何界定产品设计的情感化设计目标?

（1）产品外观品质的情感化　产品外观品质是通过结构、形体、色彩、装饰、质感等方面体现出来的，直观地体现了产品形象，其审美性、艺术性将对人们的生理和心理产生一定的影响。因此，在设计中需要充分考虑消费者的生理、心理以及审美需求，设计出具有“工艺美”“结构美”“造型美”的产品，这样才能带给人们良好的情感体验。

（2）产品内在特质的情感化　只有在产品、服务和用户之间建立起情感的纽带，让产品的特性、功能与使用环境等符合使用者对品牌的共性认知，切实打动使用者的情感需求。

（3）产品操作体验的情感化　设计巧妙、舒适实用的产品使用方式，给人们的生活带来愉悦与轻松，这才是在情感认同的前提下产品真正达到使用者满意的终极目标。[2]

例如Alessi公司的设计，已经不只是工业产品，而是一件件“复制了的艺术品”，给人一种轻松别致并充满生活情趣的感动。图1-25为Alessi的设计作

---

❶ 张婷，王谦，孙惠.品质与创新理念下的产品设计研究[M].北京：中国书籍出版社，2019.

❷ 曹伟智，李雪松.产品设计[M].北京：北京大学出版社，2021.

品Anna G红酒开瓶器，图1-26为Alessi设计的The Chin Family厨房用品，图1-27是大力士光盘架，将产品的功能性融于动作之中，栩栩如生。

图1-28是一款创可贴音乐播放器，它小巧轻薄，尺寸和真实的创可贴几乎一样，使用非常简单，只需按下中间的开关，便可轻松地播放音乐。它可以牢固、随意地贴在皮肤的任何位置，比如跑步时贴在手臂上，让音乐陪伴自己一起运动。

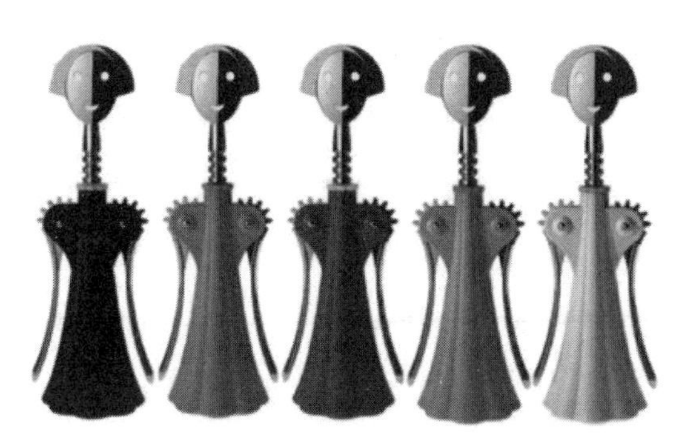

图1-25　Anna G红酒开瓶器

图1-26　The Chin Family厨房用品

图1-27　大力士光盘架

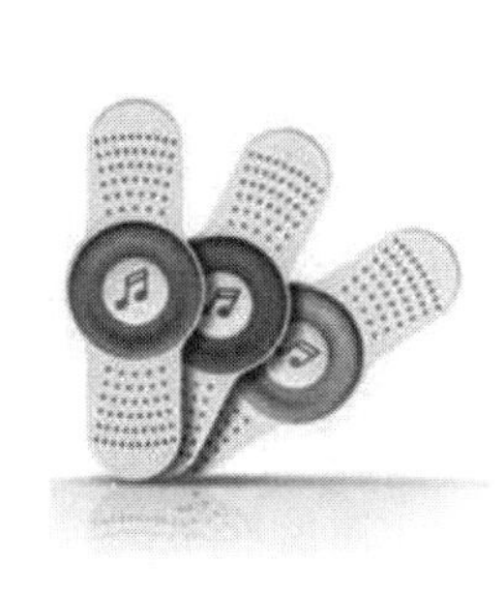

图1-28　创可贴音乐播放器

1.3.5　无障碍设计

无障碍设计（Barrier Free Design）这个概念名称始见于1974年，是联合国组织提出的设计新主张。无障碍设计强调在科学技术高度发展的现代社会，一切有关人类衣、食、住、行的公共空间环境以及各类建筑设施、设备的规划设计，都必须充分考虑具有不同程度生理伤残缺陷者和正常活动能力衰退者（如残

图1-29　TopChair-S电动轮椅

疾人、老年人）的使用需求，配备能够应答、满足这些需求的服务功能与装置，营造一个充满爱与关怀、切实保障人类安全、方便舒适的现代生活环境。例如法国一家电动轮椅公司设计了一款TopChair-S电动轮椅（如图1-29），使行动不便的老年人和残疾人无障碍地独立出行，能够安全自由地上下楼梯或越过其他障碍物。还有专为帮助老年人管理药丸的装置，可以成为他们的用药助理，提醒老人服药时间，并且可以将各种药物分类，方便取服。

1.3.6　通用设计

通用设计又名全民设计、包容设计，是指产品在合理的状态下，无需改良或特别设计就能为社会上最多的人使用。设计师创造出来的产品或服务，要尽可能针对最广大的群众，不管能力、年龄或社会背景，也就是说，要尽可能地包容边缘族群（如老人、残疾人或职业病患者等）的需求。通用设计是一种整合性设计，需要把不同能力使用者的需求整合到设计流程中。通用设计的七大原则对设计师起到了指引作用。

原则一：公平地使用（对具有不同能力的人，产品的设计应该是可以让所有人都公平使用的）。

原则二：灵活地使用（设计要迎合广泛的个人喜好和能力）。

原则三：简单而直观（设计出来的使用方法是容易理解明白的，而不会受使用者的经验、知识、语言能力及当前的集中程度所影响）。

原则四：能感觉到的信息（无论四周的情况或使用者是否有感官上的缺陷，都应该把必要的信息传递给使用者）。

原则五：容错能力（设计应该可以让误操作或意外动作所造成的结果或危险的影响降到最低）。

原则六：尽可能地减少体力上的付出（设计应该尽可能地让使用者有效地和舒适地使用，而丝毫不浪费他们的气力）。

原则七：提供足够的空间和尺寸（提供足够的空间和尺寸，让使用者能够方便使用，提供适当的大小和空间，并且不受其身形、姿势或行动障碍的影响）。

例如图1-30所示的多功能餐椅，充分考虑到就餐环境中家长和幼儿的需求，当家长带着孩子用餐时，孩子可以面向靠背就座，成为一把宝宝餐椅，当只有成人用餐时，它也可以变成成人座椅。这把座椅通过功能切换来满足两者的需求，从而延长使用期限，避免了材料的浪费。

图1-30 成人、幼儿两用餐椅（设计：陈中石 指导老师：谢玮）

1.3.7 慢设计

慢设计不是指设计速度的快慢，而是强调设计师在设计创作中一种耐心、谨慎、深思熟虑的态度，同时也增强了人们与作品之间的情感交流，是一种设计理念和设计风格的交融与延续。“慢设计”主张设计师在设计创作中应处于一种平和、放松、随性的感知状态，以人们的根本需求为基础，用敏锐的眼光发现人们真正需要什么产品，更注重情感的交流，以及带给使用者身体上、精神上舒适的情感体验和互动。同时，慢设计强调传统、手工和环保，追求产品本质的呈现。

2002年的威尼斯双年展上，一系列名为《尘与雪》的摄影作品首次公开于世，作者格利高里·考伯特(Gregory Colbert)与大多数艺术家不同的是，他没有和任何画廊签约，过去十年里也没有开过一次作品展，不曾接受任何采访。从1992年起，借助着几个富有收藏家的资助，他作了27次长途旅行，到达了世界上的各个角落。他甚至还连着几个月租下远洋轮。总之，为了达到他所要拍摄的艺术效果，他总是不计金钱和精力。现在，42岁的考伯特终于将他这些年来的成果公开展出了。在这些未经任何后期处理的黑白照片中，观众们无一不被其天人合一的美妙视觉所深深震撼，原来人与自然和谐相处竟可以这么美!

虽然格利高里·考伯特所拍摄的可以说是艺术品，但是在设计界，这种厚积薄发的精神同样适用且非常重要！在大机器工业化生产的统一标准下，设计师被要求极短时间内设计出新产品，不得不去抄袭、模仿、再做些微修改，哪里还有时间去体验生活、感受生活呢?连自己都打动不了，又怎么能设计出打动人心的作品呢?

国内外的优秀设计公司很早就意识到了这一点，在设计行业，设计师是最主要的劳动力，所以，他们会给员工创造最舒适的工作环境，不会为了在短时间内接更多的案子而让设计师加班赶点，就算是再优秀的设计师，也需要充分的时间体验生活感受生活，才能设计出优秀的作品，然而，这种做法并不意味着速度上的降低，而是更加追求作品的深度。

慢设计的目的是将“慢”理念普及到生活中。muji（无印良品）就是这一理念很好的执行者。muji的一切物品简单到不存在一丝一毫多余的修饰。无印在日语中是没有花纹的意思，muji即为无品牌的意思，追求产品本质的呈现，使muji充满了朴实无华的魅力。muji得到了大多数青年的喜爱，正是muji象征了他们对简约和谐生活的憧憬，也代表了都市人的一种典型心态——希望以一种优雅从容的姿态生活在快速变化的世界。[1]

[1] 门德来，石琬莹.慢设计及其表现[J].大众文艺，2010，(09):146-147.

当前，慢设计已经在设计界引起了广泛关注，身体力行的设计师也不在少数。在中国这样一个追求经济快速发展的社会，这股关注的力量更显得难能可贵。

图1-31是以色列设计师Erez Nevi Pana用海盐处理而成的肌理效果及产品，他受启发于死海的盐结晶过程，用死海盐创造了一种新型材料。他从死海中提取原料死海盐，然后通过压缩、加热工艺、数控铣削、自然结晶等不同的方式处理，最终创造了各种形状和材料。在时间跨度9年的创作中，他用海水日晒而成的盐制作家具，诞生了椅子、梯子等产品，令盐的结晶变成"设计"。Erez Nevi Pana在设计的过程中没有走捷径，而是慢下脚步，借用时间之手重新思考源于自然的材料和设计的本质。

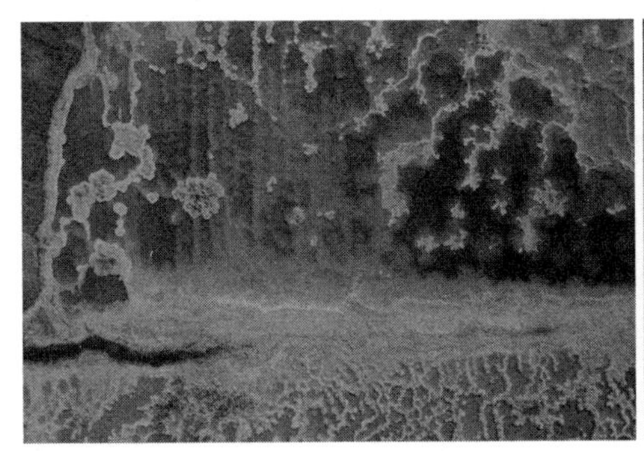

图1-31　以色列设计师Erez Nevi Pana的作品

1.3.8　非物质设计

非物质设计思潮是近年来在欧美和日本广泛讨论的热门话题，是一门涉及诸多领域的边缘性学科。非物质（Immaterial）的英文原意是"Not Material"，是相对于物质设计而言的。物质设计是指一种表象、可见、可感知的设计，是以满足人类"物质欲望"和"消费主义"为核心的活动；而非物质设计则强调了在产品设计中物质以外的因素，如内涵、交互、体验等，它还注意到非物质因素对物质因素的作用和影响，并将其作为单独的一个因素来研究。虽然非物质设计不是物质，但"非物质"是基于"物质"的，在非物质设计中，产品的艺术性和精神性往往是附着在产品的物质性之上的。非物质设计是社会非物质化的产物，是以信息设计为主的设计，是基于服务的设计。未来产品设计可以在虚拟化的世界中完成产品的构想与后期模型制作，更可以独立于物质设计，建立虚拟化的产品。

在如今的信息时代，借助计算机、互联网而产生的一种与物质设计相对的设计形态，其设计方式、对象、手段等都经历了从物质到非物质的转变，是社会非物质化的产物，是以信息设计为主、基于服务的设计。

现在新兴的界面设计、网页设计等都属于非物质设计的范畴。非物质设计是对物质设计的一种超越。科技的进步，为非物质设计的发展提供了条件，非物质设计是艺术与科学进一步结合的产物。

随着工业4.0时代的到来和发展，“非物质设计”已经是现代设计中必不可少的一个组成部分。它是设计发展到今日的必然产物，代表着设计理念和方式的流行趋势，但不能将其看作是设计的全部内容。我们可以在学习中认识和利用其内涵，来完善、丰富设计者自身的设计观。研究该内容对产品设计与开发影响重大。

1.3.9 极简设计

极简设计是以塑造唯美和高品质风格为目的，崇尚极致简约的精细对比。在产品设计中，极简主义所提倡的“简”，就是透过现象看本质，“简而不减”。极简主义追求一种简单到极致的设计风格，主要强调功能的主导，形态上简洁化，强化产品的细节设计。极简主义概念的生成，并不局限于艺术或设计，它是极简主义者奉行的一种哲学思想、价值观及生活方式。

显而易见，极简主义的风靡与我们当下的生活理念是深深交织在一起的，它主张使用最少的资源来发挥最大的功用，简化生活流程。这在无形之中也契合了人们高效率的生活与工作方式。 极简主义的设计风格早已深入人心，成为设计界和消费人群的共识。在产品设计中，极简设计去除了一切不必要的元素，并不代表它完全去除审美化。设计师在以“减法”创造新产品的同时，注入了更多的理性原则，以精确计算、统一色调、比例协调、规则排列的创新方法，使作品呈现出一种在独特魅力下更为精致的美感。

极简设计强调回归人类的基本需求，去除累赘，设计上简约却不简单，遵循“少即是多”的原则，在比例协调的质朴表现中探寻精湛的细节设计。可以说，极简主义是真正归属于我们这个时代的前沿设计风格。

图1-32“Compact Life”是无印良品（muji）的一系列家庭存储产品，由工业

设计专业的学生合作设计，灵感来自当今小面积住宅和清理家庭生活空间的运动。

每款产品都忠实于无印良品的极简主义个性和人性化设计方法，保持几何形状和多功能结构。

在配件目录中，有一个篮子存储系统，可作为木制和板条箱阶梯，非常适合厨房或浴室储存洗漱用品，并达到更高的高度。然后，有一系列的相框，可以在一个集成的插槽中存储纸制物品，如便笺和名片，该插槽跟踪每个相框的周长。

设计学生们以自己的家和同事的家为主要灵感来源，甚至制作了一些小众物品，比如一个由铁丝和空心竹子制成的昆虫房，可以挂在公寓窗户外面，供蜂鸟和蜜蜂来参观。

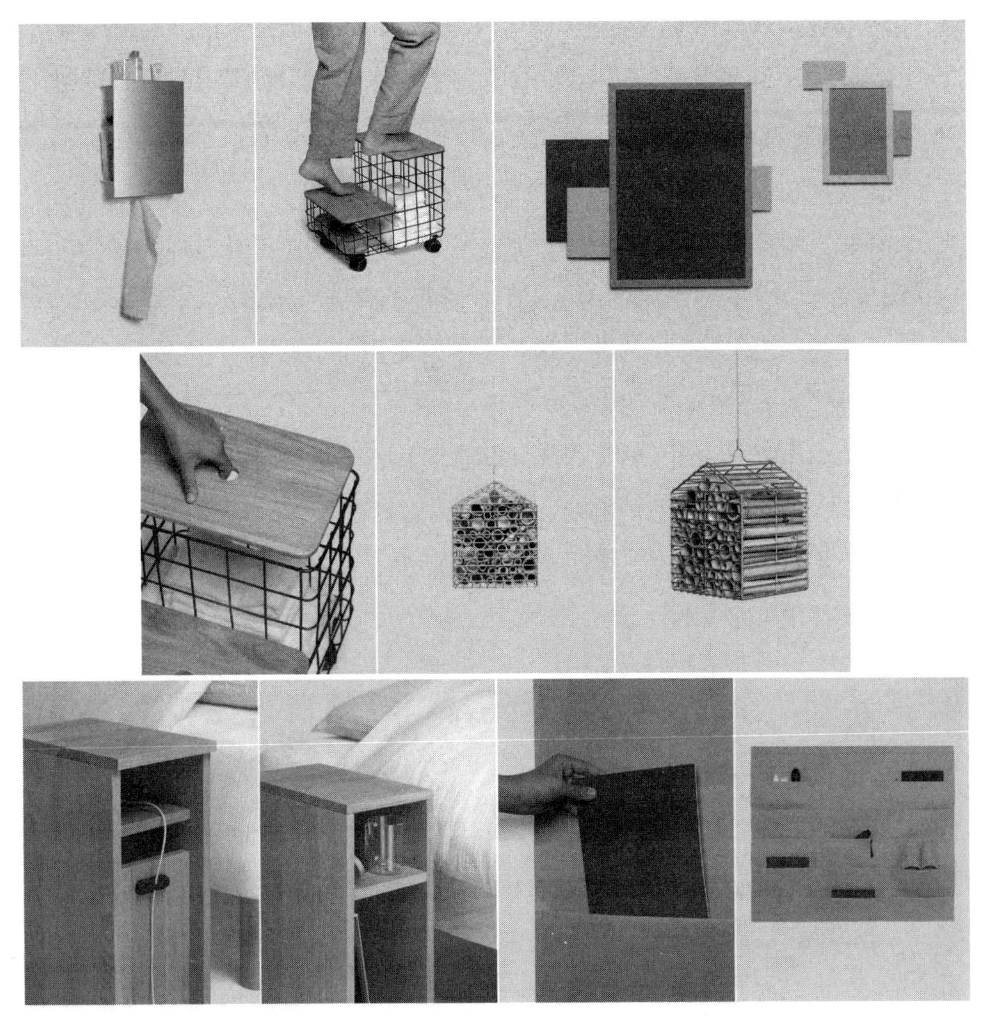

图1-32　“Compact Life”系列产品

1.3.10 无意识设计

无意识设计又称为直觉设计，其理念是由日本设计师深泽直人首先提出，即“将无意识的行动转化为可见之物”。无意识设计的本质源于设计师对人们日常生活无意识行为的体察与思考，关注人们无意识行为潜在的本能，挖掘人内心最本质的需求，并将这些无意识行为转换为可见的设计。在当今产品设计边界不断被扩展的情况下，无意识设计为设计师提供了独特的思考角度，也已成为一种被普遍运用的设计方法。

“无意识设计”理念在产品设计中应用时，一般是先通过观察人们的无意识行为，然后将这些行为嵌入合适的产品中，使产品能够遵从人们的使用经验或行为习惯，在使用过程中不需要过多思考就能够使用，从而提升产品的使用体验。最具代表性的是深泽直人、佐藤大、铃木康弘等具有鲜明的无意识设计特征的日本设计师，他们通过关注无意识设计中的设计理念、设计方法、设计特征以及操作方式的异同，进行了深入的剖析、对比和归纳。

深泽直人的设计作品被普遍认为是朴素不需思考就能使用的，他本人称之为“学而不思”。深泽直人所关注的是人们所忽略的有关“无意识”的种种生活细节，更多的是围绕无意识行为与无意识客观心理活动的研究。其作品通常造型极为简约，却又不失美感，非常注重产品细节的推敲，关注人的感情和行为，因而才会把生活中无意识的细节转化为产品设计。正是这些不起眼的细节，才会成就伟大的产品，打动用户的心。例如，带托盘的台灯设计，底座是个托盘，每当你下班回家，把钥匙往托盘里一扔，灯就会自动亮起来，拿出钥匙也就关上了灯，设计非常人性化（图1-33）。

图1-33 带托盘的台灯（设计：深泽直人）

1.4 产品设计的基本原则

产品设计活动是理性与感性相结合的创造性活动，既受工业制造技术的制约，又受经济条件的制约。产品设计不是纯艺术创作，而是在理性指导下，遵循相应的现实约束条件和基本的产品设计原则。

一般来讲，设计的基本原则有以下几个方面：

（1）设计是根据美的欲望进行的技术造型活动，要求具有时代性、社会性和民族的传统，不要纯粹为讨好大众而追求缺乏价值的美。艺术创造是进行一次性物化，不必考虑批量生产。而设计必须经过第二次物化（即批量生产）才能实现最终目标。虽然严格地讲第二次物化不属于设计的范畴，但是如果没有第二次物化，设计就变得毫无价值。

（2）在设计某种产品时，不单对其用途，更重要的是对其美的形态要进行合理规划。

（3）设计既要具有艺术要素又要具有科学要素，是为满足人的实用与需求进行的有目的的视觉创造，即要兼有精神功能与实用功能。设计是美的要素与实用要素相互矛盾、抗拒而又相互统一的过程。

（4）设计既要有独创和超前的一面，又必须为今天的使用者所接受。即设计应具有独创性、合理性、经济性和审美性。

（5）设计要受一定条件的制约，不是设计师个人主观判断下追求的美，要受委托者和使用者制约，受物化条件制约，还要受市场和销售机制的制约。

（6）设计不可能十全十美，它是一种永远不停止、无终极目标的问题求解。

（7）“变”是设计中永远不变的原则。

而从产品设计要素和设计理念来看，我们还可以将现代产品设计的基本原则概括为“功能性”“求适性”“经济性”“致美性”和“创新性”等几个原则。

“功能性”是产品设计的基本要求，产品如果失去了功能性，也就失掉了产品的主体作用。因此，产品设计必须充分体现产品的工作范围、良好的工作性能和科学的使用功能。应以实现功能目的为中心，使产品性能稳定可靠、使用方便、安全宜人和适应环境，这些是评定产品设计的技术性能、反映产品实用性的综合指标。

“求适性”包含了适宜、适合、适当、适应和适度五个方面，充分考虑人与产品、环境之间的关系。

产品的“经济性”原则是产品设计师和企业不可忽视的重要方面。以市场服务为主体的批量化生产，必须满足经济方面的需求，让产品更加适应人群、环境、社会等诸多因素的需求。产品制造成本作为产品设计原则中最重要的基础，对其评估尤为重要，在生产制造时要清晰地把握从成本预算到产品的前期设计、结构工艺、材料选择、加工方式、生产数量、生产维修等方面的精准评估，这会直接影响产品的经济性能指标体系。

“致美性”即美观性原则，产品设计必须在体现实用、经济的前提下，塑造出完美、生动、和谐的艺术形象，满足时代的审美要求，体现社会的精神文明与物质文明的完美统一。

此外，“创新性”原则是产品设计的核心原则，也是设计活动的最终指标。只有追求设计的“新意”和“独创性”，才能创造出丰富多彩、新颖的产品，才能满足人们随时代进步而不断发展和变化的需求。[1]

1.4.1 功能性原则

在产品设计要素中，我们提到产品功能从需求角度分为物理功能、生理功能、心理功能、社会功能等。物理功能特指产品的内部构造、性能体现、制作精度、耐用性等，它是产品设计功能性原则的直接体现。生理功能是指产品在使用时给使用者带来的便捷性、适用性、安全性、人机尺寸、舒适度等诸多功效和影响；心理功能作为功能性原则的辅助部分，主要体现在产品设计的外观、色彩、肌理和风格上要遵循和满足使用者的心理需求，使用者产生愉悦和共鸣，引发其对生活的思考和关注。从社会功能的角度分析，产品不仅仅是使用者的个人使用范畴，更是社会层面的价值取向和品位确定。因此，在产品设计中，对功能性进行思考是一条重要原则，不可避免地被放在首位。

产品的功能性原则直接诠释了人类务实、理性的精神所在。其首先要遵循实用、易用、安全、舒适等原则，来满足人类的使用目的；其次，设计要多样化，

[1] 金辉，曹国忠.产品功能创新设计理论与应用[M].天津：南开大学出版社，2020.

强调从单一功能向多重功能的发散；最后，功能性原则与时间因素、信息因素、消费因素等密切相关，即人与物、物与环境之间的协调关系。这就是产品设计最基本的要求，体现了功能性的重要性。

总而言之，为大众设计的产品，需要遵循功能性原则，尽量从各层次用户的角度出发来考虑其操作方式，充分考虑用户对产品的心理感受、接受能力和可见部分的行为活动要求。

1.4.2 求适性原则

求适性原则包含了适宜、适合、适当、适应和适度五个方面：

（1）产品设计首先要适宜于人，即以人为本，以用户为中心展开设计，综合考虑人体工学、感性工学、设计心理学、人与环境的协调发展等因素。

任何设计人员都会尽心尽力地设计产品。但实际上，设计人员的专业背景决定了他们不可能充分理解普通用户的需求。可能对他们而言非常简单、不需思索的东西，却有很多普通人不理解。盲目地以自己的需求或片面的理解去为用户设计是不明智的，这样开发出来的产品要么被用户忽略，要么被用户抛弃，必然也就无法获得经济上的收益。所以，要想开发优秀的产品，必须坚持“以用户为中心”，理解和研究用户的需要，产品才有可能满足用户的需要和期望。

（2）产品设计要适合市场需求，适合生产工艺、造型材料、技术、成本等多方面的限制条件。一项产品要想畅销，首要的是要做市场定位分析。一般在设计流程之始，需要做详尽的目标人群、使用环境、同类产品、市场、因素等方面的分析，以确保将来的产品满足客户的需要。产品应优先考虑使用价格低廉、加工方便而又坚固耐用的材料。

（3）产品设计对人、自然、社会、环境等因素要做到适当，要满足价值工学、设计社会学、环境科学、伦理学等方面的要求。因此，设计师在设计产品时应充分考虑产品与生态、环境、生命周期、特殊人群等方面的关系，检视设计对社会的意义。

（4）适应是指产品设计要顺应时代的潮流和发展的趋势，符合时尚的变迁，紧紧跟随科技的进步和经济的发展。在第1章“1.3产品设计思潮与理念”章节中所提到的非物质设计与可持续设计均体现了设计顺应科技、时代发展的趋势。

（5）产品设计应追求适度原则，这不仅是对量化的标准的适应，更重要的是设计不能过于极端，而要满足最大多数人的需求。因此设计师在设计的过程中要充分考虑用户的需求，适度设计，让产品简单、易学、易用，避免繁琐与无味的装饰。

1.4.3 经济性原则

产品的经济性原则是产品设计师和企业不可忽视的重要方面。以市场服务为主体的批量化生产，必须满足经济方面的需求，让产品更加适应人群、环境、社会等诸多因素的需求。产品制造成本作为产品设计原则中最重要的基础，对其评估尤为重要，在生产制造时要清晰地把握从成本预算到产品的前期设计、结构工艺、材料选择、加工方式、生产数量、生产维修等方面的精准评估，这会直接影响产品的经济性能指标体系。因此，产品的设计不仅仅是功能设计、造型设计、结构设计的问题，更是一个经济设计的问题，合理而必要地控制成本，是提高产品经济价值的重要手段。[1]

现代经营观念认为：设计、制造和销售产品只是企业经营的开始，企业经营的真正重点是要使用户在使用产品的过程中感到满意。这时，不仅要求产品的使用性能要完全满足使用者的需求，并且要求产品的使用费用达到最少。当然，产品的使用性能、使用费用和产品的制造费用三者并不是一致的，它们的综合结果就表现出产品设计的经济效果。因此，我们要对产品的经济效果进行分析，从中得到最佳的设计方案。

设计必须在职业道德、法律和安全限度的制约下取得最大的利润，而不能为了增加利润而在设计中偷工减料。因此，设计师在设计产品时，为了达到“求适性原则”，要着重抓好以下几个方面的工作。

（1）优化设计项目方案　设计方案的优劣直接决定产品成本的高低。因此，要十分注重设计方案的论证工作。设计论证工作是一项十分认真严肃的事情，容不得半点马虎。在每一个设计方案中，均应在充分调研的基础上进行深入的技术

---

❶ 曹伟智，李雪松.产品设计[M].北京：北京大学出版社，2021.

经济分析，通过多种方案比较，最终选择出最佳方案。

（2）保证设计项目方案质量　高质量的设计，不仅能给企业和社会带来较好的经济效益和社会效益，而且还能合理利用资金，最大限度地发挥投资效益和产品效益。每个设计人员必须以科学参数和可靠资料为依据，认真按照设计程序工作，确保设计质量。

（3）做好设计项目概预算　对于一个项目的预测性投资额，要做好计算。这看来似乎不是设计师的工作，而是项目投资方或项目预算师的事情，其实不然。深入详细的产品设计方案，必须在产品设计各阶段考虑该项目产品生产的投入，无论是材料、工艺、模具、生产流程、零部件的加工采购、包装、运输等，都涉及产品成本核算的问题。设计师如果不考虑这些因素，势必会增加产品成本。设计师通过精心设计，把项目投资控制在经济合理的范围之内，会起到事半功倍的作用，所以，“经济性原则”在产品设计中也是重要的。

表1-1是项目设计综合评分表。

表1-1　项目设计综合评分表

<table>
<tr><th colspan="2">项目</th><th>评分标准</th><th>评分</th><th>方案得分</th></tr>
<tr><td rowspan="8">技术性价值</td><td rowspan="4">A.独立性</td><td>与其他产品无类似之处</td><td>5</td><td></td></tr>
<tr><td>有类似，但远胜于其他产品</td><td>4</td><td></td></tr>
<tr><td>有类似，但不低于其他产品</td><td>3</td><td></td></tr>
<tr><td>有类似，但低于其他产品</td><td>2</td><td></td></tr>
<tr><td rowspan="4">B.技术发展远景</td><td>有世界性发展可能</td><td>5</td><td></td></tr>
<tr><td>有国内发展可能</td><td>4</td><td></td></tr>
<tr><td>具有国内水平</td><td>3</td><td></td></tr>
<tr><td>发展前途小</td><td>2</td><td></td></tr>
<tr><td rowspan="5">经济性价值</td><td rowspan="4">C.贡献程度</td><td>对提高质量、产量有很大贡献</td><td>5</td><td></td></tr>
<tr><td>对提高质量、产量有较大贡献</td><td>4</td><td></td></tr>
<tr><td>对提高质量、产量有一定贡献</td><td>3</td><td></td></tr>
<tr><td>能否有贡献尚有问题</td><td>2</td><td></td></tr>
<tr><td>D.可解决问题程度</td><td>能解决本企业内的重大问题</td><td>5</td><td></td></tr>
</table>

续表

项目		评分标准	评分	方案得分
经济性价值	D.可解决问题程度	能解决本企业内的很大问题	4	
		能解决本企业内的某种问题	3	
		解决的问题不大	2	
可行性评价	E.技术成果可能性	非常有希望	5	
		很有希望	4	
		一般	3	
		没有希望	2	
	F.研究开发能力	有充分的技术、设备能力	5	
		有一定的技术、设备能力	4	
		有较低的技术、设备能力	3	
		能力很差	2	
综合评价分数 = (A+B) × (C+D) × (E+F)				

1.4.4 致美性原则

致美性原则是产品外观设计的首要原则。一件具有美观性的产品，不仅可以实现产品差异化，而且能够带给人以舒适的视觉享受和心理感受，通过设计产品的外在表现形式，使产品具有美的艺术感染力，来实现使用者对美的追求，以此拉近人与产品的距离。

产品的美观性构成，受到造型元素的比例分配、产品材质的应用、产品的色彩搭配等因素的影响。设计师应根据产品的功能要求以及用户的审美需求进行相关设计，在设计的过程中可因循一些美学法则来进行，根据这些基本美学法则作延伸或扩张，使产品达到一定的美学效果。

形式美的特点和规律，概括起来主要表现为：在变化和统一中求得对比和协调，在对称的均衡中求得安定和轻巧，在比例和尺度中求得节奏和韵律，在主次和同异中求得层次和整合。

（1）统一与变化　唯物辩证法的最基本的规律——对立统一规律，同样是指导所有艺术表现形式最基本的规律。任何一个好的设计，都力求把形式上的变化和统一完美地结合起来，即统一中求变化，变化中求统一。这样，才能做到丰富而不杂乱，使设计有组织、有规律而不单调。统一中求变化，主要是利用美感因素中的差异性，即引进冲突或变化，通过对比、强调、韵律等形式法则来表现造型中美感因素的多样性变化。变化中求统一，主要是利用美感因素中的同一性来进行处理，通过协调、次序、节奏等形式法则的运用，来求得理想的效果。

重复是一种统一的形式，将相同的或相似的形、色构成单元，作规律性的重复排列。个别单元体虽然是单纯简洁的形，但是经过反复安排，则形成一个井然有序的组合，表现出整体的美，使人产生统一、鲜明、清晰的感觉。

如果能感觉音乐的单程节奏，在设计上引申这种音乐的节奏就很容易。又因为现代工业产品的众多构件多以统一和标准化、模数化形式作为最基本的表象形态，所以在工业产品中常有体现。当然，人们并不满足这种简单重复的美感，更希望看到有变化的重复。在重复特性之中，可分为形状重复、位置重复、方向重复三种。创造有变化的重复，有想象力、有独特性的重复才是设计中求得统一的最有意义的劳动。这就是通常讲的韵律美感。

韵律是运动、运势的一种特殊形态，是视觉心理上所引起的感动力。韵律是表现速度、造成力量的有效方法，它随着逐渐或反复的安排、连续的动态转移而造成视觉上的移动。韵律最简单的表现方法，是把一种视觉单位做有规律的连续表现。此种规律性是借助形或色，经反复、重叠或渐进的适当排列，且在比例上稍加变化，使其在视觉造型上既有变化又赋予韵律效果的感觉，使人兴起轻快、激动的生命感。

（2）对称平衡与非对称平衡　平衡是对立的均势，它是自然界物体遵循力学原则的存在形式。所谓对称平衡，是通过轴线或依支点、相对端，以同形、同量形式出现的一种平衡状态。人、动物、点、昆虫、轮船、飞机、汽车、大多数家具、许多绘画等，都是以对称平衡形式出现的。用对称平衡格局创造出的物体，具有庄严、严格、端庄、安详的效果。设计中常用的对称形式有左右对称和辐射对称两种。

所谓非对称平衡，是相对端呈同量不同形或不同量不同形的一种平衡状态。在产品设计中通常会运用体量相当的形状、面积相当的色彩、质感相似的材料等搭配来取得平衡。非对称平衡比对称平衡显得不安静，从而显得更活泼、更有趣。它是现代设计中常用的一种构图形式。如果要使构图能显得有活力与变化，便可运用非对称性的配置原理来达到吸引人的效果。

（3）分割与比例　产品的立体造型各部分的尺寸和人在使用上的关系要相吻合，既要达到使用上的要求，又要满足人们视觉上的要求，这就涉及产品立体造型设计的比例问题。比例是指在同一事物形态中各部分之间的关系具有数理的法则。比例的构成条件在组织上含有浓厚的数理意念，但在感觉上却流露出恰到好处的完美分割。比例是和分割直接联系着的。数学上的等差级数、等比级数、调和级数、黄金分割比例等都是构成优美比例的主要基础。

黄金分割比例早在古埃及时就存在了，直到19世纪，黄金分割比例都被认为在造型艺术上具有美学价值。20世纪以来，尽管不断有人对黄金分割比例提出疑问，但在具体设计中，我们还是会常常使用这一规律。黄金分割比例是根据古希腊数学家毕达哥拉斯的定理进行分割的形态，即把长为L的直线段分成两个部分，使其中一部分对于全部分的比等于其余一部分对这部分的比。

即：$X : L = (L - X) : X$，根据这个定理，得出$X = 0.618$。

在一个矩形中，如果两个直角边的比是1 ∶ 1.618，那么这个矩形亦称作黄金矩形。如图1-34所示，MQ=NP=1，MN=QP=1.618，那么J点则是黄金分割点。

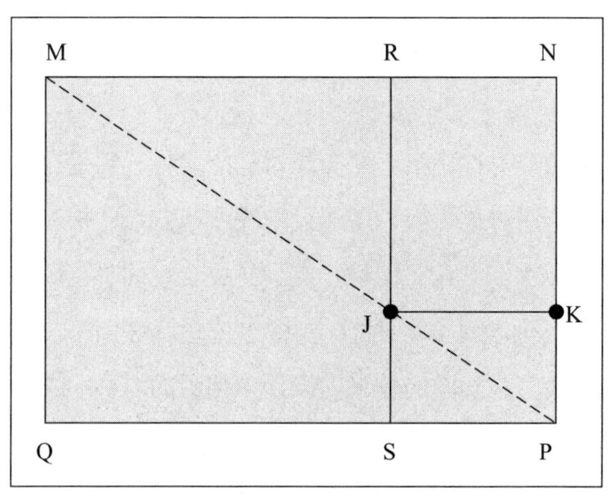

图1-34　黄金分割矩形画法

（MQ=NP=1，MN=QP=1.618，那么J点则是黄金分割点）

把工业产品外形纳入这一矩形，并适应其内部形态，从平面观点看是可取的，因为这个矩形可以进行多种多样的艺术分割。当然，任何一种设计规律都不是一成不变的，即便是“黄金分割比例”也可以有一定的宽容度，在1 ∶ 1.618的基础上伸展或收缩，设计师可以自由地去追求自己的设计感觉。

（4）强调与调和　所谓强调是指为了吸引观众特别注意构图的某一部位图像所利用的一些加强印象的技法。造型的第一步就是要透过美的形式，满足人的视觉享受，而强调式的造型呈现，就是其中的方法之一。强调造成视线的焦点，是吸引注意的地方，也是引起观众进一步观赏作品的关键。强调常用的方法有：对比强调、明暗强调、夸张强调、孤立强调等。

所谓调和，是把同性质或者类似的事物配合在一起，彼此之间虽有差异，但差异不大，仍能融合。这种和谐感亦为美的形式之一。调和的产生主要是为了解决造型中所产生的对比关系，使之更为和谐。比如在现实生活中，色彩是极为丰富多彩的。面对纷呈的色彩，如果不进行“色彩调和”，往往会使产品感到杂乱。正是由于“色彩调和”方法的巧妙应用，才呈现出美好的视觉感受。自然界往往存在着最佳色彩调和因素，因此，我们在学习设计理论的同时，还要学会注意观察大自然。这对提高设计师的个人品位和设计水平都大有好处。

（5）视错觉的应用　视错觉是指由于视觉系统的特性或某种干扰导致人们看到与实际不同的视觉效果。视错觉在设计中的应用是指利用视错觉的特性来创造出一些视觉效果，以达到设计的目的。

在产品设计中，视错觉可以用来增加产品的趣味性和吸引力，还可以用来引导用户的注意力。在设计产品或界面时，可以利用视错觉的原理，通过调整颜色、形状和布局等因素，使某一部分的视觉效果突出，吸引用户的眼球，并引导他们关注需要传达的信息。

视错觉还可以用来提升产品的使用体验。在产品的外观设计中，可以通过利用错觉的特性来改变物体的形状和自然感觉，使产品看起来更加美观和吸引人。在产品的交互设计中，通过合理运用视错觉，可以让用户获得更直观的反馈，提升产品的易用性和用户满意度。

如图1-35中餐垫的设计就是采用了视错觉的原理，通过线条让平面的餐垫具有凹凸的立体视觉效果。

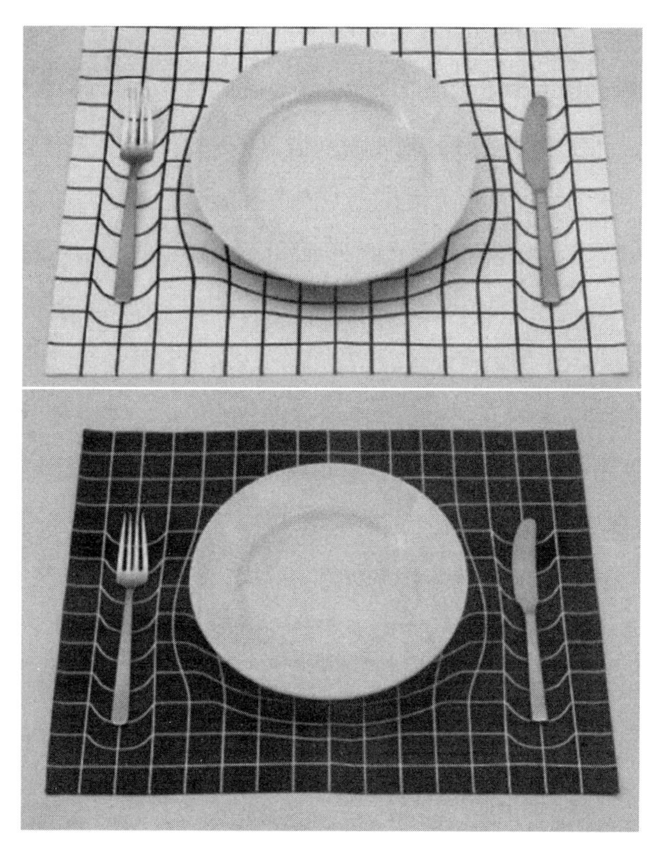

图1-35　视错觉餐垫

1.4.5　创新性原则

从产品本身来看，任何一件产品都有生命周期，都不可能是永恒的，因此创新显得尤其重要，它是推动产品发展、进步的动力，也是区别于竞争对手最有力的武器。

产品设计的创新原则可以涵盖以下几个方面：

（1）用户体验创新　产品设计应以用户为中心，关注用户的需求和感受。通过深入了解用户的行为、偏好和痛点，开发出能够解决问题并提升用户体验的创新产品。

（2）功能创新　产品设计需要不断探索新的功能和特性，为用户提供更多选择和价值。通过引入新的技术、材料或设计理念，创造出能够满足用户需求的全新功能。

（3）可持续性　在产品设计过程中考虑环境和社会的可持续发展。通过使用环保材料、优化能源消耗、减少废弃物的产生等方式，推动可持续发展的创新设计。

（4）外观创新　简约而美观的设计可以提升产品的吸引力和易用性。产品设计应注重形式的简洁、色彩的搭配、界面的布局等方面，使产品呈现出令人愉悦的外观和视觉效果。

（5）服务创新　产品设计应追求高效率和便利性，为用户提供更便捷的体验。通过优化工艺流程、简化操作步骤、提供智能化的功能等方式，提高产品的使用效率和用户的满意度。

（6）方法创新　在设计的过程中也需要挖掘和整合创意的方法。每个创新团队都有独特的创新设计方法，如IDEO采用的是以人类为本的设计方法，调研与发现需求是他们的设计强项；Nokia、Apple则更注重从人机的交互体验出发进行产品设计。不同的创新项目都有其适合的设计方法，创新设计方法若能灵活善用，将为产品创新研发提供源源不断的“新鲜血液”。

以上是产品设计的创新性原则的一些方面，设计师可以根据具体项目的需求和目标，综合运用这些原则来进行创新设计。产品创新不是一朝一夕的事，只有持续的产品创新才会带来持续的竞争优势和企业的持续发展。

1.5　产品设计的类型

产品设计是工业设计的核心，是行业企业运用设计的关键环节，它实现了将原料的形态改变为更有价值的形态。设计师通过对人的生理、心理、生活习惯等一切关于人的自然属性和社会属性的认知，进行产品的功能、性能、形式、价格、使用环境的定位，结合材料、技术、结构、工艺、形态、色彩、表面处理、装饰、成本等因素，从社会、经济、技术的角度进行创意设计，在企业生产管理中保证设计质量实现的前提下，使产品既是企业的产品、市场中的商品，又是消费者的用品，达到不同顾客的需求和企业效益的完美统一。

产品设计的对象与范围极其广泛，在不同的时代、不同技术条件和社会时尚的影响下，会形成不同风格、不同方向的产品设计，也可以根据不同的标准作相应的分类。以对产品设计的最终定位为依据，目前，在行业和企业中，从不同的需求层次角度来分析，产品设计大致分为式样设计、方式设计和概念设计三种。[1]

1.5.1 产品式样设计

式样设计是短期、折中过渡的一种设计形式，是在现有技术设备、生产条件和产品概念基础上，通过研究产品的使用情况（如安全可靠性、舒适性）、现有生产技术和材料、新材料和加工工艺、消费者及消费市场，来设计新的产品款式，或对旧有的产品进行改进。

式样设计在企业产品设计中较常见。在激烈的市场竞争中，企业新产品开发周期越来越短，使得产品的改良性式样设计发挥了很重要的作用。如近年的汽车行业，新款车型的上市频率和迭代明显加快，但汽车概念性的技术性能并没有太大的本质变化，大多数新款车型都是在对前一款型的缺陷与不足进行适度修改设计，并且主要集中在式样的更新和非关键技术的革新上。尽管如此，这种改良性设计量的积累也会在一定程度上达到质的飞跃，并为发展产品新概念、新方式的设计打下良好的基础。

现阶段的产品设计行业，相当数量的设计师所从事的设计工作都围绕着改良性式样设计进行，尤其是目前一些企业产品开发机制不健全，没有能力去作基础性的研发和产品创新，更多的则是以良好的产品外观在形象上去打动消费者。优秀的式样可以使技术性能的产品产生突出的市场效益。例如，苹果电脑在式样改良设计后，发生了很多变化。式样改良后的电脑较改良前在造型上更具整体性和流畅性，特别是造型材料和加工工艺的选用，以及高品质的色彩修饰，一经推出，便在市场销售上获得了巨大的成功，充分适应了时代进步中不同人群的需求和对产品品质需求的提升。

---

[1] 江杉.产品设计程序与方法[M].北京：北京理工大学出版社，2009.

1.5.2 产品方式设计

所谓方式设计，其目标往往不在产品上，而是关注于人们生活方式的改变和引导。方式设计总是将重点放在研究人的行为、价值观念的演变上，研究人们生活中的各种难点，从而设计出全新产品，也进而开拓出一系列划时代的生活模式。比如福特T形车[1]的问世，使美国人的生活方式发生了根本性的变化：生活节奏加快，工作效率提高，居住方式也变得分散，居住距离也变得更加遥远，这也成为当时社会进步的象征。对比今日，发达城市私家车的普及，使得环境、交通问题成了要改变这种生活方式的另一个侧面。

方式设计，有时候也可以表现为用新方式解决旧问题或已有的需求，使之更加完善、更加理想。如计算机辅助设计在设计领域的广泛应用，使传统的设计手段有了本质的飞跃。另外，网络的普及与数字技术的发展，使人类信息的交流方式也产生了前所未有的变化，传统的“鸿雁传书”发展演变到今天的“网上聊天”和“可视通话”，这不能不说是生活方式的巨大改变。也许未来生物科技、空间技术的发展，会使得我们的生活方式变得更加不可思议。

通过设计的突破，在相应的产品领域里形成了全新的产品内容和使用模式，对于改变某些固有的生活方式起到了极大的推动作用，也为人类的高品质生活、工作和娱乐等提供了更为理想的选择。

1.5.3 概念设计

概念设计，是一种着眼于未来的开发性构思，从根本概念出发的设计。概念设计是企业在市场调查、理想化预测、实际分析之后，提出与原有产品有较大差别的“新概念”产品。

概念设计在进行阶段，往往要排除设计师个人的偏见与癖好，避免先入为主的观念支配，也不过多地考虑现有的工程技术、原材料等条件，尽可能客观、理想化地考虑各种问题，如产品与用户之间的关系，产品用户的生理、心理条件，

[1] T形车是福特汽车公司于1908年10月1日推出，是世界上第一种以大量通用零部件进行大规模流水线装配作业的汽车。

实际使用时产品与用户的接触状况和反馈，用户实际使用环境等各方面的分析研究，以利于设计师创造性思维的充分发挥。也就是说在设计师预见能力所达到的范围来考虑未来产品的使用及形态。

对概念设计的理解，也可以从技术方式和产品文化两方面去思考，根据新技术、新发明的产生，促发更多优秀的概念设计。如新型材料“泡沫铝”的出现，可以使现有汽车的车壳耐撞能力提升六倍，从而形成极具安全概念的新型赛车设计；将全球定位技术应用于手机等类别的便携式可移动通信工具，形成具有自动定位概念的手机或类似功能的工具，可以在紧急情况下，向救援人员发出求救信息的同时还能显示所处的位置，从而实现及时、快速和准确的救援。在文化方面，往往是以一种新的“概念定名”来引导产品设计，给新产品一个恰当的定位和名称，从感性上激发消费者的购买热情。这种命名性的概念设计，通常有其深层次的社会及文化背景。如海尔的“小神童”洗衣机，是为那些拥有大容量洗衣机但没有很多衣物要洗涤时减少浪费，同时适合住房较小的消费对象设计的新概念产品。这种产品设计的方式，既是对市场需求的迎合，同时也是对产品文化概念的一种成功的探索。

一个全新的概念设计往往集技术、文化于一体，从不同角度反映着新概念对于人类生活的创造性和引导性。如索尼公司早先推出的“傻瓜相机”产品概念，将产品的一部分功能操作以智能的形式来辅助完成，使相机的操作更加简便。“傻瓜相机”一经投放市场，就获得巨大的成功，同时也带动了一系列相关行业的概念设计。

1.6 产品设计师的素质和能力

1.6.1 设计师的素质与能力

产品设计师应该是具有极强综合设计能力的设计人群，不仅应该具备技术知识、审美鉴赏等能力，还应该了解生产过程中产品材料、结构、工艺等方面的知识，同时可能还会涉及广告、市场等方面的经验能力。

想成为一名合格的产品设计师，只是单纯地从客户需求与美学等角度进行设计是远远不能满足日益增长的设计需求的。总体而言，一名产品设计师应该具备以下设计能力与素质。

（1）专业的设计表达能力　设计表达能力包括形态创造力、表现能力和分析能力三个方面。要有空间造型的概念，懂得运用视觉语言来表达创意。设计师应该具备一定的手绘表现能力，应有优秀的素描和徒手作画的能力，能够清晰准确地表达自己的设计创意。作为设计者，下笔应快而流畅，而不是缓慢迟滞。这里并不要求精细的描画，但迅速地勾出轮廓并稍加渲染是必要的。关键是要快而不拘谨。

设计师还应该具备使用计算机进行产品效果图绘制的能力，拿出的设计图样从流畅的草图到细致的刻画，再到三维渲染，一应俱全。设计师至少要掌握一种矢量绘图软件（如Freehand、Illustrator）和一种像素绘图软件（如Photoshop、Photostyler）。在三维造型软件方面能使用高级一些的软件如Pro/Engineer、ALIAS、CATIA、I-DEAS或层次较低些的如SolidWorks98、FormZ、Rhinoceros、3ds Max等。

（2）动手创造能力　具备一定的模型制作能力是设计师对自己的设计创意进行初期造型校验的重要过程。这要求设计师能用泡沫塑料、石膏、树脂、MDF板等塑型，并了解用SLA、SLS、LOM、硅胶等快速模型的技巧。

在三维模型制作过程中，设计师可以了解到设计方案的造型比例是否合理、外观色彩搭配的合理性，并能直观地感受产品使用的舒适性等。

（3）市场调研能力　凭借优良的设计提高产品的销售额，是越来越多企业愿意投资设计的重要原因。产品从工厂走向市场，就变为一种商品。因此，对于设计师来说，了解市场与消费者心理是一件极为重要的事。一个有经验的设计师应该能够准确地预测市场的走向和当今的流行趋势，准确地揣摩消费者的心理状态，从而设计出符合市场与大众需求的产品。

（4）敏锐的洞察力和分析能力　设计师设计时不是瞎画，不是美就够了的。他对产品的设计是有很多要求的。不同的美，放在不同地区是有不同的回馈力度的。常说把日本的产品拿到美国去，其实这是很难销售出去的。同样，把美国的产品拿到日本去也是很难卖得好的。所以日本专门为美国人打造了一款属于美国人的汽车。不同的文化，消费者的消费行为其实是不同的。所以就要求设计师要多看一些市场信息，要多思考，根据客户要求作出不同的设计。比如说，这个客户要做北美市场，我们就要考虑北美人喜欢什么，客户喜欢什么，定价如何，而且一定要考虑到成本。有了充分的市场分析，设计的产品的成功率就会非常高，这实际上也就是中单率。这是非常重要的，称之为市场的前期调研。

设计师的观察与感悟能力是设计创作的基础，由于产品设计涉及很多细节，对于细节的把握影响整个设计的成败。设计师要善于观察周边的世界，善于领略那些美的事物。除此之外，还要善于判断国际设计趋势的发展方向，有超前的设计意识，不仅要了解国内市场形势，还应当对世界的整体经济局势有所了解，以便对产品的成本、市场前景进行准确判断。

（5）沟通与社交能力　沟通是每个人都要具备的能力。但是对于一个设计师或一个设计公司而言沟通能力极其重要，因为要通过沟通来获取客户信息，找到客户关注的问题、需求、目标市场，哪怕从一个客户的一个喜欢的点开始。这种沟通是需要不断去获取的，从大层面到小层面都要，甚至连他喜欢吃什么，都可以通过从几分钟的沟通里获取到。

设计是服务大众的。设计师不仅要与团队人员、管理者进行沟通协调，也需要与客户进行一定的沟通，让客户接受新的设计方案。因此，沟通与社交能力是必不可少的一项能力。

（6）综合知识能力储备　产品设计师除了应该具备基本的专业知识技能以外，还要不断提高自身的知识储备，扩大眼界与阅历，才能设计出更好的作品。除了基本的表现能力外，还应当了解很多学科的内容，比如心理学、工程学、材料学、美学、社会学、文化学等学科，因为在实际的设计创作过程中可能会遇到很多与这些学科有关的设计要点。有时也需要和不同领域的专业人士进行沟通，因此多储备一些其他学科知识，有利于设计创作的开展。

1.6.2 设计师的社会责任感

设计创造应社会的需要而产生，受社会限制，并为社会服务。因此，作为设计创作主体的设计师，在遵循市场需要的常规之外，也应反思本身在设计时，是否在有形、无形中为社会及环境带来任何负面影响与冲击，明确自己的社会职责，自觉地应用设计为社会服务。从社会的方方面面着手，将设计与人类的需要紧密结合，关注社会与人类真实的生活状态，对生态环境负责，通过设计活动取得良好的经济与社会效益。

产品设计 Product Design

第2章

产品设计的相关理论

2.1 设计管理
2.2 人机工程学
2.3 设计心理学
2.4 产品符号学
2.5 设计美学
2.6 形态语意学
2.7 CAD与CAM相关理论
2.8 产品系统设计理论
2.9 设计评价理论

2.1 设计管理

2.1.1 设计管理的概念

英国设计师麦克·法瑞首先提出设计管理的基本概念："设计管理是在界定设计问题，寻找合适设计师，且尽可能地使设计师在既定的预算内及时解决设计问题。"他把设计管理视为解决设计问题的一项功能，侧重于设计管理的导向，而非管理的导向。

麦克·法瑞是站在设计师的角度提出定义的。从另外一个角度来理解，企业层面的设计管理则指的是企业领导从企业经营角度对设计进行的管理，是以企业理念和经营方针为依据，使设计更好地为企业的战略目标服务。主要包括：① 决定设计在企业内的地位与作用。② 确立设计战略和设计目标。③ 制定设计政策和策略。④ 建立完善的企业设计管理体系。⑤ 提供良好的设计环境和有效地利用设计部门的资源。⑥ 协调设计部门与企业其他部门以及企业外部的关系等。图2-1所示为设计创新管理图。

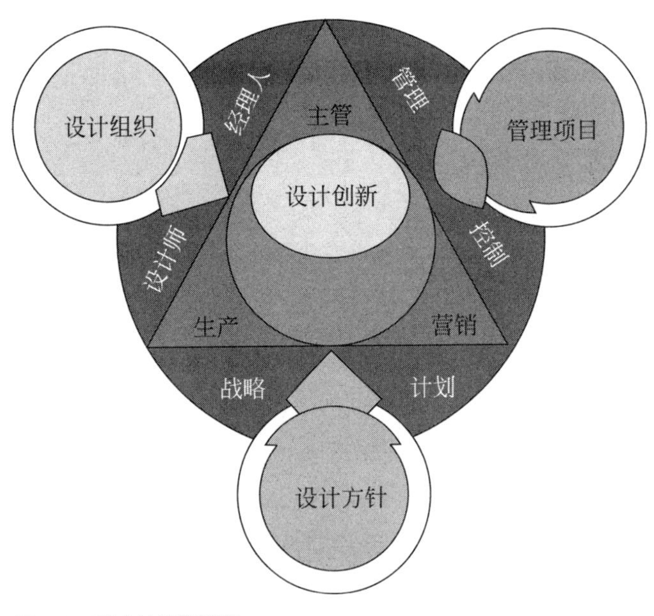

图2-1　设计创新管理图

从不同的角度思考，对设计管理可以有不同的认识。可以是对设计进行管理，也可以是对管理进行设计。归纳起来，设计管理就是："根据使用者的需求，有计划有组织地进行研究与开发管理活动。有效地积极调动设计师的开发创造性思维，把市场与消费者的认识转换在新产品中，以新的更合理、更科学的方式影响和改变人们的生活，并为企业获得最大限度的利润而进行的一系列设计策略与设计活动的管理。"然而，正如英国设计管理专家马克·奥克利所言，"设计管理与其说是一门学科，不如说是一门艺术，因为在设计管理中始终充满着弹性与批判"。

随着理论不断地发展，无论是从设计学还是管理学的角度来看"设计管理"，其基本内涵都已逐步走向一致。设计管理作为一门新学科的出现，既是设计的需要，也是管理的需要。所以，设计管理研究的是如何在各个层次整合、协调设计所需的资源和活动，并对一系列设计策略与设计活动进行管理，寻求最合适的解决方法，以达成企业的目标和创造出有效的产品（或沟通）。

2.1.2 设计管理的范围与内容

设计管理的范围与内容是极具弹性的。随着企业对设计越来越重视，以及设计活动内容的不断扩展，设计管理的内容也在不断地充实与发展。根据不同的管理活动与内容，可将设计管理的范围与内容分成以下几个方面：

2.1.2.1 企业设计战略管理

任何一个企业，只有明确了自己的最终目的，才能根据所处的环境、自身的特点梳理出合理的任务体系；根据完成任务需要满足的条件和需要解决的问题，就能够设计出相应的组织机构和运作机制，即企业设计战略。如果战略错误，即使设计过程完美、产品设计成熟也无济于事，并很有可能成为实验室中永远的试验品。假如冒着风险生产，那更是错上加错，让企业蒙受极大的损失，最恶劣的结果就是导致企业倒闭。

2.1.2.2 设计目标管理

设计目标管理可以理解为对设计活动的组织与管理，是设计借鉴和利用管理学的理论和方法对设计本身进行管理，即设计目标管理是在设计范畴中所实施的管理。设计既是设计目标管理的对象，又是设计目标管理对象的限定。无论如何定义设计目标管理，获得好的产品设计总是其唯一的核心目标。没有足以吸引消费者的产品，去评价广告、环境、人力资源的优劣是毫无意义的。

设计概念是设计师对设计对象的一种创意理解，也是评价产品设计优劣的一个常用工具。一个具体的设计概念的优劣是相对的、辩证的。评价企业的产品，必须将它放到其生产的时期、企业存在的环境中，结合企业自身的需要和其针对的目标对象来进行合理的评价。换个角度，对同一个产品的评价结果可能是截然相反的。人们可以通过不同的产品设计概念的评价比较来了解这个问题。❶

2.1.2.3 设计程序管理

设计程序管理又称设计流程管理，其目的是对设计实施过程进行有效的监督与控制，确保设计的进度，并协调产品开发与各方关系。由于企业性质和规模、产品性质和类型、所利用技术、目标市场、所需资金和时间要求等因素的不同，设计流程也随之相异，有各种不同的提法，但都或多或少地归纳为若干个阶段。设计流程管理系统必须解决好以下6个主要问题：

（1）设计流程的定义和表达　设计流程有其自身的特点，用什么样的数学模型来描述设计流程并确保其完整性和灵活性，用什么样的形式在计算机上表现是设计流程管理系统首先要解决的问题。

（2）设计流程的控制和约束　如何确保一个实例化的设计流程在规则的约束下有序地运转，在正确的时间将正确的任务发送到正确的承担者的桌面，需要有一个严密、灵活的约束和控制机制，它既能保证设计流程的规范性，又能适应各种不同的设计流程类型。

（3）设计流程中权限控制　保证任务的不同承担者只能完成其权限内相应的操作，确保数据的安全性和流程管理的可信度。

（4）设计流程中的协调通信机制　在确保关键流程环节有序进行的同时，应为设计人员提供以网络为支持的通信、交流和沟通的手段，实现贯穿在主流程中的有效的协调机制。

---

❶ 高筠，怀伟，俞书伟.设计程序与方法[M].南昌：江西美术出版社，2011.

（5）设计流程中的统计和报表　该功能将为项目管理者提供方便的数据收集、项目统计能力，并用图表或报表等方式表示，实现对项目的跟踪和管理。

（6）流程管理中的“推”技术　为了使设计流程有效地流转，需要流程管理系统将“任务”和“项目信息”在正确的时间推到任务承担者的桌面，而不是设计人员去服务器中取任务，从而推动整个项目按预定的计划进度进行，这种“推”的技术将有效地缩短项目周期。

2.1.2.4　企业设计系统管理

企业设计系统管理是指为使企业的设计活动能正常进行，设计效率的最大限度发挥，对设计部门系统进行良好的管理。企业设计系统管理不仅是指设计组织的设置管理，还包括协调各部门的关系。同样，由于企业及其产品自身性质、特点的不同，设计系统的规模、组织、管理模式也存在相应的差别。

从设计部门的设置情况来看，常见的有领导直属型、矩阵型、分散融合型、直属矩阵型、卫星型等类型。不同的设置类型反映了设计部门与企业领导的关系、与企业其他部门的关系以及在开发设计中不同的运作形态。不同的企业应根据自身的情况选择合适的设计管理模式。

企业设计系统管理还包括对企业不同机构人员的协调工作，以及对设计师的管理，如制定奖励政策、竞争机制等，以此提高设计师的工作热情和效率，保证他们在合作的基础上竞争。只有在这样的基础上，设计师的创作灵感才能得到充分的发挥。

2.1.2.5　设计质量管理

设计质量管理是使提出的设计方案能达到预期的目标，并在生产阶段达到设计所要求的质量。在设计阶段的质量管理需要依靠明确的设计程序并在设计过程的每一阶段进行评价。各阶段的检查与评价不仅起到监督与控制的效果，其间的讨论还能发挥集思广益的作用，有利于设计质量的保证与提高。

设计成果转入生产以后的管理对确保设计的实现至关重要。在生产过程中设计部门应当与生产部门密切合作，通过一定的方法对生产过程及最终产品实施监督。

2.1.2.6 知识产权管理

知识产权管理是指国家有关部门为保证知识产权法律制度的贯彻实施，维护知识产权人的合法权益而进行的行政及司法活动，以及知识产权人为使其智力成果发挥最大的经济效益和社会效益而制定各项规章制度、采取相应措施和策略的经营活动。

知识产权管理是知识产权战略制定、制度设计、流程监控、运用实施、人员培训、创新整合等一系列管理行为的系统工程。知识产权管理不仅与知识产权创造、保护和运用一起构成了我国知识产权制度及其运作的主要内容，而且还贯穿于知识产权创造、保护和运用的各个环节之中。从国家宏观管理的角度看，知识产权的制度立法、司法保护、行政许可、行政执法、政策制定也都可纳入知识产权宏观管理内容中；从企业管理的角度看，企业知识产权的产生、实施和维权都离不开对知识产权的有效管理。

2.1.3 设计管理的作用

（1）有利于正确引导资源的利用，利用先进技术实现设计制造的虚拟化，降低了人力物力的消耗，提高了企业产品的竞争力。具体分析产品开发的初期、中期、后期等各个时间段，制订最初的设计目标，分配相应的工作重点，合理配置资源。

（2）有利于正确处理企业各方面关系，创造出健康的工作氛围。充分调动企业中各种专业、各个部门的人，使其明确自身任务与责任，充分发挥自身的潜能，协调起来为共同的目标而努力。

（3）从战略高度出发，制订公司的整体以及长远的发展计划与目标，为产品设计指出创新的方向及目标。有利于及时获得市场信息，设计针对性产品，进而达到由设计改变生活方式，从而为企业创造新的市场。

（4）有利于促进技术突破，促进与不同领域的合作，使得企业社团各方面资源得以充分利用，从而实现设计制造的敏捷化，推动技术迅速转化为商品。

（5）有利于建立一支精干、稳定的设计队伍，解决人员流动过频的弊端。

（6）有利于创造清晰、新颖和具备凝聚力的企业形象。

2.1.4 工业设计与产品创新中的设计管理

设计管理在产品创新中同样发挥着重要的作用。产品创新需要不断地推陈出新，通过引入新的设计理念和元素，创造出满足消费者需求的新产品。设计管理在产品创新中的应用主要包括以下几个方面：

（1）设计规划与管理　设计管理能够规划设计流程，从概念设计到样品制作，再到产品推广等环节，确保设计的各个环节能够高效地进行。同时，设计管理还能够监控设计进度，确保设计能够在规定的时间内完成。

（2）创新管理　设计管理能够鼓励设计师和设计团队进行创新，通过引入新的设计理念和元素，创造出满足消费者需求的新产品。设计管理还能够管理创新风险，确保新产品不会出现安全隐患和法律问题。

（3）团队合作与沟通　设计管理能够协调设计团队之间的合作，通过团队会议、沟通渠道等方式，确保设计团队能够顺畅地沟通和协作，共同完成设计任务。

（4）市场研究与分析　设计管理能够组织市场研究，分析市场需求、消费者行为和竞争情况等，为产品创新提供数据支持和参考。同时，设计管理还能够与市场营销团队密切合作，确保新产品能够准确地定位目标市场，并成功地推向市场。

总之，设计管理能够有效地推动产品创新，通过规划设计流程、管理创新、协调团队合作和进行市场研究等方式，提高产品创新的效率和质量，为企业的市场竞争力和持续发展提供有力的支持。

获得“reddot红点设计奖”的台湾大同远端电话会议系统，其造型简洁凝练，色彩沉稳雅致，极具科技感。

工业设计是以批量生产的工业生产方式为存在基础的，设计师们不可避免地需要从与生产有关的诸多环节去辨析它们对设计的影响。从人机、材料、工艺、结构、维护、成本的角度对产品设计做出评价，需要将这些因素与具体的企业结合起来。工业设计是商业竞争的结果。作为企业乃至国家核心竞争能力的主要内容之一，工业设计必然是追求产品理想境界的有效途径。斯堪的纳维亚设计、意大利设计、德国设计是这样，ALESSI设计、APPLE设计、IBM设计也同样如此。

图2-2　ALESSI公司的鸟嘴系列自鸣水壶

图2-2所示为ALESSI公司的一款鸟嘴系列自鸣水壶，其精湛的不锈钢工艺与康定斯基式的音符构成形态造就了作品优雅、高贵的气质和音乐形态化的主题。为增强艺术感染力，还设计了能发出“mi”和“si”钢琴般悦耳声音的自鸣汽笛，该装置委托慕尼黑一家著名的黄铜乐器加工厂生产。精湛的工艺与人们审美习惯的完美结合，使得该产品从问世以来，就极其畅销。作为ALESSI众多产品中的一款，其生产决定于企业的差异定位。其中精湛的不锈钢工艺得益于1983年企业制订的金属核心革新计划。

2.2　人机工程学

2.2.1　人机工程学的概念

人机工程学起源于欧洲，形成和发展于美国。人机工程学在欧洲称为Ergonomics，该名称最早是由波兰学者雅斯特莱鲍夫斯基提出来的，这门学科是研究人在生产或操作过程中合理、适度的劳动和用力的规律问题。人机工程学在美国称为Human Engineering（人类工程学）或Human Factor Engineering（人类因素工程学）。日本称为“人间工学”。在我国，所用名称也各不相同，有“人类工程学”“人体工程学”“工效学”“机器设备利用学”“人机工程学”等。现在大部分人称其为“人机工程学”。

“人机工程学”的确切定义是，把人-机器-环境系统作为研究的基本对象，如图2-3所示，运用生理学、心理学和其他有关学科知识，根据人和机器的条件、特点，合理分配人和机器承担的操作职能，并使之相互适应，从而为人创造出舒适和安全的工作环境，使工效达到最优的一门综合性学科。

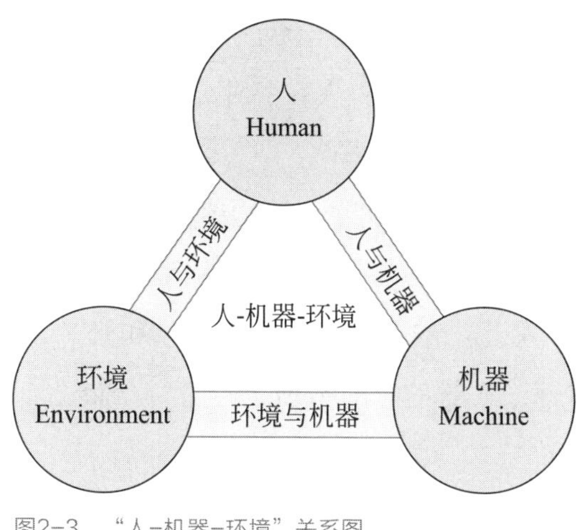

图2-3　“人-机器-环境”关系图

2.2.2　人机工程学的研究内容

早期的人体工程学主要研究人和工程机械的关系，即人－机器关系。其内容有人体结构尺寸和功能尺寸、操作装置、控制盘的视觉显示，这就涉及了心理学、人体解剖学和人体测量学等，继而研究人和环境的相互作用，即人－环境关系，这就又涉及了心理学、环境心理学等。第二次世界大战后，人机工程学作为一门独立的学科被确立起来。其研究的范围已从狭义的人体尺度发展到包含尺度设计、人体运动生理、技术作业的运作研究，包括作业姿态、人机效率、心理研究、环境、材料等众多领域。随着人机工程学日益成熟和完善，它对工业设计的指导性作用也越来越明显。

人机工程学的根本研究方向是通过揭示和运用人、机器、环境之间相互关系的规律，以达到确保“人－机器－环境”系统总体性能的最优化。“人－机器－环境”系统的整体属性并不等于各部分内容的简单相加，而是取决于系统的组织结构及系统内部的协同作用程度。因此，本学科的研究内容应包括人、机器、环境各因素，特别是各因素之间的相互关系。

（1）“人”的因素　人在以下各个方面的规律和特性，是“人－机器－环境”系统设计的基础。这些研究为“人－机器－环境”系统的设计和改善，以及制定有关标准提供科学依据，使设计的工作系统及机器、作业、环境都更好地适应于人，从而创造出安全、健康、高效和舒适的工作和生活条件。

① 人体形态特征参数：静态尺度与动态尺度。

② 人体机械力学功能和机制：人在各种姿态及运动状态下，力量、体力、耐力、惯性、重心、运动速度等的规律。

③ 人的劳动生理特征：体力劳动、脑力劳动、静态劳动及动态劳动的人体负荷反应与疲劳机制等。

④ 人的可靠性：在正常情况下人失误的可能性和概率等。

⑤ 人的认知特性：人对信息的感知、传递、存储、加工、决策、反应等规律。

⑥ 人的心理特性：包括影响人心理活动的基础（生理与环境基础）、动力系统（需要、动机、价值观理念等）、个性系统（人格与能力）和心理过程（感知、记忆、学习、表象、思维、审美构成的认知，情绪与情感，意志或意动，习惯与定势）等。

人体尺度和动作活动范围的研究是人机工程学早期研究的重点。它为工业设计中产品使用的舒适性提供了理论依据。早在2000多年前，已经有人开始研究人体尺度问题了。最具代表性的是文艺复兴时期达・芬奇创造的标准人体。在设计中，如果有一套正确的人体数据，一切都会变得容易起来。然而要获得一套具有代表性的数据却十分困难，因为人与人之间存在个体差异。所以要设计一件让大部分人使用起来都感觉舒适的产品并不容易。当人们发现在实际生活中，很多尺寸是随着人体运动而不断变化时，动作活动范围这个问题便应运而生。动作的活动范围是从人体尺度的基础上派生而来的，人在生活中总是在不断运动的，很多尺度都不是一成不变的。因此在人体尺度的测量中也不能局限在肩有多宽、腿有多长的表象上，还要关注人在运动中所需的空间、范围有多大。例如：门的设计如果仅仅为了能通过，800mm就显得太宽。然而在实际过程中，人的双手不停摆动或提着包裹时，其实际尺寸已发生变化，要顺利地通过，门的宽度至少也得设为800mm。

随着社会多元化的发展，人们对产品的追求已不只是对功能和使用舒适性的需要，更多的是心理需求。心理需求主要是满足人们精神、情绪及感知上的需求。它是在满足人们基本生理需求基础上的更高一层的需求。对一件产品而言，可以使用，能够完成工作，这就满足了人们基本生理需求。如果该产品不仅能用，而且好用，使人感到极大的舒适和方便，同时又美观、大方，能体现使用者的文化修养、社会地位和层次，那么它又满足了人们的心理需求。心理作用影响人们的各种活动，同样在设计中也发挥作用。人机工程学对心理的研究主要揭示和探索产品使用过程中人的心理规律，从而指导设计。形体是设计的基本要素，通过心理研究对形体做心理分析，可以使设计师明确心理因素在形体中所起的作用，并以此为依据进行设计。尖锐的形体会使人产生警觉，圆滑的形体会使人感到亲近。这都是形体的变化对人产生的心理影响。设计师通过心理分析而对形体进行改造，这正是心理分析对工业设计指导性作用的重要体现。然而对使用者心理的把握却并非易事。使用者存在年龄、地位、世界观、文化及经济等差异，造成了审美情趣和价值观念各不相同。这就促使设计必须千变万化。任何一个设计都要有针对性，都是为某一群体而设计。

例如，日本的NIDO设计事务所设计的一套幼儿餐具，它的功能性特点在于它所针对的是幼儿拿东西时的本能——确认手中物体的存在而紧紧握住。然而人们目前所见到的幼儿餐具大多为成人餐具的缩小，使幼儿难以紧握。幼儿不得不依赖母亲喂食，这就影响了幼儿的自信、生活自立。NIDO设计事务所设计的这套餐具尾部上翘弯曲成弓形，下面有一橄榄球状的把柄。幼儿握住橄榄球状的把柄，手背则被上面的弓形柄尾卡住，使之不易滑落。由于其材料采用具有“形状记忆”功能的聚合物，能与各种手形自动吻合。这个极具人性内涵的设计充分关注了幼儿的心理特征。这是心理分析对工业设计指导性作用的一个成功范例。

人机工程学对工业设计指导性作用的重要性是显而易见的。但是解决人机问题并不是产品设计中的唯一任务，设计师应考虑到产品生产、销售及使用中的各种因素，主要包括功能、成本、材料、生产工艺、销售、使用、回收、形态、色彩等。人机问题要放入整个系统中加以权衡、考虑，不可片面地强调一方面而忽视其他方面。只有这样，才能设计出更多更好的产品来。

（2）人机系统的总体设计

① 人机功能的合理分配。人与机器，都有各自的能力、优势与限度，如机器具有功率大、速度快、精度高、可靠性强和不会疲劳的优点，而人具有适应能力、思维能力和创造能力。需要根据各自的特点，设计能够取长补短、相互协调、相互配合的人机系统。

② 人机交互及人机界面的设计。人、机器的相互作用包括物质的、能量的与信息的等多种形式，其中又以人、机器之间的信息交互最为重要。人凭借感觉器官通过信息显示器获得关于机器的各种信息，经大脑的综合、分析、判断、决策后，再通过效应器官对操纵控制器的作用，将人的指令传送给机器，使机器按人所期望的状态运行。机器在接受人的操作信息之后，又通过一定的方式将其工作状态反馈于人，人根据反馈信息再对机器的状态做出进一步的控制或调整。信息的交互以人机界面为渠道，信息的输入与输出都通过界面加以转换和传递。界面包括各种图形符号、仪表、信号灯、显示屏、音响装置等构成的信息显示器与各种键、钮、轮、把、柄、杆等构成的操纵控制器等。人机工程学研究如何根据人的因素设计显示器与控制器，使显示器与人的感觉器官的特性相匹配，使控制器与人的效应器官的特性相匹配，以保证人、机器之间的信息交换通畅、迅速、准确。

此外还包括系统的安全和可靠性。人机系统已向高度精密、复杂和快速化发展，而这种系统的失效，将可能产生重大损失和严重后果。实践证明，系统的事故大多数是由人为失误造成的，而人的失误则是由人的不可靠性引起的。人机工程学主要研究人的可靠性、安全性及人为失误的特征和规律，寻找可能引起事故的人的主观因素；研究改进“人－机器－环境”系统，通过主观与客观因素相互补充和协调，克服不安全因素，以减少系统中不可靠的劣化概率；研究分析发生事故的人、物、环境和管理等原因，提出预防事故和安全保护的措施，搞好系统安全管理工作。

随着信息时代的来临，人机效率对工业设计的指导性作用越来越明显。任何产品的初始信息输入或运行，其调整控制部分总是需要人的干预，总有直接与人交换信息的人机界面。这些界面作用于听、视、嗅、味、触及体觉的信息传递系统以及接收人的操纵控制信息。产品有物理参数，而人具有生理和心理参数。所谓对产品做人机工程学及美学设计就是在这些界面上协调人机之间的关系，使人机系统达到安全、高效、舒适、美观的状态。

③ 研究作业场所设计和改善。人机工程学主要研究在各种环境下人的生理、心理反应，对工作和生活的影响；研究以人为中心的环境质量评价准则；研究控制、改善和预防不良环境的措施，使之适应人的要求。目的是为人创造安全、健康、舒适的作业环境，提高人的工作、生活质量，保证“人－机器－环境”系统

的高效率。作业场所包括作业空间设计、作业器具设计和作业场所总体布置。人机工程学研究如何根据人的因素，设计和改善符合人的因素的作业场所，使人的作业姿势正确，作业范围适宜，作业条件合理，达到作业时安全可靠、方便高效、不易疲劳、舒适愉悦的目的。研究作业场所设计也是保护和有效利用人、发挥人的潜能的需要。

④ 研究作业及其改善。作业是人机关系的主要表现形式，人机工程学主要研究作业分析、工作成效的测量与评定等；研究人从事体力作业、技能作业和脑力作业时的生理与心理反应，工作能力及信息处理特点；研究作业时合理的负荷及耗能、工作与休息制度、作业条件、作业程序和方法；研究适宜作业的人机界面，除硬件机器外，还包括软件，如规则、标准、制度、技法、程序、说明书、图纸、网页等，都要与作业者的特性相适应。以上研究的目的是寻求经济、省力、安全、有效的作业方法，消除无效劳动，减轻疲劳，合理利用人力和设备，提高系统工作效率。作业姿态以及作业顺序也是人机效率在工业设计中起指导性作用的一个重要方面。要有效利用肢体的能力，达到安全、高效的作用，设计师就必须对人的生理机能做深入的了解。如：人在静态的持续用力情况下会疲劳，双手抬得过高会降低操作精度等。这些生理需要都迫切地要求设计师设计出更加宜人的产品。另外人的生理存在着“精力充沛—疲劳—恢复—精力充沛”这样的循环过程。而我们所需要的是精力充沛。因此设计出的产品要尽量减少劳动者的劳动强度，减少精力消耗，减少疲劳，缩短恢复期，在设计中要遵循“动作经济原则”：保留必要动作，减少辅助动作，去掉多余动作。这就有赖于设计师在人机工程学的指导下对产品进行改良。

此外还包括组织与管理。主要研究克服人决策时在能力、动机、知识和信息方面的制约因素，建立合理的决策行为模式；研究改进生产或服务过程，为适应用户需要再造经营与作业流程，不断为产品与技术创新创造条件；研究使复杂的管理综合化、系统化，形成人与各种要素相互协调的作业流、信息流、物流等管理体系和方式；研究人力资源中特殊人员的选拔、训练和能力开发，改进员工的绩效评定管理，采取多重激励，发挥人的潜能；研究组织形式与部门界面，便于员工参与管理和决策，使员工行为与组织目标相适应，加强信息沟通和各部门之间的综合协调。

虽然它不是针对某件具体的产品，但其原理是一样的——通过一个适宜人的生理机能的工作顺序，达到更高的工作效率。很多时候完成一件事，可以通过很多种不同的顺序，但只有一种顺序是快速高效的。要设计出高效的工作顺序，就必须遵循“动作经济原则”：保留必要动作，减少辅助动作，去掉多余动作。这就有赖于设计师在人机工程学的指导下对产品进行改良。

⑤ 研究作业环境及其改善

a.物理环境：照明、温度、湿度、噪声、振动、空气、粉尘、辐射、重力、磁场等。

b.化学环境：化学污染等。

c.生物环境：细菌污染及病原微生物污染等。

d.美学环境：造型、色彩、背景音乐的感官效果。

e.社会环境：社会秩序、人际关系、文化氛围、管理、教育、技术培训等。

综上所述，作为一门跨越和交叉多个学科的边缘学科，人机工程学的研究范畴非常广泛，囊括了人、机器、环境及其系统。从设计学科（工业设计、艺术设计、建筑学、环境设计、服装设计等）的角度来看，人机工程学更集中地关注“人”的因素，从而对“机器”与“环境”的功能、结构、形态、空间、界面、材料、色彩、照明等要素做出适宜人的设计。

2.2.3 人体工程学的研究方法

人体工程学的研究广泛采用了人体科学和生物科学等相关学科的研究方法及手段，也采用了系统工程、控制理论、统计学等其他学科的一些研究方法，而且本学科的研究也建立了一些独特的新方法。使用这些方法来研究以下问题：测量人体各部分静态和动态数据；调查、询问或直接观察人在作业时的行为和反应特征；对时间和动作的分析研究；测量人在作业前后以及作业过程中的心理状态和各种生理指标的动态变化；观察和分析作业过程和工艺流程中存在的问题；分析差错和意外事故的原因；进行模型实验或用电子计算机进行模拟实验；运用数学和统计学的方法找出各变量之间的相互关系，以便从中得出正确的结论或发展成有关理论。目前常用的研究方法有以下几种：

（1）观察法　为了研究系统中人和机器的工作状态，常采用各种各样的观察方法，如工人操作动作的分析、功能分析和工艺流程分析等。

（2）实测法　实测法是一种借助于仪器设备进行实际测量的方法。例如，对人体静态和动态参数的测量，对人体生理参数的测量或者是对系统参数、作业环境参数的测量等。

（3）实验法　这是当运用实测法受到限制时采用的一种研究方法，一般在实验室中进行，也可以在作业现场进行。例如，为了获得人对各种不同的显示仪表的认读速度和差错率的数据，一般在实验室进行试验；为了了解色彩环境对人的心理、生理和工作效率的影响，需要进行长时间研究和多人次的观测，才能获得比较真实的数据，因此通常在作业现场进行实验。

（4）模拟和模型实验法　由于机器系统一般比较复杂，因而在进行人机系统研究时常采用模拟方法。模拟方法包括对各种技术和装置的模拟，如操作训练模拟器、机械模型以及各种人体模型等。通过这类模拟方法可以对某些操作系统进行仿真实验，得到从实验室研究数据推导所需的更符合实际的数据。因为模拟器和模型通常比其模拟的真实系统价格便宜得多，但又可以进行符合实际的研究，所以应用较多。

（5）计算机数值仿真法　由于人机系统中的操作者是具有主观意志的生命体，用传统的物理模拟和模型方法研究人机系统，往往不能完全反映系统中生命体的特征，其结果与实际相比必有一定误差。另外，随着现代人机系统越来越复杂，采用物理模拟和模型的方法研究复杂的人机系统，不仅成本高、周期长，而且模拟和模型装置一经定型，就很难作修改变动。为此，一些更为理想和有效的方法逐渐被研究出来，其中的计算机数值仿真法已成为人体工程学研究的一种现代方法。数值仿真是在计算机上利用系统的数学模型进行仿真性实验研究。研究者可对尚处于设计阶段的未来系统进行仿真，并就系统中的人、机器、环境三要素的功能特点及其相互间的协调性进行分析，从而预知所设计产品的性能，并进行改进设计。应用数值仿真研究，能大大缩短设计周期，并降低成本。[1]

（6）分析法　分析法是上述各种方法中获得了一定的资料和数据后采用的一

---

[1] 高筠，怀伟，俞书伟.设计程序与方法[M].南昌：江西美术出版社，2011.

种研究方法。目前，人体工程学研究常采用以下几种分析方法：

① 瞬间操作分析法。生产过程一般是连续的，人和机器之间的信息传递也是连续的。但要分析这种连续传递的信息很困难，因而只能用间歇性的分析测定法，即采用统计学中的随机采样法，对操作者和机器之间在每一间隔时刻的信息进行测定后，再用统计推理的方法加以整理，从而获得人机环境系统的有益资料。

② 知觉与运动信息分析法。人机之间存在一个反馈系统，即外界给人的信息，首先由感知器官传到神经中枢，经大脑处理后，产生反应信号再传递给肢体对机械进行操作，被操作的机械又将信息反馈给操作者，从而形成一个反馈系统。知觉与运动信息分析法，就是对此反馈系统进行测定分析，然后用信息传递理论来阐述人机间信息传递的数量关系。

③ 动作负荷分析法。在规定操作所必需的最小间隔时间条件下，采用电子计算机技术来分析操作者连续操作的情况，从而推算操作者工作的负荷程度。另外，对操作者在单位时间内工作的负荷进行分析，可以获得用单位时间的作业负荷率来表示操作者的全部工作负荷的机会。

④ 频率分析法。对人机系统中的机械系统使用频率和操作者的操作动作频率进行测定分析，其结果可以作为调整操作人员负荷参数的依据。

⑤ 危象分析法。对事故或者近似事故的危象进行分析，特别有助于识别容易诱发错误的情况，同时也能方便地查找出系统中存在而又需用较复杂的研究方法才能发现的问题。

⑥ 相关分析法。在分析方法中，常常要研究两种变量，即自变量和因变量。用相关分析法能够确定两个以上的变量之间是否存在统计关系。利用变量之间的统计关系可以对变量进行描述和预测，或者从中找出合乎规律的东西。例如，对人的身高和体重进行相关分析，便可以用身高参数来描述人的体重。统计学的发展和计算机的应用使相关分析法成为人机工程学研究的一种常用方法。

⑦ 调查研究法。目前，人机工程学专家还采用各种调查方法来抽样分析操作者或使用者的意见和建议。这种方法包括简单的访问、专门调查、精细的评分、心理和生理学分析判断以及间接意见与建议分析等。

（7）心理测验法　心理测验法是以心理学中个体差异理论为基础，对被试个体在某种心理测验中的成绩与常模作比较，用以分析被试者心理素质的一种方法。这种方法广泛应用于人员素质测试、人员选拔和培训等方面。

心理测验按测试方式分为团体测验和个体测验。前者可以同时有许多人参加测验，比较节省时间和费用；后者则个别地进行，能获得更全面和更具体的信息。心理测验按测试内容可分为能力测验、智力测验和个性测验。

测验必须满足以下两个条件：第一，必须建立常模。常模是某个标准化的样本在测验上的平均得分。它是解释个体测验结果时参照的标准；只有把个人的测验结果与常模作比较，才能表现出被试者的特点。第二，测验必须具备一定的信度和效度，即准确而可靠地反映所测验的心理特性。由于受情绪等因素影响，人的心理素质并非恒定，所以不能把测验结果看成是绝对不变的。

（8）感觉评价法　感觉评价法（sensory inspection）是运用人的主观感受对系统的质量、性质等进行评价和判定的一种方法，即人对事物客观量作出的主观感觉度量。在人机工程学的研究中，离不开对各种物理量、化学量的测量，如噪声、照度、颜色、干湿度、气味、长度、速度等，但还须对人的主观感觉量进行测量。客观量与主观量之间存在一定的差别关系。在实际的“人-机器-环境”系统中，直接决定操作者行为反映的是其对客观刺激产生的主观感觉。因此，与人有直接关系的“人-机器-环境”系统，在进行设计和改进时，测量人的主观感觉非常重要。这种方法在心理学中经常应用，称之为心理测量法。过去感觉评价主要依靠经验和直觉，现在可应用心理学、生理学及统计学等方法进行测量和分析。

感觉评价对象可分为两类，一类是对产品或系统的特定质量、性质进行评价；另一类是对产品或系统的整体进行综合评价。现在前者可借助计测仪器或部分借助计测仪器进行评价；而后者只能由人来评价。感觉评价的主要目的有：按一定标准将各个对象分成不同的类别和等级；评定各对象的大小和优劣；按某种标准度量对象大小和优劣顺序等。

一项优良设计必然是人、环境、技术、经济、文化等因素巧妙平衡的产物。为此，要求设计师有能力在各种制约因素中，找到一个最佳平衡点。从人机工程学和工业设计两学科的共同目标来评价，判断最佳平衡点的标准，就是在设计中坚持“以人为本”的主导思想。“以人为本”的主导思想具体表现在各项设计均应以人为主线，将人机工程学理论贯穿于设计的全过程，以保证产品使用功能得以充分发挥。

2.3 设计心理学

2.3.1 设计心理学的概念

“设计”是设想、运筹、计划与预算，它是人类为实现某种特定目的而进行的创造性活动。“心理”是心理现象、心理活动的简称。心理学就是研究人的心理现象及其发生、发展规律的科学。设计心理学是建立在心理学基础上，是把人们的心理状态，尤其是人们对于需求的心理，通过意识作用于设计的学科。设计心理学同时研究人们在设计创造过程中的心态，以及设计对社会和对社会个体所产生的心理反应，反过来再作用于设计，起到使设计更能够反映和满足人们心理的作用。设计心理学是以心理学的理论和方法手段去研究决定设计结果的“人”的因素，从而引导设计成为科学化、有效化的新兴设计理论学科。

2.3.2 理论产生与发展

2.3.2.1 概况

心理学（psychology）由希腊文字中的psyche（灵魂、心智）和logos（讲述）两个字演变而成，是通过行为研究人的心理现象的一门学科。心理学作为一门学科，产生于19世纪的德国。在19世纪末至20世纪初期，由于人们对心理研究对象和方法的看法不同，加之各种哲学思潮的影响，心理学领域出现了许多流派，它们研究的重点不同，观点各异，争论不休。直到20世纪30年代以后，各个学派之间才开始形成了相互学习、取长补短、兼收并蓄积极发展的局面。心理学作为一门独立的科学在中国的发展，是从19世纪末和20世纪初开始的。鸦片战争以后，西方心理学思想开始传入中国。

2.3.2.2 心理学的主要流派与代表人物及理论

（1）构造主义学派　由德国构造派心理学家冯德和他的学生所创立，他们认为：心理学的任务就在于分析意识的构造活动内容，分析各种心理状态是由什么心理元素所构成，其结合的方式和规律是什么。

（2）机能主义学派　由美国心理学家詹姆士所创立。他认为：心理学不能只分析意识的内容，还应分析意识的机能或功用，强调心理意识是人适应环境的产物，认识和行为是人类适应环境的产物。

（3）格式塔（整体）学派　由德国人魏特曼所创立，强调心理现象的结构性和整体性，他认为：知觉不是感觉机械相加的总和，思维也不是观念的简单结合，而是一个有结构的整体，他特别重视整合各部分之间的动态联系，以及创造性思维的发挥。

（4）行为主义心理学派　由美国人华生所创立，他认为心理学不应该只研究心理意识，而应当研究人的肌体和行为，用刺激和反应的公式解释人的行为。

（5）精神分析学派　由奥地利心理学家弗洛伊德所创立，他认为人的心理不仅只有意识，而且还有潜意识和前意识。潜意识包括本能的冲动和欲望以及行为受到现象压抑等情绪。前意识是潜意识中被召回的部分，是人们能够回忆起来的经验，它是意识和潜意识的中介和过渡。

（6）人本主义学派　由美国人马斯洛创立，主张心理学要说明人的本质特性，人的内在情感和潜在智能，要研究人的需要、尊严、价值、创造力和自我实现，在此基础上他提出了需要层结论：生理需要、爱与归属需要、尊重需要和自我价值实现需要。

2.3.3 设计心理学的基本内容

设计心理学的研究对象，不仅仅是消费者，还应包括设计师。消费者和设计师都是具有主观意识和自主思维的个体，都以不同的心理过程影响和决定设计。产品形态、其使用方式及文化内涵只有符合消费者的要求，才可获得消费者的认同和良好的市场效应；而设计师在创作中必然受其知识背景的作用，即使在同样的限制条件下也会产生不同的创意，使设计结果大相径庭。为避免设计走进误区和陷入困境，更应该从心理学研究角度予以分析和指导。因此，设计心理学的一个重要内容就是消费者心理学，主要研究购买和使用商品过程中影响消费者决策的，可以由设计来调整的因素；对设计师而言，就是如何获取及运用有效的设计参数。另一个重要的内容是设计师心理学，主要从心理学的角度研究如何发展设计师的技能和创造潜能。

2.3.3.1 消费者心理

消费者是指任何接受或可能接受产品或服务的人。消费者心理是指消费者的心理现象，消费者心理学集中研究消费者如何解读设计信息，消费者认识物的基本规律和一般程序；不同国家、不同地域、不同的年龄层次的人的心理特征，不同特征的人群对色彩和形态的偏好；各个国家的设计特色，结合这个国家或民族心理特征的综合分析；如何采集相关信息并进行设计分析；以及消费者在购买决策过程中，由设计决定的各种因素。

2.3.3.2 设计师心理

设计师常常需要快速适应变化的环境和不断变化的需求，这就需要他们具有良好的心理素质、良好的适应能力和敏捷的思维能力。因此，设计师可以运用心理学对自身的情商（Emotional quality，EQ）进行训练和教育，以促进设计师以良好的心态和融洽的人际关系进行设计，并与客户和消费者有效地沟通，使他们能够敏锐地感知市场信息，了解消费动态。

情绪对创造性思维也有显著影响。设计师可以通过了解自己的情绪和情感，以及它们如何影响创造性的决策和设计过程，来提高自身的技能和创造潜能。

2.3.4 设计心理学的研究方法

2.3.4.1 观察法

观察法是心理学的基本方法之一。所谓的观察法是在自然条件下，有目的、有计划地直接观察研究对象的言行表现，从而分析其心理活动和行为规律的方法。观察法的核心是按观察的目的，确定观察的对象、方式和时机。观察记录的内容应包括观察的目的、对象、时间，被观察对象的言行、表情、动作等的质量和数量，另外还有观察者对观察结果的综合评价。观察法的优点是自然、真实、可靠，简便易行，花费低廉；缺点是被动等待，并且事件发生时只能观察到怎样从事活动，而不能观察到为什么会从事这样的活动。

2.3.4.2 访谈法

访谈法是通过访谈者与受访者之间的交谈，了解受访者的动机、态度、个性和价值观的一种方法，访谈法分为结构式访谈和无结构式访谈。

2.3.4.3 问卷法

问卷法就是事先拟订出要了解的问题，列出问卷，交消费者回答，通过对答案的分析和统计研究得出相应结论的方法。主要有三种形式：开放式问卷、封闭式问卷和混合式问卷。该方法的优点是短时间内能收集大量资料的有效方法，缺点是受文化水平和认真程度的限制。

2.3.4.4 实验法

实验法是有目的地在严格控制的环境中，或创设一定条件的环境中诱发被试者产生某种心理现象，从而进行研究的方法。

2.3.4.5 案例研究法

案例研究法通常以某个行为的抽样为基础，分析研究一个人或一个群体在一定时间内的许多特点。

2.3.4.6 抽样调查法

抽样调查法是揭示消费者内在心理活动与行为规律的研究技术，可分为概率性抽样和非概率性抽样两种类型，前者只适合定期做，可判断误差，但费用较高、周期较长、不方便；后者则可以经常做，但不能判断误差，费用低、周期短、比较方便。

2.3.4.7 投射法

投射法能够克服消费者自觉或不自觉掩饰自己真实想法的缺点，使调查者能够真实地了解受访者或受测者的真实动机和态度。这种研究方法不让被测者直接说出自己的动机和态度，而是通过他对别人的描述，间接地表现出自己的真实动机和态度。这种方法又称角色扮演法。

2.3.4.8 心理描述法

心理描述法用于描述和解释人的心理现象、状态和特征。这种方法通常通过观察、实验、问卷、访谈等方式获取相关信息，进而对人的心理进行定性和定量的分析。

在设计中，心理描述法可以帮助设计师更好地理解用户的需求、行为和态度等心理方面的问题，进而制定更好的设计方案。例如，设计师可以通过问卷调查了解用户对某个产品的态度和看法，通过访谈了解用户的使用体验和反馈，进而制定更符合用户需求的设计方案。

心理描述法还可以用于评估设计的效果和效益。例如，通过观察和记录用户在使用某个设计元素时的行为和心理反应，设计师可以评估该设计元素的有效性和用户满意度，进而进行改进和优化。

总之，心理描述法是一种重要的研究方法，可以帮助设计师更好地理解用户的需求和心理状态，进而制定更好的设计方案，并评估设计的效果和效益。这些研究方法在设计心理学中都有广泛的应用，根据研究问题和情境的不同，选择合适的研究方法是非常重要的。

2.4 产品符号学

2.4.1 “符号学”与“产品符号学”

符号学（semiotics）一词来自古希腊语中的semiotikos，就是研究符号的一般理论的学科，研究符号的本质、符号的发展变化规律、符号的各种意义、各符号相互之间以及符号与人类多重活动之间的关系。符号学理论认为，人的思维是由认识表象开始的，事物的表象被记录到大脑中形成概念，而后大脑皮层将这些来源于实际生活经验的概念加以归纳、整理并进行储存，从而使外部世界乃至自身思维世界的各种对象和过程均在大脑中形成各自对应的映像；这些映像以狭义语言为基础，又表现为可视图形、文字、语言、肢体动作、音乐等广义语言。这种狭义与广义语言的结合即为符号。因此，产品是一种具有意指、表现与传达等类语言作用的综合系统。将符号学原理应用到产品领域，便形成了产品符号学。

早在1950年，德国乌尔姆设计学院就提出了“设计记号论”，设计师和学者不断地坚持和发展这一理论。20世纪60年代德国乌尔姆造型学院就探讨过符号学的应用。后来德国的朗诺何夫妇、美国的克里本多夫明确提出了产品符号学。按照美国哲学家莫里斯对符号学的分类方法，产品符号学分为产品语用学、产品语义学和产品语构学三部分。产品语用学研究关于造型的可行性及环境效应与人的关系；产品语义学研究造型形态与语意的关系；产品语构学研究产品功能结构与造型的构成关系。

2.4.2 符号学的渊源

早在原始社会，人们就有了实用和审美两种需求，并且已经开始从事原始的设计活动，以自觉或不自觉的符号行为丰富着人们的生活。从甲骨文到图腾图案，都记载了古人社会生活有秩序进行的信息。当事物作为另一事物的替代而代表另一事物时，它的功能被称之为“符号功能”，承担这种功能的事物被称为“符号”。

符号学原来主要研究语言特别是形式化语言问题，方法与对象都比较单一，而在当代符号学的研究中则融入了逻辑学、哲学、人类学、心理学、社会学、生物学以及传播学和信息科学的方法与研究成果。依照杜克洛和托多罗夫的看法，现代符号学的理论来源主要有四个方面：一是索绪尔的现代语言学理论；二是美国哲学家和逻辑学家查·桑·皮尔士（1839—1914）的符号论思想；三是现代逻辑学；四是恩斯特·卡西尔、苏珊·朗格的符号形式哲学。

2.4.3 产品符号学的特征

符号是负载和传递信息的中介，是认识事物的一种简化手段，表现为有意义的代码和代码系统。产品设计中的符号特性应该具有以下四个特点：认知性、普遍性、约束性和独特性。产品所负载的信息与产品造型本身是合而为一的，即产品所要表述的正是产品自身。因此产品通过符号的表达能够起到“自我说明”的作用，甚至可以表达一定的感情。

从符号学的角度来说，任何信息的传播都必须遵循统一的代码系统，即传讯者和接受者共同约定的编、解码方式。产品具备两种符号特征：一是表达产品自身功能的符号；二是体现使用者精神需求和象征消费文化的符号。产品形态符号正是利用人特有的感知力，通过类比、隐喻、象征等手法来描述产品，使产品的使用者在其引导下能按照符号编制者的意图做出反应，正确使用产品。通过使用与反馈使设计者对形态语言的运用和把握更为准确，逐步使产品成为一个有机的综合符号系统。

2.4.4 产品形态符号的表达

2.4.4.1 表达层次

产品形态符号意义的传达，可以分为两个层次。

第一层是明示层次，是消极地运用符号，其最高目标就是传递实用功能信息。例如，一些按钮表面做成凹形或是凸形，暗示手指按压；采用不同的材质，并呈现手的负形，暗示手把握的动作；通过旋钮形式和侧面花纹粗细，来说明转动量的大小和用力的大小；按键同屏幕配合，合作指示如何使用。

第二层是内涵层次，积极地运用符号，达到审美的体验，其方式很多。例如，整个产品造型曲面起伏，表现一种张力，给人充满生命力、活力的象征；音响使用黑色暗示神秘性，照相器材使用黑色暗示专业性；借用其他符号，营造愉快的氛围。

2.4.4.2 表达内容

产品的符号语言主要体现在形态上。形态是产品有机整体的一个重要组成部分。

（1）产品形态是一种表象形符号，产品形态一次性、同时地将意象完整地呈现出来。形态符号的印象是整体的、有机的、不可分割的。形态符号更加注重形态整体中所体现出的相互依赖、相互制约的统一、和谐的关系。形态符号只有同周围的环境、民族、地区和时代文化背景相互作用才能产生意义。例如，新“甲壳虫”汽车让熟知它过去的人眼前一亮，变化的是时代，不变的是情怀。

（2）产品形态受到功能目标和工程技术的制约，变化并不能随心所欲，而是具有一定的组织结构。产品可以根据功能、结构和工艺的逻辑，分解成若干部件。这些部件由于自身功能提供的某种表意的形式条件，构成产品符号。如建筑中的梁、柱、门、窗、地板、楼盖体系都是明显的形态符号；产品中的按钮、指示灯、喇叭、手柄等功能结构部件也是形态符号的常见元素。产品形态具有的功能美和艺术作品的美相比，差异在于二者的产生原因不同：前者是为了使用，后者是为了表达“观念”。产品形态的功能美是形式与内容和目的性的展现。

（3）产品形态按照构成原理，可以归纳为三维抽象意义上的点、线、面、体和他们之间的关系结构。苏珊·朗格的著作《艺术问题》中论证了形式与情感的关系，认为形式本身具有表现力，是情感的演化。由于同某种事物相似的演化和视觉图式的约定俗成，抽象的三维点、线、面、体获得了象征意义。

（4）产品形态建立秩序，符号形成体系。产品的整体有机的视觉形象不仅便于人们感受产品，而且还可以丰富人们的视觉。

（5）产品形态中的标志和指示操作说明性图例，也是一种形态符号。标志是厂家营销的重要手段，是在竞争激烈的市场区别异已的标识。在当今，标志传递多方面的信息，更是品质、身份的象征。标志放在汽车最显眼的前脸，非常自然地组成了产品形态。

2.4.4.3 注意事项

在产品设计的符号学具体应用上，应该注意以下几个问题：

（1）要注意符号的含义、符号的选择，要按照设计符号的特性，符号系统的量、质的双重特点进行把握。在符号的组合上，也要注意符号系统的整体性，主调应该突出，而不应该是符号的简单堆加。

（2）要注意符号传达的双向性，即产品不只是单向传达的被设计物体，还承担着向使用者进行信息反馈的任务。要通过某种特定的手段使产品的符号传播成为一个双向交流的过程。设计师与消费者以产品符号为媒介进行交流。只有这样，符号系统传达的信息才能为消费者了解或部分了解，从而减少企业与消费者之间的认知差异，提高产品设计的成功率。

（3）要注意产品符号对人的心理及情感的影响。随着社会产品的富足和主体精神的重现，人们在基本的物质需要得到满足后，就开始向社交、自尊、发展的精神需求转变，努力追求完美无缺的精神享受和心理满足。内隐的情感，感性的需要，日益成为生活的主题。因此设计符合现代人的生理及心理需求的感性符号、感性产品已尤为重要。

（4）现代产品已经成为一个具有全方位意义的概念，产品符号系统已不仅仅局限于产品自身，还涉及产品包装、广告、展示等设计要素，这就要求人们注意品牌产品一致性的塑造。在认知运作中，利用连续的事件来促使消费者不断强化关于品牌产品的某些符号属性和感觉，从而产生某种熟识和经验，以有助于消费者迅速而正确地理解品牌产品所传达的完整信息。产品设计要利用符号系统的持续一致来传递、强化品牌含义。这对消费者的分析、选择乃至产生购买欲望至关重要。

符号学在产品设计中具有非常重要的作用，在产品设计中应按照符号传达的特点，把产品作为一个整体的符号系统进行考虑。只有这样才能使所设计的产品真正做到好用、易用，以满足不同消费阶层的需要，成为真正具有竞争力的产品。

2.5 设计美学

设计是艺术的一种门类，美学研究的是美和审美等问题，是和艺术相通的，因此设计与美学放在一起理所当然。然而，设计美学不是简单地将设计和美学相加，而是将设计和美学融会贯通，从美学的角度看待设计，把美学的精髓寓于设计当中，从而成为一种新的学科理论。但是，设计美学却又离不开设计和美学两个部分，并与它们密切相关。德国哲学家马丁·海德格尔[1]这样形容美：“美存在而不可言”。许多研究者也这样认为：美永远存在于人与自然世界在精神上的一体性状态中，或人与一定的对象之间在精神上的相融为一的状态当中，使人心灵充满了无限的纯精神的愉悦之情。美是自由意志或人性与生俱来的向往状态，从而人们进入这种状态时就会快乐无比。

2.5.1 美学

美学这一词汇源于希腊语aesthesis，本意是“对感观的感受”，由德国哲学家亚历山大·戈特利布·鲍姆加登[2]，于1750年在《美学》中首次提出和使用，之后美学作为一个独立的学科得到了发展。直到19世纪，美学在传统古典艺术的概念中通常被定义为研究“美”的学说。现代哲学将美学定义为认识艺术、科学、设计和哲学中认知感觉的理论及哲学。一个客体的美学价值并不是简单地被定义为“美”或者“丑”，而是去认识客体的类型和本质。

美学是哲学的一个分支学科，它以对美的本质及其意义的研究为主题，从人对现实的审美关系出发，以艺术创作为主要对象，研究美、崇高等审美范畴和人的审美意识、美感经验以及美的创造、发展及其规律。美学研究的是艺术中的哲学问题，因此也被称为“美的艺术哲学”。

2.5.2 设计

从广义上来看，设计就是设想、计划与运筹，它是人类为实现某种特定的目的而进行的创造性活动，是人类改变自我、改变世界的创造性活动。人类只有不断地改变，在理论的指导下向好的方向改变，自身才能进步，世界才能发展。从这个意义上说，设计是人类发展的基础。

---

[1] 马丁·海德格尔(Martin Heidegger，1889—1976)，德国哲学家，20世纪存在主义哲学的创始人和主要代表之一。

[2] 亚历山大·戈特利布·鲍姆加登(A.G.Baumgarten，1714—1762)，德国普鲁士哈利大学的哲学教授。他关于美学的主要观点集中在两个方面：一是把美学规定为研究人感性认识的学科；二是认为“美学对象就是感性认识的完善”。

从狭义上来看，设计是一种审美活动，设计的任务是要实现设计者的意图，设计者的意图就是要表现美、创造美。设计学作为一门新兴的学科产生于20世纪，是一门在掌握技术和艺术的基础上，把两者在实践中相结合的学科，它研究的对象、范围和其具体应用等都不同于传统的艺术学科。经过一个世纪的发展，设计学已经从对一般原理的研究扩大到了对专门性学科和分支学科的研究，这种发展为设计美学的诞生创造了有利条件。

2.5.3 设计美学的概念

设计美学，即把美学原理运用到设计领域之中。设计美学将设计的审美规律和美学问题联系起来，是技术与艺术的交融、渗透，技术与艺术的结合。设计美学是在现代设计理论和应用的基础上，结合美学与艺术研究的传统理论而发展起来的一门新兴学科。它的出现不仅是对设计领域的总结，而且还是对现代设计的促进。工业设计作为产品升级换代和设计创新的有效手段，在提高产品质量和销售方面起着举足轻重的作用。美的设计是超越功能实用因素的精神创造。

在手工业时代，设计和制造不是分离的，而是结合在一起的，人们按照自己的意愿制造器物，这就是最简单、最原始的设计；从工业革命开始的早期工业化时代，标准化、机械化的大批量生产迫使设计从制造业中分离出来，成为一种独立的职业；进入成熟期工业社会和后工业社会时代后，人们意识到由于在上一阶段中两者的分离直接导致了产品造型质量的下降和低劣，因此将设计活动与制造生产重新结合，并加以重视；到了现代工业社会，艺术创造、科技生产等也被纳入设计与制造的考虑范围，随之产生了评价产品质量的现代观念；在科学技术迅猛发展和社会文明程度不断提高的现代工业化大生产背景下，人们对物质需求、精神需求的观念发生了翻天覆地的变化，尤其是对工业产品审美要求的普遍提高，是设计美学诞生的催化剂。大致在德国包豪斯时期，现代设计美学随着现代设计运动的兴起而诞生了。

设计是一种极致的单纯，是用最简洁的符号语言创造出最有代表性最有深刻意义的艺术作品。无论是平面的还是立体的，无论是一维的，还是多维的，无论是简单的，还是复杂的，一经设计师巧妙之手便意味无穷、意义深远，给人一种前所未有的审美愉悦。任何艺术都是美的载体，只不过因为艺术成分不同，不同的艺术样式表现出不同的和谐。设计通过自己别具一格的形式把美展现得淋漓尽致，主要以自己的形式美吸引别人。

2.5.4 设计美学的特点

2.5.4.1 设计美学具有多元性

设计美学在构成上是多元的，是多种美的形态综合的产物。设计美与艺术美、自然美、社会美、科学美、技术美不同，因为它包含有诸多的美。它不仅是美的一种门类，更是美的一种现实性的客观存在。

2.5.4.2 设计美学具有社会性

设计美学在范围上是大众的、公共的。它与“艺术设计是一项社会工程”的特点直接联系在一起。历史上，现代设计就是在对抗所谓的“精英文化”和“贵族设计”的过程中而产生的。同时，设计与社会各个阶层、各个类型的消费者打交道，或者说以消费市场为导向并能引导大众的审美情趣。设计离不开具有社会属性的人。

2.5.4.3 设计美学具有功利性

设计本身就具有功利性。设计美学的功利性是指人对客体的实用态度。设计的主题是“为人”，消费者接受并购买一种好的设计的一条重要标准就是“迎合自己”。

2.5.4.4 设计美学具有文化性

设计是一种文化创造。设计一方面要吸取前人积累的文明成果，另一方面优秀的设计也可以被看作是对人类文化的新贡献，构成文化的一部分。设计美学的文化性也体现在这两个方面，即设计美的审美主体与审美客体既是社会文化积淀的产物，同时又是促成人类文化不断生成、发展的动因。

真正美的东西是被大众所接受的，不会随着时间的流逝而逊色。再好看的东西，没有观众也就无所谓艺术，更无所谓设计，也或者这种东西本身就值得怀疑。优秀的作品是为大众所欣赏的，为大众服务的。设计的种种优点，使设计魅力无穷，而且这种魅力还将不断延伸。

2.6 形态语意学

2.6.1 形态语意学的概念与要素

2.6.1.1 形态语意学的概念

形态语意学是研究形态的语意含意的理论学科，它研究形态语言的本质、形态语言的意义及表达。它包括形态语言结构变化规律、形态语言表达及使用之间的关系等，通过语意、结构及语境三位一体的系统来实现语意的表达。任何形态的存在有其自身的功能结构、形态特征及相关表现，同时也传递一定的信息情感及情感升华，这就使形态和含义紧密联系在一起。人们的感知系统包括视觉、触觉、听觉、嗅觉、味觉五种，在这五种感知系统中，涉及视觉的主要形式就是形态。

形态是事物内在本质的外部表现。任何事物都有其外在的表现形式，也就是形态，它包含了事物外部物质形状和使人们产生心理感受的情感形式两方面。事物的内在本质决定形态外部变化和发展方向，人对形态的要求及形态本质延伸的心理情感的要求是本能的，也是不断提高的。

形态的主体构造，又是由许多下一级内容组合而成的，这些内容是材质、质量形态要素、形式规律等。形态语意之一的语言特色，为形态语言观念的创造提供了很大的发展余地，分析中发现，同一概念形态语意，由于组合内容的多样性给语言设计者提供了很大的选择空间。

形态语言的结构特点决定其具有一种天生的发展形态内容和产生新形态语意的能力，人造物在制作中都存在某种意义，它以一种物质的形式而存在，以一种文化情感、象征意义的形式而存在。这种形体造型的语意解析可从概念的文字分析，也可从概念的形态语意分析，可通过概念关系把概念的文字语言转换成触目可感的形态语言，也可使形态语言传递暗示心理信息，启示物的本质特征，准确生动地传递语言信息。

2.6.1.2 形态语意传达的要素

（1）形态的语意表达　三维形体的形态要素方面主要是从其立体要素与空间要素来实现，立体是三维造型中的重要元素，具有很强的充实感，生活中的应用范围也很广泛。在不同的形态中，大致可分为几何体和有机体，几何体包括圆柱体、圆锥体、立方体等，而有机体又可分为单体和组合体。单体与材质有机结合时又可传达出众多的情感，或柔或硬朗，或温润或粗糙等。

从形体要素组合来说，它是由众多的点、线、面及肌理等要素形成的，这里又涉及点、线、面运用的问题。例如，点具有一定的体量，如排列得当会形成一定的“空间”，也会体现强烈的空间和力量感。再如，线决定形体的方向，并根据粗细、形态不同，体现出轻重的视觉心理效果，直线、曲线、折线，会体现刚性、硬朗、柔和、动感及速度等语意。再如，面的形态也能够传达相应挺拔、柔美、体量等语意。对称或矩形能显示空间严谨，有利于营造庄严、宁静、典雅、明快的气氛；圆和椭圆形能显示包容，有利于营造完满、活泼的气氛；用自由曲线创造动态造型，有利于营造热烈、自由、亲切的气氛。特别是自由曲线对人更有吸引力，它的自由度强、更自然，也更具生活气息，创造出的空间富有节奏、韵律和美感。流畅的曲线既柔中带刚，又能做到有放有收、有张有弛，完全可以满足现代设计所追求的简洁和韵律感。曲线造型所产生的活泼效果使人更容易感受到生命的力量，激发观赏者产生共鸣。

利用残缺、变异等造型手段便于营造时代、前卫的主题。残缺属于不完整的美，残缺形态组合会产生神奇的效果，给人以极大的视觉冲击力和前卫艺术感。造型艺术能够表现人投入的空间情态，如体量的变化、材质的变化、色彩的变化、形态的夸张或关联等，都能引起人们的注意。

立体造型只有借助其所有外部形态特征，才能成为人们的使用对象和认知对象，才能发挥自身的功能。在使用这些形态要素时，努力对形态语意进行分析，从而更准确地使用设计要素，形成准确的语意表达，通过形态特征还能表现出象征性、档次、性质和趣味性等方面以及作品的技术特征、功能和内在品质等。

（2）色彩的语意表达　作为形态的色彩外观，不仅具备审美性和装饰性，而且还具备符号意义和象征意义。作为视觉审美的核心，色彩深刻地影响着人们的视觉感受和情绪状态。人类对色彩的感觉最强烈、最直接，印象也最深刻，形态的色彩来自色彩对人的视觉感受和生理刺激，以及由此而产生的丰富的经验联想和生理联想，从而产生复杂的心理反映。立体形态设计中的色彩，包括色相、明度、纯度，以及色彩对人的生理、心理的影响。它服从于造型的主题，使造型更具生命力。色彩给人的感受是强烈的，不同的色彩及组合会给人带来不同的感受：红色热烈、蓝色宁静、紫色神秘、白色单纯、黑色凝重、灰色质朴等，其表达出的不同情绪成为不同的象征。

例如，苹果公司所生产的G3台式个人计算机，人们看到的是多彩、透明、绚丽的外观，体现活泼的气氛、给人时尚的感受。而苹果G4台式个人计算机呈现的是半透明、银灰色的外观，每个细节都体现着科技时尚。色彩的符号象征应依据产品表达的主题，体现其诉求。而对色彩的感受还受到所处时代、社会、文化、地区及生活方式、习俗的影响，反映着追求时代潮流的倾向。

（3）材料的语意表达　材质对知觉心理过程的影响是不可否认的，而质感本身又是一种艺术形式。如果作品的空间形态是感人的，那么利用良好的材质可以使产品设计以最简约的方式充满艺术性。材料的质感肌理是通过表面特征给人以视觉和触觉感受，以及心理联想及象征意义。立体形态中的肌理因素能够暗示使用方式或起警示作用。人们早就发现手指尖上的指纹使把手的接触面变成了细线状的突起物，从而提高了手的敏感度并增加了把持物体的摩擦力，这使产品尤其是手工工具的把手获得有效的利用并作为手指用力和把持处的暗示。通过选择合适的造型材料来增加感性、浪漫成分，使作品与人的互动性更强。

在选择材料时不仅需用材料的强度、韧性等物理量来作评定，而且还需考虑用材料与人的情感关系远近来作为重要的评价尺度。不同的质感肌理能给人不同的心理感受，如玻璃、钢材可以表达产品的科技气息，木材、竹材可以表达自然、古朴、人情意味等。材料质感和肌理的性能特征将直接影响材料用于所制作品后最终的视觉效果。造型设计时应当熟悉不同材料的性能特征，对材质、肌理与形态、结构等方面的关系进行深入分析和研究，科学合理地加以选用，以符合作品设计的需要，传递特定的语言含义。通过对基本要素的形态及构成方法、材料等方面的合理应用，使立体形态传递语意特征。

2.6.2 产品形态语意学

2.6.2.1 产品形态语意学的含义

语意的原意是语言的意义，而语意学则为研究语言意义的学科，形态语意学则是研究构成形态的元素符号的意义。正如人们经常使用“设计语言”“图形语言”或“肢体语言”那样，作为人所制造的产品同样可以看成具有类似语言功能的一种符号系统。设计界将研究语言的构想运用到工业产品设计上，并运用语言的传达、表述、明喻、暗喻、类推等方式，形成了“产品语意学”（product semantics）这一全新概念。由于产品作为语言符号主要体现在形态上，因此可将其称之为“产品形态语意学”。

根据上述定义，“产品形态语意学”的意义在于：借助产品的形态语意，让使用者理解这件产品是什么，它如何工作及如何使用等。简言之，将这一理论加以应用，使一件复杂的产品成为一件“自明之物”，其使用界面的视觉形式及其外在形态以语意的方式加以形象化。

2.6.2.2 产品形态语意学的形成

产品形态语意学是20世纪80年代工业设计界兴起的一种全新概念，且是具有重大变革意义的设计思潮。其严谨的理论构架，始于1950年德国乌尔姆造型大学的设计记号论，更远可追溯至芝加哥新包豪斯学校的查尔斯与莫里斯的符号论，但真正开始引起人们关注的是在1984年美国工业设计协会（IDSA）举办的“产品形态语意学研讨会”，这一理论被明确提出并给出定义：“产品形态语意学乃是研究人造物的形态在使用情境中的象征特性，并将此应用于设计中。”产品形态语意学打破了传统设计理论将人的因素都归入人类工程学的简单做法，突破了传统人类工程学仅对人的物理及生理机能的考虑，而将设计因素深入至人的心理、精神因素。

2.6.2.3 产品形态语意学的研究目标

在高科技产品迅猛发展的今天，研究产品形态语意学的目标在于：通过这一理论，昭示其将探求产品形态，以便为使用者澄清及阐释高科技产品的内涵意义，并力图寻求一种对人类文化的理解。在日益注重理性精神感观的当代社会研究此理论，其目的在于以理论指导实践，用产品语意的方法进行产品造型设计，为技术环境世界增添更动人的外表，使物品的世界更具生命力及亲和力。工业产品除了具备一系列物理机能，还要能够做到：在实际操作中的指示机能明确，具有在视觉符号中的象征属性，能够构成人们生活其中的象征环境。

2.6.3 形态语意学在产品的造型设计中的应用

产品的外部形态实际上就是一系列视觉符号在进行编码，综合产品的形态、色彩、肌理等视觉要素，表达产品的实际功能，说明产品特征。产品符号具有一般符号的基本性质，通过对使用者的刺激，激发其自身以往的生活经验或行为，体会相关联的某种联想，使产品易懂。

2.6.3.1 形态语意创造手法

（1）仿生态（仿动物、植物）。

（2）仿文化（玛雅文化、黑人文化、洛可可文化、古希腊文化、巴洛克文化）。

（3）仿风格流派（印象主义、野兽派、立体主义、表现主义、抽象主义、功能主义、构成主义、后现代主义）。

（4）变形（残像、裂像、变异、打碎重构、抽象变形）。

2.6.3.2 形态语意修辞手法

产品的形态语意通过修辞可以提高形态的文化内涵，使其表达得更生动、准确。在产品造型设计中，人们常用以下几种形态语意修辞手法：

（1）联想（具体联想、抽象联想）。

（2）象征（生命象征、权力象征、企业象征、吉祥象征）。

（3）概括（相似、几何形概括、有机性概括、相近）。

（4）双关（谐音双关、共用双关、共用形、共用线、叠印双关）。

（5）比拟（拟人、拟物）。

（6）夸张（夸大、缩小）。

（7）比喻（明喻、暗喻、借喻）。

20世纪90年代，作为全球最大的电器制造公司之一，飞利浦公司（荷兰皇家飞利浦电子公司，Royal Dutch Philips Electronics Ltd）逐渐意识到：随着科学技术的发展、高技术的急骤汇集，顾客可通过任何一个销售商，获得产品性能及价格基本一致的商品。鉴于此，顾客的主观因素，或称为审美鉴赏将主要决定购买商品的决心。为摆脱电器产品普遍的黑匣子面貌，同时亦为适用多元化消费口味，飞利浦公司广泛应用产品语意的观念设计产品。

飞利浦公司对电器产品进行持久形态研究，通过它们外在视觉形象的设计，为顾客传达出多重意味，挖掘种种潜在新生活方式的可能性。同时，对于更为本质的产品操作易用、易理解性方面，飞利浦公司也很重视。高技术产品的功能日趋复杂，其操作界面常让人眼花缭乱。多数产品界面都使人难以看懂，一旦机器出现故障，打开机盖，裸露出的复杂构件，在没有丝毫视觉上的暗示下，往往无从下手，而操作手册更是充斥着大量技术名词，操作因而变成一项复杂而困惑的事情。针对这种情况，飞利浦公司努力通过外在视觉设计使内部机构功能更明确，使其人机界面单纯、易理解。而这也正是产品形态语意学研究的另一核心主题。例如，飞利浦公司推出的AX5201 CD播放器在视觉符号、功能可触感上有独到的处理，形态微微内收与外扩形成的流线具有视觉上的现代感受。快进、快倒、插放、暂停四键都集中在一个车辐式控键上，形态语言符号非常新巧别致地暴露出操作形式和指向。使用者可以直接解读破译。

产品形态语意学的研究是在国际设计环境和设计思想转换中提出的，是设计发展的必然产物，结合国内工业设计现状，导入产品形态语意的理念，并希望以此理论指导产品设计及教学研究，使产品成为人与象征环境的连接者。产品形态语意学也将为产品传达出新的意念，并挖掘种种潜在新生活方式的可能性，而这正是产品设计的最高目的。该理论必将对今后中国工业产品设计方向的探索起到有力的推动作用，特别是为设计文化的研究提出新的可能性，并可借此探讨工业设计领域国际化与民族化的关系。作为有深厚文化传统的中国，进行产品形态语意学的研究将会展示出良好的前景。

2.7 CAD与CAM相关理论

2.7.1 CAD与CAM的概念

2.7.1.1 CAD

CAD是计算机辅助设计（Computer Aided Design）的简称，是指工程技术人员以计算机为工具，用各自的专业知识，对产品进行总体设计、绘图、分析和编写急速文档等设计活动的总称。

CAD诞生于20世纪60年代，当时美国麻省理工学院提出了交互式图形学的研究计划，但是由于硬件设施昂贵，只有美国通用汽车公司和美国波音航空公司使用自行开发的交互式绘图系统。20世纪70年代，小型计算机费用下降，美国工业界才开始广泛使用交互式绘图系统。到20世纪80年代，由于PC的应用，CAD得以迅速发展，出现了专门从事CAD系统开发的公司。当时Versa CAD是专业的CAD制作公司，所开发的CAD软件功能强大，但由于其价格昂贵，故不能普遍应用。而当时的Autodesk公司是一个仅有员工数人的小公司，其开发的CAD系统虽然功能有限，但因其可免费拷贝，故在社会得以广泛应用。同时，由于该系统的开放性，该CAD软件升级迅速。CAD最早的应用是在汽车制造、航空航天以及电子工业的大公司中。随着计算机变得更便宜，应用范围也逐渐变广。

CAD技术的实现经过了许多演变。这个领域刚开始时主要被用于产生和手绘的图纸相仿的图纸。计算机技术的发展使得计算机在设计活动中得到更有技巧的应用。如今，CAD已经不仅仅用于绘图和显示，还开始进入设计者专业知识中更“智能”的部分。

随着计算机科技的日益发展，计算机性能取得了提升，并且价格更加低廉，许多公司已采用立体的绘图设计。以往，碍于计算机性能的限制，绘图软件只能停留在平面设计，欠缺真实感，而立体绘图则冲破了这一限制，令设计蓝图更实体化。

2.7.1.2 CAM

CAM是计算机辅助制造（Computer Aided Manufacturing）的简称，是指应用计算机来进行产品制造的总称。通过利用计算机与生产设备直接或间接的联系，进行规划、设计、管理和控制产品生产的过程。

计算机辅助制造有狭义和广义两个概念。CAM的狭义概念是指从产品设计到加工制造之间的一切生产准备活动，包括CAPP、NC编程、工时定额的计算、生产计划的制订、资源需求计划的制订等。这是最初CAM系统的狭义概念。CAM的狭义概念甚至更进一步缩小为NC编程的同义词。CAPP已被作为一个专门的子系统，而工时定额的计算、生产计划的制订、资源需求计划的制订则划分给MRP Ⅱ /ERP系统来完成。CAM的广义概念包括的内容则更多，除了上述CAM狭义定义所包含的所有内容外，还包括制造活动中与物流有关的所有过程（加工、装配、检验、存贮、输送）的监视、控制和管理。

CAM的核心是计算机数值控制（简称数控），是将计算机应用于制造生产过程的系统。1952年美国麻省理工学院首先研制成数控铣床。数控的特征是由编码在穿孔纸带上的程序指令来控制机床。此后发展了一系列的数控机床，包括称为“加工中心”的多功能机床。能从刀库中自动换刀和自动转换工作位置，能连续完成锐、钻、绞、攻丝等多道计算机辅助制造发展工序，这些都是通过程序指令控制运作的，只要改变程序指令就可改变加工过程，数控的这种加工灵活性称为“柔性”。加工程序的编制不但需要相当多的人工，而且容易出错，最早的CAM便是计算机辅助加工零件编程工作。美国麻省理工学院于1950年研究开发数控机床的加工零件编程语言APT，它是类似FORTRAN的高级语言。APT增强了几何定义、刀具运动等语句，这种批处理的计算机辅助编程使编写程序变得简单。CAM系统是通过计算机分级结构控制和管理制造过程中的多方面工作，它的目标是开发一个集成的信息网络来监测一个广阔的相互关联的制造作业范围，并根据一个总体的管理策略控制每项作业。一个大规模的计算机辅助制造系统是一个计算机分级结构的网络，它由两级或三级计算机组成，中央计算机控制全局，提供经过处理的信息，主计算机管理某一方面的工作，并对下属的计算机工作站或微型计算机发布指令和进行监控，计算机工作站或微型计算机承担单一的工艺控制过程或管理工作。

CAM系统一般具有数据转换和过程自动化两方面的功能。CAM系统的组成可以分为硬件和软件两部分：硬件方面有数控机床、加工中心、输送装置、装卸装置、存储装置、检测装置和计算机等，软件方面有数据库、计算机辅助工艺过程设计、计算机辅助数控程序编制、计算机辅助工装设计、计算机辅助作业计划编制与调度和计算机辅助质量控制等。

2.7.2 CAD与CAM在工业设计中的应用

现代工业产品从设计到成型再到大批量生产，是一个十分复杂的过程，它需要产品设计师、加工工艺师、熟练的操作工人以及生产线的管理人员等协同努力来完成，它是一个设计、修改、再设计的反复迭代、不断优化的过程。传统的手工设计、制造已越来越难以满足市场激烈竞争的需要，CAD/CAM技术的运用，正从各方面取代传统的手工设计方式，并取得了显著的经济效益。

CAD/CAM技术具有效益高、知识密集、更新速度快及综合性能强等特点，已成为整个制造行业当前和将来技术发展的重点。CAD/CAM技术的应用和发展趋势必将对现代工业产生深远的影响。CAD/CAM技术不是传统设计、制造流通和方法的简单映像，也不是局限在个别步骤或环节中部分的使用。计算机作为工具，是将计算机科学与工程领域的专业技术以及人的智慧和经验以现代的科学方法为指导结合起来，在设计、制造的全过程中各尽所长，尽可能地利用计算机系统来完成那些重复性高、劳动量大、计算复杂及单纯靠人工难以完成的工作，辅助而非代替工程技术人员完成整个过程，以获得最佳效果。

工业设计中CAD/CAM技术的应用，主要分为CAD建模技术在产品数据模型中的应用和CAM集成数控编程系统在产品模型加工中的应用。

2.7.2.1 CAD建模技术在产品数据模型中的应用

CAD是工程技术人员在人和计算机组成的系统中以计算机为工具，辅助人类完成产品的设计、分析、绘图等工作，并达到提高产品设计质量、缩短产品开发周期、降低产品成本的目的。

对于现实世界中的物体，从人们的想象出发，到完成其计算机内部表示的这一过程称之为建模。计算机的内部表示及产品建模技术是CAD/CAM系统的核心技术。产品建模首先是得到一种想象模型，表示用户所理解的客观事物及事物之间的关系，然后将这种想象模型以一定的格式转换成符号或算法表示的形式，即形成产品信息模型，它表示了信息类型和信息间的逻辑关系，最后形成计算机内部存储模型，这是一种数据模型，即产品数据模型。因此，产品建模过程实质就是一个描述、处理、存储、表达现实世界中的产品，并将工程信息数字化的过程。目前在产品数据模型的建模方法中，最常用的是三维几何建模和特征建模。

根据模型的不同，CAD系统一般分为二维CAD和三维CAD系统。二维CAD系统一般将产品和工程设计图纸看成是“点、线、圆、弧、文本……”等几何元素的集合，系统内表达的任何设计都变成了几何图形，所依赖的数学模型是几何模型，系统记录了这些图素的几何特征。三维CAD系统的核心是产品的三维模型。三维模型是在计算机中将产品的实际形状表示成为三维的模型，模型中包括了产品几何结构的有关点、线、面、体的各种信息。计算机三维模型的描述经历了从线框模型、表面模型到实体模型的发展，所表达的几何体信息越来越完整和准确，能解决“设计”的范围越广。其中，线框模型只是用几何体的棱线表示几何体的外形，就如同用线架搭出的形状一样，模型中没有表面、体积等信息。表面模型是利用几何形状的外表面构造模型，就如同在线框模型上蒙了一层外皮，使几何形状具有了一定的轮廓，可以产生诸如阴影、消隐等效果，但模型中缺乏几何形状体积的概念，如同一个几何体的空壳。几何模型发展到实体模型阶段，封闭的几何表面构成了一定的体积，形成了几何形状的体的概念，如同在几何体的中间填充了一定的物质，使之具有了如重量、密度等特性，且可以检查两个几何体的碰撞和干涉等。由于三维CAD系统的模型包含了更多的实际结构特征，使用户在采用三维CAD造型工具进行产品结构设计时，更能反映实际产品的构造或加工制造过程。相关软件主要有AUTO CAD、UG、PRO/E、SolidWorks、Rhino、Maya、3ds Max、Softimage/XSI、Lightwave 3D、Cinema 4D等。

产品数据模型最常用的是三维几何建模系统中的曲面建模（Surface Modelling）和实体建模（Solid Modelling）技术。曲面建模主要采用Bezier曲线、B样条曲线、NURBS曲线等生成曲面。实体建模技术是20世纪70年代后期、80年代初期逐渐发展完善并推向市场的，目前已成为CAD/CAM技术发展的主流。实体建模是利用一些基本体素，如长方体、圆柱体、球体、锥体、圆环体以及扫描体等通过集合运算生成复杂形体的一种建模技术。主要包括体素的定义及描述和体素之间的布尔运算（并、交、差）两部分内容。

特征建模技术是CAD/CAM系统发展的新里程碑，除了包含零件的基本几何信息外，还包含了设计制造等过程所需要的一些非几何信息，如材料信息、尺寸、形状公差信息、热处理及表面粗糙度信息和刀具信息等。因此，特征建模技术是更高层次上对几何形体上的凹腔、孔、槽等的集成描述。目前国内外的大多数特征建模系统都是建立在原有三维实体建模系统的基础上，将几何信息与非几何信息描述集中在一个统一的模型中，设计时将特征库中预定义的特征实例化，并作为建模的基本单元实现产品建模。

运用CAD/CAM建模技术生成的产品数据模型在外观效果、内部机构和机电操作性能上都力求与成品一致。除精确体现产品外观特征和内部结构外，有些还必须具有实际操作使用的功能，以检验产品结构、技术性能、工艺条件和人机关系等。

2.7.2.2 CAM集成数控编程系统在产品模型加工中的应用

CAM一般有广义和狭义两种定义。广义CAM一般是指利用计算机辅助完成从生产准备到产品制造整个过程的活动，包括工艺过程设计、工装设计、NC自动编程、生产作业计划、生产控制及质量控制等。狭义CAM通常是指NC程序编制，包括刀具路径规划、刀位文件生成、刀具轨迹仿真及NC代码生成等。在产品模型制作中所用到的CAM技术，主要是指狭义的CAM技术。

CAM软件主要有：UG NX、Pro/NC、CATIA、MasterCAM、SurfCAM、SPACE-E、CAMWORKS、WorkNC、TEBIS、HyperMILL、Powermill、Gibbs CAM、FEATURECAM、topsolid、solidcam、cimtron、vx、esprit、gibbscam、Edgecam、Artcam等。

CAM集成技术中的重要内容之一就是数控自动编程系统与CAD集成，其基本任务就是要实现CAD和数控编程之间信息的顺畅传递、交换和共享。数控编程与CAD的集成，可以直接从产品的数字定义提取零件的设计信息，包括零件的几何信息和拓扑信息。最后，CAM系统帮助产品制造工程师完成被加工零件的形面定义、刀具的选择、加工参数的设定、刀具轨迹的计算、数控加工程序的自动生成、加工模拟等数控编程的整个过程。一个典型的CAM集成数控编程系统，其数控加工编程模块，一般应具备编程功能、刀具轨迹计算方法、刀具轨迹编辑功能、刀具轨迹验证功能。加工的产品模型力求与成品一致，因而在选用材料、结构方式、工艺方法等方面都应以批量生产要求为依据。数控加工的产品模型外观精美，精度高，表面质量好，适合各种复杂零件的制作装配以及验证结构，并且材料选择范围广泛，产品模型制作中常用的ABS、尼龙、透明亚克力等材料均可加工。

随着我国近年来工业设计日益兴起，产品模型制作已经成为一个专业性的行业。产品模型制作的主要内容就是应用CAD/CAM技术制作出产品外观结构件的首版样品。研究CAD/CAM技术在产品模型制作中的应用对工业产品的设计研发具有重要意义。使用CAD/CAM技术制作的产品模型不仅是可视的，而且是可触摸的，它可以直观地以实物的形式把设计师的创意反映出来，避免“画出来好看而做出来不好看”的弊端，并首先可以用来检验产品的外观设计。使用CAD/CAM技术制作产品模型还可以检验产品的结构设计，因为产品模型是可装配的，所以可以直观地反映出产品结构合理与否，安装的难易程度，以便及早发现问题，并且制作产品模型可以避免直接开发模具的风险性。由于模具制造费用高，比较大的模具价值可达数十万乃至几百万元，如果在开发模具的过程中发现结构不合理或其他问题，损失可想而知。而模型制作则能避免这种损失，减少开模风险。此外，运用CAD/CAM技术制作的产品模型可以使产品面市时间提前。企业可以在模具开发出来之前，利用模型样机展示来进行产品的宣传，甚至前期的销售。

2.7.3 CAD与CAM的发展

随着现代工业的不断发展，CAD/CAM技术的应用范围越来越广，从最初的机械制造已经发展到建筑、电子、化工等领域。应用CAD/CAM技术可提高企业的设计效率、优化设计方案、减轻技术人员的劳动强度、缩短设计周期和加强设计的标准化。CAD/CAM技术给企业带来了全面、根本的变革，使传统的企业设计与制造发生了质的飞跃，从而受到了普遍重视和广泛应用。CAD/CAM技术正向着集成化、网络化、智能化、绿色化发展。

2.7.3.1 集成化

集成化是CAD/CAM技术的一个最为显著的趋势。在信息技术、自动化技术与制造融合的基础上，通过计算机技术把分散在产品设计与制造过程中各种孤立的自动化子系统有机地集成起来，形成适用于多品种、大批量的生产。

2.7.3.2 网络化

网络化是CAD/CAM技术伴随着网络技术的普及而需要面临的新技术，随着网络全球化，制造业也将全球化。分布在不同地理位置上的CAD、CAM系统间能传递各种数据。网络技术的发展使基于计算机技术的数控机床可与其他机床或计算机方便地进行交流，从而使数据交换变得简单，并可调用网上各种设计资源。CAD/CAM系统应用逐步深入，逐渐提出智能化需求，设计是一个含有高度智能的人类创造性活动。

2.7.3.3 智能化

智能CAD/CAM是发展的必然方向。智能设计在知识化、信息化的基础上，建立基于知识的设计仓库，及时准确地向设计师提供产品开发所需的知识和帮助，智能地支持设计人员，同时捕获和理解设计人员意图，自动检测失误，回答问题、提出建议方案等，并具有推理功能，使设计新手也能做出好的设计来。现代设计的核心是创新设计，人们正试图把创新技法和人工智能技术相结合，并应用到CAD技术中，用智能设计、智能制造系统去创造性解决新产品、新工程和新系统的设计制造，使产品、工程和系统有创造性。

2.7.3.4 绿色化

绿色化现已成为CAD/CAM技术的新趋势。当前，全球环境的恶化程度与日俱增，制造业既是创造人类财富的支柱产业，又是环境污染的主要源头。因此，无论从技术发展，还是从需求推动的角度，绿色制造都已在影响和引导当今的技术发展方向。从产品设计到制造技术，从企业组织管理到营销策略的制定，一批绿色制造技术的概念已经在发展之中。

2.8 产品系统设计理论

2.8.1 产品系统

产品系统是由相互联系的要素构成的，这些要素可以包括产品功能、设计、技术、物质和美学等方面。这些要素相互联系，构成了一个整体，以实现某些特定的功能或目标。

为了方便了解，可以将产品系统内容分为产品生命周期以及产品内部系统、产品外部系统几个方面，以下是产品系统的内容解析：

2.8.1.1 产品生命周期

产品生命周期是指从产品的形成到产品的消亡，再到产品的再生的整个过程。产品生命周期是一个开放的动态过程系统，一般包括原材料的获取、产品的规划与生产制造、产品的销售分配、产品的使用及维护、废旧产品的回收、重新利用及处理等。产品正是在过程系统中，与人和环境发生了有意义的联系。比如通过营销者在市场环境下将产品转化为商品，使用者利用产品创造合理的生活方式，而回收者通过对废旧产品的拆解和回收，将产品转化成可利用的再生资源，制造者又将资源形成新产品。产品系统的功能正是在这种“人—产品—环境”的相互作用和协调的过程中得到实现。图2-4是产品生命周期图。

2.8.1.2 产品内部系统

在产品生命周期中，从原材料的提取到产品制造是产品的形成过程，从而形成产品内部系统。产品内部系统由产品的要素和结构构成，具有相对独立的功

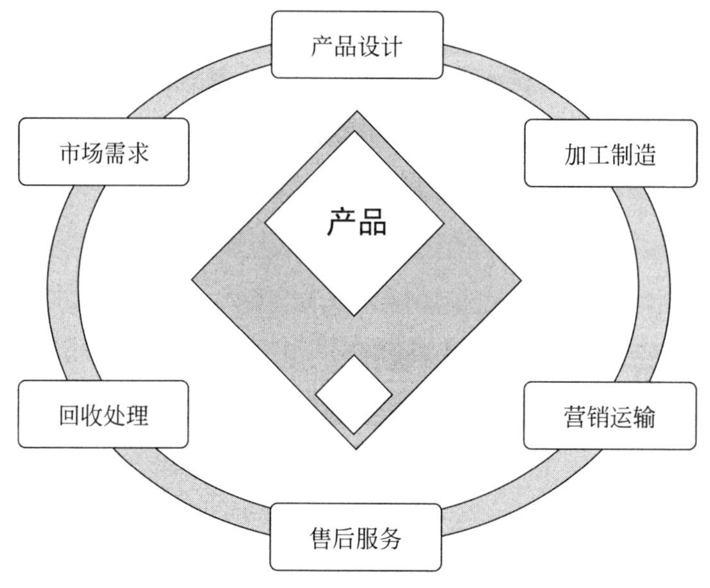

图2-4 产品生命周期图

能。要素是构成产品内部系统的单元体，结构是若干要素相互联系、相互作用的方式和秩序，产品要素通过有机结构联系的目的性就是产品功能，产品功能的实现则是产品内部系统与外部环境相互联系和作用的过程，其作用的秩序及能力规定了产品系统的功能意义，体现着产品系统的深层关系。产品正是通过内部系统与外部环境的联系和作用，将产品的表层结构（产品的要素和结构）转化为深层结构，实现产品的功能。那些造型简洁的产品，也要依靠强大的内部系统。

2.8.1.3 产品外部系统

在产品生命周期中，从产品流通到废弃物处理、能源再生和再利用是产品功能实现的过程，形成产品外部系统。影响产品外部系统的因素是多方面的，诸如市场销售环境、消费者的状况（包括年龄、性别、消费理念、文化品位、风俗习惯等）以及国家的政策法规等，这些都可能对产品功能的实现产生影响。同时，由于产品实现其功能的过程往往是产品与不同生活方式的人之间交互作用的动态过程，不同的消费者在不同环境中对同一产品的理解和使用方式也不尽相同，因此使得产品的功能意义复杂化和多样化。

2.8.2 产品系统设计的思维方式

产品系统设计的思维方式主要体现在从产品内部系统的要素和结构之间的关系，产品与外部环境之间的相互联系、相互作用、相互制约的关系中综合地考察对象，从整体目标出发，通过系统分析、系统综合和系统优化，系统地分析问题和解决问题。

2.8.2.1 系统整体性——产品定位

产品系统的整体性是产品系统设计的基本出发点，即把产品整体作为研究对象。设计的目的是人而不是物，产品作为实现生活方式的手段，必须在一定的时空环境、文化氛围和特定人群组成的生活方式中通过系统的过程，在各种相互联系的要素的整体作用下，才能实现产品系统的功能。因此，在设计之前明确产品设计的系统过程和整体目标，即设计定位，是十分必要的，产品系统的设计将围绕产品的设计定位展开。

2.8.2.2 系统分析、系统综合和系统优化——产品形成

系统分析和系统综合是相对的，对现有产品可在系统分析后进行改良设计，对尚未存在的产品，可以收集其他相关资料通过分析后进行创造性设计。一个产品的设计涉及使用方式、经济性、审美价值等多方面，用系统分析、系统综合和系统优化的方法进行产品设计，就是把诸因素的层次关系和相互联系等了解清楚，按预定的产品设计定位，综合整理出设计问题的最佳解决方案。

基于设计定位限定的方案所要考虑的因素十分复杂。以木椅为例，通常有造型、构造、连接等结构关系和材料、色彩、人体工程学、价格等要素特征，这种将功能转化为结构、要素的过程就是系统分析。结构和要素的变化都可以使方案呈现出多样化的特征，在多种方案中，需要在错综复杂的要素中寻找一种最佳的有序结构——特定的方式来支配各要素，用最符合设计定位的方案形成新产品，这个过程就是系统综合和系统优化。

2.9 设计评价理论

2.9.1 设计与设计评价

2.9.1.1 设计的含义

从20世纪初期开始，“设计”（design）一词便越来越多地为人们所使用，其内涵和外延也不断地丰富与扩大。广义的理解设计，可以把任何造物活动的计划技术和计划过程理解为设计。狭隘的理解设计，通常指的是把一种计划、规划、设想、问题解决的方法，通过一定的方式（如视觉）传达出来的活动过程。由于影响计划和构思的因素不同，因而有传统设计和现代设计的分别。这里所探讨的设计是基于现代社会、现代生活的计划内容，即为现代人、现代经济、现代市场和现代社会提供服务的一种积极的活动——现代设计。

2.9.1.2 设计的目的

设计不只是生产一件产品，它关系着设计者从事设计的态度及整个社会。设计的基本目的是要从人的心理、文化等角度发现人的特性和需要，给消费者、使用者提供有利的知觉条件、认知条件和使用条件，符合他们的审美观念。设计可以认为是为了达到这一基本目的，寻求解决问题的途径和方法。完成与实现一个好的设计，应该具备明确的目标，有效地解决问题，担负起应尽的社会责任。设计的最大目的在于改善人类的生活，具体可以分为以下几点：

（1）提升人类的能力　设计能够帮助人类发展许多能力如思考能力、认知能力，透过设计可以将信息以人类最容易接受的形式表现出来，使人们不需要经过繁复的分析即可获得所需要的信息，从而达到提升人类能力的目的。

（2）拓展人类的极限　人的生理机能是有极限的，单凭人的生理机能来工作，有许多任务是无法完成的，通过设计，制造不同的工具或机械便可以克服人类的生理极限。

（3）满足使用者的需求　除了物质需求外，人类还有精神即心理需求，通过设计可以创造出满足使用者精神需求的事物。

一个设计之所以称为“设计”，正因为它能够解决问题。20世纪80年代以来，设计被视为解决功能、创造市场、影响社会、改变行为的最有效手段。人们运用设计解决问题的范围越来越广泛和复杂，一般来讲设计师从事设计工作必须考虑的范畴有：功能、美学、生态、经济、策略和社会。在这些范畴中，设计扮演一个转化的媒介角色，比如在功能要素中，问题可以通过设计而得到解答，科学可以通过设计而获得创新等。同样，在美学、生态、经济、策略、社会上也都可以通过设计而得到结果。

2.9.1.3　设计的评价

设计作为一种文化现象，是一项综合性的规划活动，同时受环境、社会形态、文化观念以及经济等多方面的制约和影响。设计的效果需要放在社会生活中加以检验，而评判设计水平的高低优劣也是每一个设计者都绕不开的问题。所谓设计评价是指在设计过程中，对解决问题的方案进行比较、评定，由此确定每个方案的价值，判断其优劣，以便筛选出最佳的设计方案。

由于设计涉及诸多方面的因素，不同的人可以从不同的立场、观点对其进行评价，因此对设计的评价，一直是极具争议性的。设计评价既是一种客观的活动，也是一种主观的活动。说它是一种主观活动是因为设计评价中有许多主观的成分难以量化，每个历史时期的设计标准不同评价的尺度就会不同；同样，民族、地域、时代的因素发生变化评价的标准也会不同。设计评价的客观性主要表现为可以在技术、功能、材质、经济、安全、创造性等方面制订一定的标准，依据一定的原则对具体的设计进行评价。当然这个标准由于国家和时代的不同而存在着差异。

2.9.2　产品设计中的设计评价

产品设计中所遇到和需要解决的都是复杂、多解的问题，通常解决多解问题的逻辑步骤是：分析—综合—评价—决策，即在分析设计对象的特点、要求及各种制约条件的前提下，综合搜索多种设计方案。最后通过设计评价过程，作出决策，筛选出符合设计目标要求的最佳设计方案。在工业产品设计中，对某个问题的解决存在着多种途径和方案。而往往凭直觉经验是难以判断其优劣的。因此，掌握设计评价方法十分必要，在产品设计中设计师根据不同对象的需要，灵活地运用设计评价方法是工业设计师必须具备的基本素质。

2.9.2.1 产品设计评价的原则

（1）创新性　任何产品都必须有自身独特的设计特征，这样设计出来的产品才有新颖性和竞争性，才容易被市场所接受，才能体现产品自身的价值。

（2）科学性　科学性是产品的物质基础。合理的产品结构、完善的产品功能、优良的产品造型、先进的制造技术都是基于在设计中对科学技术的应用。

（3）社会性　设计任何产品必须考虑产品的社会性。它包括：产品的功能条件是否符合国家及行业政策、标准、法规、民族文化、传统风俗、民族审美标准等。

（4）适用性　任何产品的设计都是为人服务的。因此，设计师设计的产品要适合人的使用性和便利性，要适应人的视觉习惯，要适应自然与人的协调性，要适应环境与人的协调关系。

2.9.2.2 设计评价的项目内容

（1）技术方面　技术方面是指在产品设计中技术上的可行性。技术性能指标包括：可靠性、安全性、适用性、有效性、合理性等。产品设计是为了人们的使用去创造新产品或改良产品的一种过程，主要考虑的是功能、可信赖、有用性、外观及成本。消费者、使用者对设计的要求是能满足其需求。消费者常常通过询问以下问题来评估产品：如何使用此产品？产品的功能是否容易了解？是否会因拥有此产品而骄傲？此产品如何提升生活？此产品如何减少生活负担或帮助做好工作？等等。对于一个使用者而言，满足其生理、心理的需求是购买使用产品的先决条件。因此产品设计，最基本的是必须满足人类的基本需求，其中最重要的就是功能的实现，良好的功能是好的设计标准之一。

（2）审美方面　产品设计除了要具有基本的功能外，还必须安全、有效率，并让消费者有满足感。满足感的实现更多地和设计的美感及其象征性相关。在产品设计中的审美方面包括造型风格、形态、色彩、时代性、创造性、功能操作的示意性等。

（3）经济方面　在产品设计中包括成本、利润、投资情况、竞争潜力、市场前景、产品的附加价值等。经营者主要的目标在于透过设计提供满足消费者需求的产品从而获得利润。因此经营者对于设计的要求与消费者有所不同，从经营者的角度来看，设计的准则可以从营销及生产方面来探讨。

从营销的观点来看，创造利润是最主要的目的。因此能吸引人、能激发购买欲望、有助于销售的就是“好”的设计，例如，漂亮的女鞋会让消费者爱不释手。所以，就营销的观点而言，设计最重要的就是满足消费者的需求，而不管其需求是正当或不正当。从生产的观点来看，经营者所关心的是如何在制造的过程中降低成本，以增加利润，因此设计必须考虑原料或零部件、生产程序、质量管理、技术发展研究等因素以达到经营者的需求。

（4）社会方面　在产品设计中主要有社会效益、环境因素、资源利用、生活方式的改善等。

首先，社会责任对设计的要求。设计的成果对于社会有着某种程度的影响，因此设计者必须牢记自身对社会所应担负的改善人类生活的责任与文化传承的责任。一个好的设计能真正改善人类的生活，而非破坏人类的生活，造成人类的负担。设计者必须考虑其设计对人类生活所造成的影响，对于破坏人类生活的设计，设计者有权拒绝，这是设计的道德与良知。

其次，环保对设计的要求。除了上述因素外，环保问题也是近来备受瞩目的一个论题。自从工业革命以来，人类不断地开发自然资源，大量制造产品以改善人类的生活，甚至为了一些短期利益而不顾及对自然的危害有多大。今天，人类开始感受到自然因人类的过度开发造成的种种污染及生态的破坏，同时也感受到自然资源缺乏的压力。为了让人类能够继续在地球生存，并且有一个良好的生存环境，人们开始注意对自然生态的保护及对自然资源的合理开发。在这种环保意识的觉醒下，工业界也开始采取一些策略以应对环境保护问题，在设计上掀起了一股“环保设计”热潮。谈论环保设计最重要的在于资源的回收利用及如何减少产品生产、使用及废弃后所造成的污染，这些问题均是设计中应当考虑的要素。

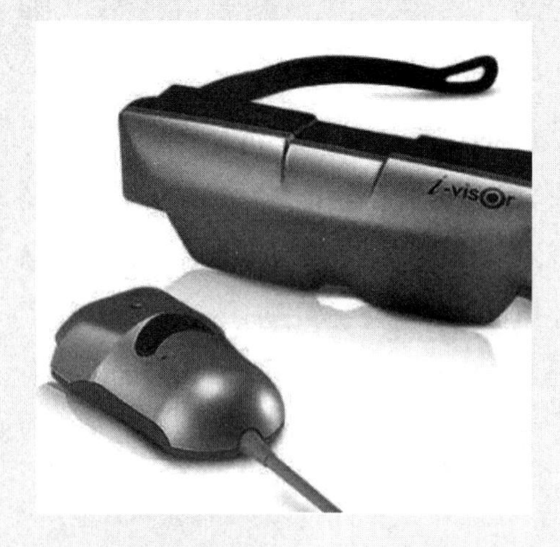
i-visor

第3章

产品设计定位

3.1 产品设计定位的方法

3.2 产品设计定位的步骤和过程

3.1 产品设计定位的方法

目前，在产品开发与设计的过程中，确定设计定位的步骤主要是首先按照某种标准进行市场细分，根据自身和竞争对手的情况，选择产品准备进入的目标市场，根据目标市场顾客的特征，确立自己的设计定位，进而落实到产品设计中，并进行形象的传播。

3.1.1 市场细分

在市场上，由于受到许多因素的影响，不同消费者通常有不同的欲望和需要，因而有不同的购买习惯和购买行为。市场细分就是根据消费者明显不同的需求特征，将整体市场划分成若干个消费者群体的过程，每一个消费者群体都是一个具有相同需求或者欲望的细分子市场。

通过市场细分，企业可以设计出符合该细分市场特点的产品及一系列利益组合，从而使消费者需求得到有效的满足。例如，对于面向儿童的细分市场，产品的设计应该色彩明快、充满童趣，以吸引儿童，传播方式也应该更加表面化和情感化。

在市场细分研究中所收集的各种信息有着广泛的市场营销价值，有时对于产品物理性能的改进也有着启发作用。可以使企业在成本相对较低的情况下，对产品实行更新换代，在更好地满足消费者需求的同时，增强企业竞争能力。市场细分研究对新产品开发也同样具有指导作用，企业可以根据市场中存在的不同细分类型，配合新产品的研发，发掘新的市场机会，对新产品准确定位。同理，市场细分的信息也有助于企业合理选择在目标市场的促销方式。

同时，对既定市场中细分市场的理解有助于企业对付竞争者推出的新产品。一旦细分市场确定下来，企业就可以估计出这些新产品对相关的细分市场可能产生的影响程度，并决定是否需要采取相应对策。如果竞争者的新产品定位模糊，则无需在防守方面投入大量资金。反之，如果新产品很好地满足了某一个细分市场的需求，那么，与之相关的企业必须考虑推出自己全新的竞争性产品或改进现有产品的性能，调整营销策略或采取其他相应的措施。

3.1.2 确定目标消费者

市场细分只是勾勒出市场的轮廓，展示出产品所面临的各种各样的机会。接下来的问题是，如何评价这种细分市场的机会，并确定出产品所将要满足的市场优先顺序和重点。目标市场的选择就是在市场细分的基础上，最后确定本产品应该进入哪个细分市场。

产品之所以要选择目标市场，有两个方面的原因：一是当企业集中精力于某一特定目标的时候，能够比较深入地了解消费者的需求，把产品做得更深入、更完善，使消费者得到更大的满足，从而在市场竞争中占据有利的地位；二是产品可以进入一个竞争对手少的细分市场。因为选择好一个目标市场，相对于整个产品市场，竞争对手就比较明确，也比较少，可以有的放矢，根据自身和竞争对手的情况，来确立相对的比较优势。这样产品占领这个市场的概率就比较大。

3.1.3 确定比较优势

当今市场，没有竞争对手的市场早已不存在。很多时候，你刚刚想出一个挺自我得意的主意，但放眼看看这个世界，别人早已把你的想法变成了现实。在这种情况下，仅仅了解消费者的需求是不够的，还必须了解竞争对手的情况。俗话说："知己知彼，百战不殆。"首先要识别出你产品的竞争对手是谁，并对竞争对手作深入、细致、全方位的了解。对竞争对手的了解越多、越深入，产品成功的机会就越大。

对竞争对手有一个透彻的了解，不仅能为产品设计找到恰当的切入点，而且可以为企业提供一些决策依据。

在产品设计定位阶段，必须将各种要素与竞争对手相比较，找出自身的优势和不足，在设计中扬长避短，从而最终在消费者心目中确立优势地位。

从设计定位系统的构成来看，产品可以从功能、形式、延伸和形象等方面入手，寻找与竞争对手的比较优势。上述几个方面的优势，也不需要面面俱到，只要在其中某一个方面或者某个方面的某个因素有其胜人之处，就可以从那里下手，确立优势，抓住消费者。因为消费者的口味千差万别，每一种差别化的设计定位所指引的产品，都能吸引不同的消费群体。如清华同方Imini S1笔记本电脑，它的差异化在于它定位于上网本，重量超轻，体积超便携，电池续航时间长并且推出了多种外壳颜色和不同图案的机型，甚至消费者可以定制彩绘方案，打造属于自己的产品。

3.1.4 确定新产品的设计定位

当企业选准了细分市场，明确了自身的竞争优势，有了与竞争对手的区隔概念，还要找到支持点，让它真实可信。怎样才能使产品优势与消费者的需求结合起来，转化为对消费者的真实吸引力，并牢牢占据消费者心中的重要位置？其中的结合点就是设计定位。

3.1.5 确立新产品的形象，设计并传播

并不是说有了设计定位的区隔概念，按照这个设计定位，设计并生产了产品，就可以等着顾客上门。最终，企业需要依靠传播才能将产品概念深入消费者内心，并在应用中建立自己的定位。产品的设计定位是产品开发设计的行动指南，只有认真贯彻，才能有效树立产品形象，并深入消费者的内心。

3.2 产品设计定位的步骤和过程

在调查分析之后，分析结论将被融入企业的发展策略之中，用以定位新产品的整体“概念”。这样的概念通常是以文字形式来做叙述，会将“市场定位”“目标客户层”“商品的诉求”“性能的特色”与“价格定位”等作定义式的条例描述。形成概念的目的在于准确有效地收集、识别、量化各种限定条件，进而帮助企业推论出准确的设计定位，为开发设计设定一个明确的“基准”。因此，如果说设计调研仅是在为开发设计做准备工作的话，那么概念确定则是进入实际开发设计的“起始”。

3.2.1 用户需求概念化

产品只有满足用户的某种需求才具有价值和意义，设计也是为了满足用户需

求而展开的。因此，只有明确了用户具体想要什么、需要什么，设计才能顺利地进行。但需要说明的是，客户的需求与最终开发出的产品并不是等同的概念，二者存在着微妙的差别。用户需求在很大程度上与开发设计的特定产品无关，它们并不专属于最终选择并贯彻实施的概念。如用户对于“居住”这一需求的概念，可能与最终完成的居室或建筑方案概念不同，但最终的方案又必须满足用户的需求。如果建筑本身不能满足最基本的居住需求，再精彩的设计也没有任何意义。用户的需求是对设计开发的限定条件，而具体选用哪种实现方式，将取决于其技术和经济的可行性。“需求”是用来标识用户所期望的潜在产品上的所有属性，而设计就是以尽可能最佳的方式满足这些属性。

通常用户对于自身的需求并不是十分明确的，而多是一些不确定的“要求”或“希望”，如座椅更舒适些、工具操作更方便些等。这些“要求”和“希望”恰是获取用户需求概念的“原始数据”，设计人员所要做的就是将这些不明确的问题具体化、条理化，形成清晰明确的概念。其步骤主要有以下几点：

（1）通过调研，从用户处收集需求的原始资料和数据。

（2）将原始数据转化为具体的客户需求信息。

（3）将需求信息进行条理化分类，区分出重要层级关系。

（4）建立需求的相对重要性。

（5）对结果和过程进行反思。

人们的需求是多方面、分层次的。不同的项目需要对相应层次的需求做深入细致的分析。例如，大多数家居环境都有挂装饰画的需求，在为这种需求做设计时，我们可以看到不同的解决方案。人们为了在砖墙上挂画，往往到五金商店购买钻机。但这仅仅是表象。通过分析不难看出，没有人需要钻机，而是想要一个墙上的洞；也没有人想要一个洞，而是一个装在洞里的固定装置；同样这种固定装置的目的是要最终满足主人自我实现的满足感。在这个例子中，每一级的需求服从于一个较好的解决方案，却又成为较低一级需求的表象。因此，设计中的用户需求分析必须抓住其行为方式的本质，才能准确地了解顾客真正意义上的需求本质。成功进行需求分析应该做到：识别和区分顾客与使用现场；促使消费者表达真实的声音，理性地分析并量化调查数据。从系统论角度来看，这个阶段就是要分析设计目标系统中的外部因素。

3.2.2 功能技术概念化

功能、技术和审美是工业产品造型设计的重要因素。在技术条件允许的范围内，以美的造型实现产品的功能，是产品设计的基本内容。产品本身并不是设计的目的，产品所提供的功能才是其存在的意义所在。因此，在研究技术原理的基础上确定功能实现的途径和手段，也就找到了设计的出发点。简单地讲，就是要把用户所希冀的“功能”或“功用”转化为具体的、可操作的目标或手段，如实现“照明”这一功能的途径有太阳光照、LED照明、蜡烛、白炽灯、反射等。如此，通过对模糊的功能加以细化和具体化，能够对实现功能的技术和方式做出相应的预测和评估，进而对初步设计构想给出参考。

对于结构工程师来说，功能分析主要有三方面的内容：一是确定技术上功能应达到的程度，它用产品技术性参数来表示；二是对功能成本做出分析，以便在实现同一功能的各种途径（方案）中找出成本低、功能好的方案；三是进行可靠性定量及定性的分析。经过功能分析，针对不同的功能部分给出独立的解决方案，然后将选择方案组合起来，形成产品整体形态。这与设计师对待功能的方式有根本性的区别。设计师通常是对产品的整体功能细分成不同的功能部分，然后对各个功能部分进行深入分析，其工作方式更像雕塑家从粗形到细部的工作方式。在确定产品设计概念的过程中，这两种分析方式需要作适当的平衡。在对产品的功能进行综合分析之后，基本上可以确定出设计和创意的方向，如表3-1所示。

表3-1 产品设计问题分析

<table>
<tr><td rowspan="9">基本功能</td><td rowspan="9">产品</td><td rowspan="7">生产技术</td><td>生产工艺设备</td></tr>
<tr><td>工艺方法</td></tr>
<tr><td>设计研制能力</td></tr>
<tr><td>研制条件</td></tr>
<tr><td>材料设备</td></tr>
<tr><td>功能技术</td></tr>
<tr><td>颜色</td></tr>
<tr><td rowspan="2">外观</td><td>外形</td></tr>
</table>

续表

<table>
<tr><td rowspan="17">基本功能</td><td rowspan="10">使用者</td><td rowspan="5">生理因素</td><td>身体尺寸</td></tr>
<tr><td>感觉器官</td></tr>
<tr><td>上肢活动范围</td></tr>
<tr><td>性别</td></tr>
<tr><td>年龄</td></tr>
<tr><td rowspan="5">心理因素</td><td>外形因素</td></tr>
<tr><td>智力因素</td></tr>
<tr><td>性格因素</td></tr>
<tr><td>审美观</td></tr>
<tr><td>价值观</td></tr>
<tr><td rowspan="8">环境</td><td rowspan="2">自然</td><td>地理位置</td></tr>
<tr><td>气候条件</td></tr>
<tr><td rowspan="2">社会</td><td>民族习惯</td></tr>
<tr><td>宗教信仰</td></tr>
<tr><td rowspan="2">时间</td><td>时间长短</td></tr>
<tr><td>时区位置</td></tr>
<tr><td rowspan="2">空间</td><td>使用条件</td></tr>
<tr><td>使用场合</td></tr>
<tr><td rowspan="3">开发功能</td><td colspan="3">血液与脉搏测量</td></tr>
<tr><td colspan="3">语音同步翻译系统</td></tr>
<tr><td colspan="3">指纹识别</td></tr>
</table>

任何设计对象，一般都是由许多构成要素组成的。这些构成要素在所设计对象的体系中相互作用而完成一定的功能。因此在研究产品的总体功能时，也要对各构成要素的子功能进行分类研究，视其重要程度的差异，在设计上区别对待。一般来说，产品功能常被区分为基本功能和辅助功能。基本功能是产品为用户提供的使用功能，这是产品不可缺少的重要功能。如冰箱的基本功能是“保存食品”，手表的基本功能是“显示时间”。辅助功能也称二次功能，是在设计中选择

了某种特定的设计构思而附加上去的功能。在保证基本功能的前提下，辅助功能是可以随设计方案的不同而加以改变的。如手机的基本功能是“移动通信”，为实现这一基本功能而选择的结构、元件都是辅助功能的载体：显示屏是为了显示信息；按键是为了输入信息和命令；外壳是为了保护机芯和手持；听筒和话筒是为了收听和对讲；电池是为了提供电能。此外，包括蓝牙、红外及其他元件都有其具体的功能。总之，设计师要想实现理想的方案，必须对设计目标系统中的内部诸要素进行研究和细致分析，以实现功能与形式的有机结合与完整统一。这里所说的“内部因素”包括产品的机能原理、结构特性、生产技术、加工工艺、形态色彩、材料与资源以及企业的管理运营水平等技术方面的具体情况和参数。

除了功能的排布与分析，设计也离不开各种技术条件的制约。能否合理、因势利导地适应当前各种工艺、技术、生产等一系列限制条件，将是未来项目成败的关键。如果超出现有技术所能达到的程度，那么再好的创意和构思都只能停留在概念阶段，难以投放市场。因此，在构思方案之初，设计师必须对相关的各种生产技术以及工艺条件进行深入的研究，并形成具体的概念，在构思方案的过程中，以一种积极主动的配合精神来协调技术现实与创意理想之间的矛盾。

3.2.3 初步方案构想

构想，从概念的角度，是以产品语言、用户为导向及技术实用功能为基础所发展出的基本设计方案。构想所确定的并不是具体的、可实施的方案，而是尽可能多的、宽泛的、可选择的、可能性的方案。在经过前面对用户需求和功能技术的分析之后，设计师往往会受到分析结果的左右和限制，而陷入一些具体的功能、结构细节之中，进而构想出的方案也脱离不了常规思维的框框，很难带来创造性的突破。因此，在此阶段，我们应尽力将上述分析研究结论作为构想方案的参考或依据，而不应受其禁锢和束缚。设计师必须学会将以物为中心的研究方法转变为以功能为中心的研究方法。从需求和功能入手，有助于开阔思路，使设计构思不受现有产品方式和使用功能的束缚。设计师在理性分析与思考后，需要更为感性的创造灵感与激情，应允许非常规、不平凡的构思。

可以说，构想是将概念视觉化的第一步。设计师需要将众多因素加以归纳、综合、演绎，并快速有效地表达为具象的草案。这就要求设计师具有创造性地运用形式法则综合协调与解决设计目标系统内诸多因素的能力。在此阶段，产品设计师常采用手绘草图来记录和表现各种解决草案及草案的变体。手绘草图是一种快速记录思维构想的方式，它是从无到有、从想象到具体，是将思维物化的过程，因此是一个复杂的创造思维过程的体现。草图一方面可以记录、表现稍纵即逝的构思及过程，也可以用于团队成员间的沟通与交流；同时大量的草图也能够活跃设计思维，使创造性构思得以延展，尤其是团队成员往往会从中受到很大启发，并激发出创作灵感。

除了手绘草图之外，设计师也会借助其他高效便捷的表现工具，尤其是随着现代计算机绘图技术的迅速发展，设计师们开始广泛地应用绘图软件进行构思与创意。此外，设计师也通过制作草模或比例模型、结构模型等实体来进行设计方案的构想。

总之，这一阶段的主要任务是尽可能多地提出构想方案和可选择的概念方案，从理想的角度来看，概念方案应该包括各种类型，这样企业有较宽泛的选择。

产品设计 Product Design

第4章

产品设计程序

4.1 产品设计程序认知

产品开发的过程是一系列相互关联的活动的整合，包括市场调查、分析、设计、生产制造、品牌建立、后期服务等诸多活动。本节主要分析不同的产品开发类型及其流程，并对产品设计的一般程序进行阐述。

4.1.1 产品开发的不同类型

当市场上现有的产品受新趋势的推动或出现了重大的产品改进可能性的时候，新产品的机会缺口就会出现。当新产品满足了顾客有意识或无意识的需求和期望，并被认为是有用的、好用的和希望拥有的产品的时候，它就成功地填补了产品机会缺口。成功识别产品机会缺口是艺术与科学的结合，它要求不断地对社会趋势、经济动力和先进技术三个主要方面的因素进行综合分析研究，如图4-1所示。

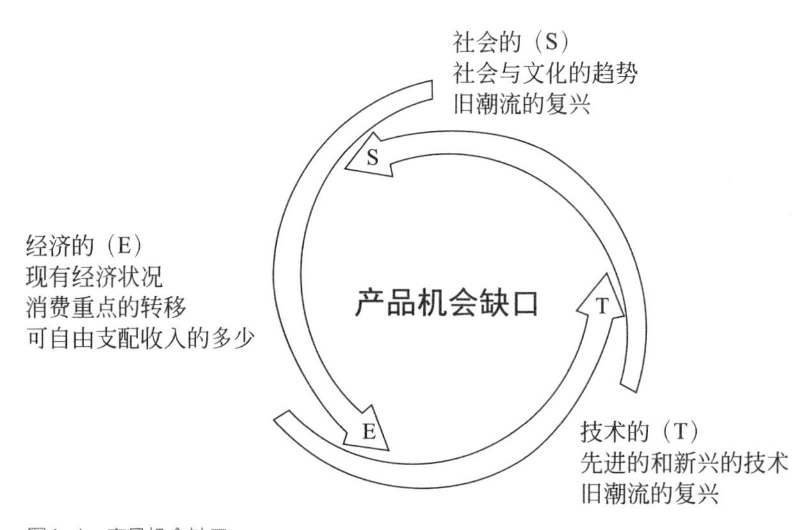

图4-1　产品机会缺口

面对产品机会缺口，企业需明确新产品概念的类型，并根据自身的资源情况制定相应的开发机制。通常情况下，企业开发新产品的概念可分为仿制型产品、改进型产品、换代产品、全新产品、未来型产品等几类。与此对应，产品开发的机制也可分为技术主导型、设计-技术结合型、设计主导型三类。与之相应的是，新产品概念与开发机制之间存在一种匹配关系，如仿制型产品的开发机制采用技术主导型、未来型产品的开发机制采用设计主导型，如图4-2所示。

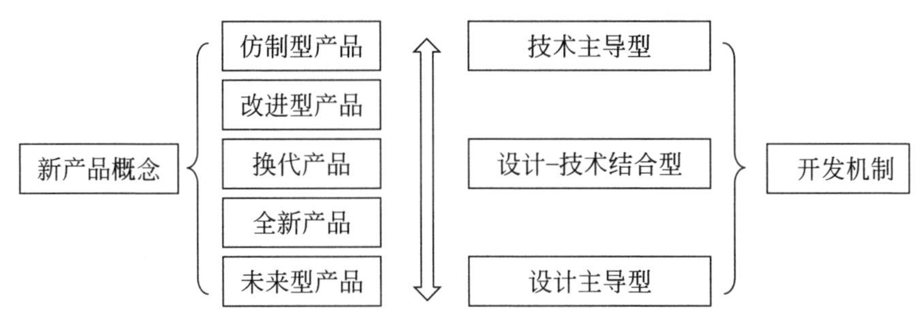

图4-2 不同的产品开发机制

根据新产品的不同概念及产品开发的不同机制，企业也会采用不同的设计策略。例如，仿制型产品的开发往往是在现有产品的基础上推进逆向工程，创新设计所占的比重就很小，此时产品设计就服从于技术开发，即以技术为主导进行产品开发，如图4-3所示。

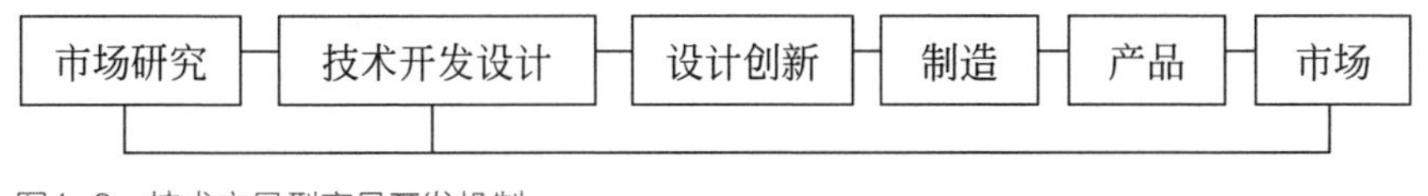

图4-3 技术主导型产品开发机制

对于未来型产品，是在对用户需求、生活方式、社会发展变迁、技术进步等多方面综合分析的基础上，大胆预测新产品在未来的可能性，此时技术上的可行性是不可知的，产品设计要最大限度地发挥自身的创造性思维和想象力去勾勒未来产品的蓝图，很明显此类产品的开发是以设计为主导的，如图4-4所示。

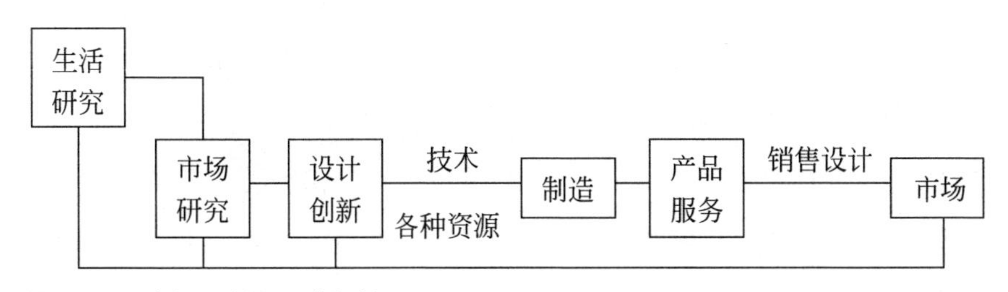

图4-4 设计主导型产品开发机制

而对于改进型产品、换代产品及全新产品来说，在开发过程中应将设计和技术紧密结合，根据不同产品的具体情况，调整两者所占的比重，在设计过程中把握不同的侧重点，如图4-5所示。

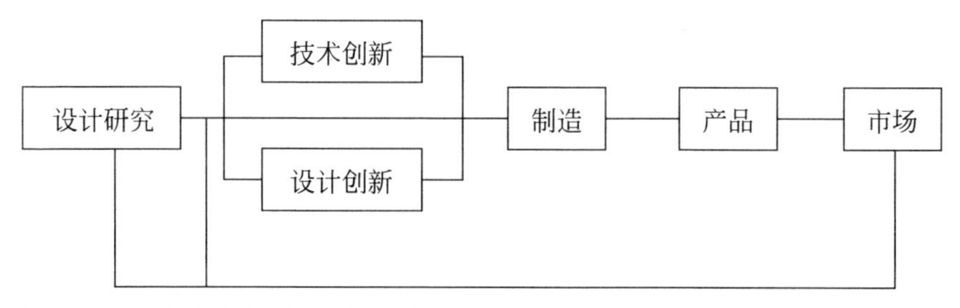

图4-5　设计-技术结合型产品开发机制

逆向工程的工作流程如图4-6所示，它与正向工程的不同之处在于设计的起点不同，相应的设计自由度和设计要求也不相同。

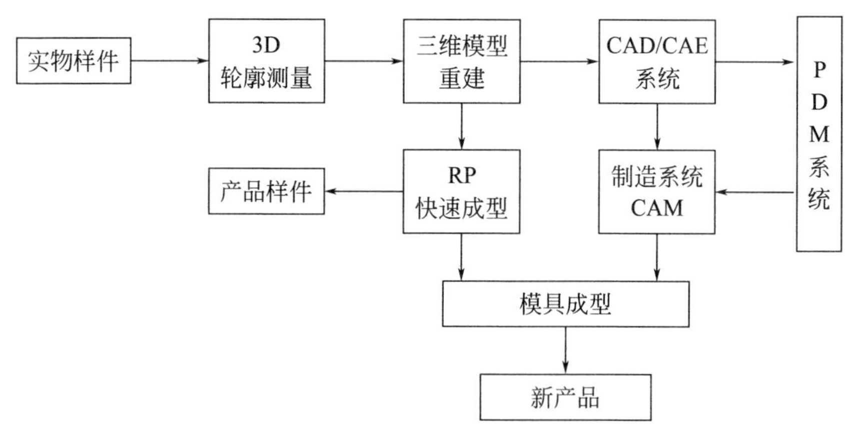

图4-6　逆向工程的工作流程图

逆向工程中主要的设计活动如图4-7所示，从图中可以看出，逆向工程过程主要包括产品三维坐标衡量与扫描、模型重建、加工制造三个阶段。

一般来说，逆向工程的工作内容主要体现在产品造型数据反求、工艺反求和材料反求等方面，它在工业设计领域的实际应用主要包括以下几个方面：

① 新型外观的设计，主要用于加快产品的改型或仿型设计。

② 已有外观造型的复制，再现原产品的设计意图。

③ 损坏或磨损外观造型的还原，例如艺术品、文物的修复等。

④ 数字化模型的检测，例如检验产品的变形、装配情况等，以及进行模型的比较。

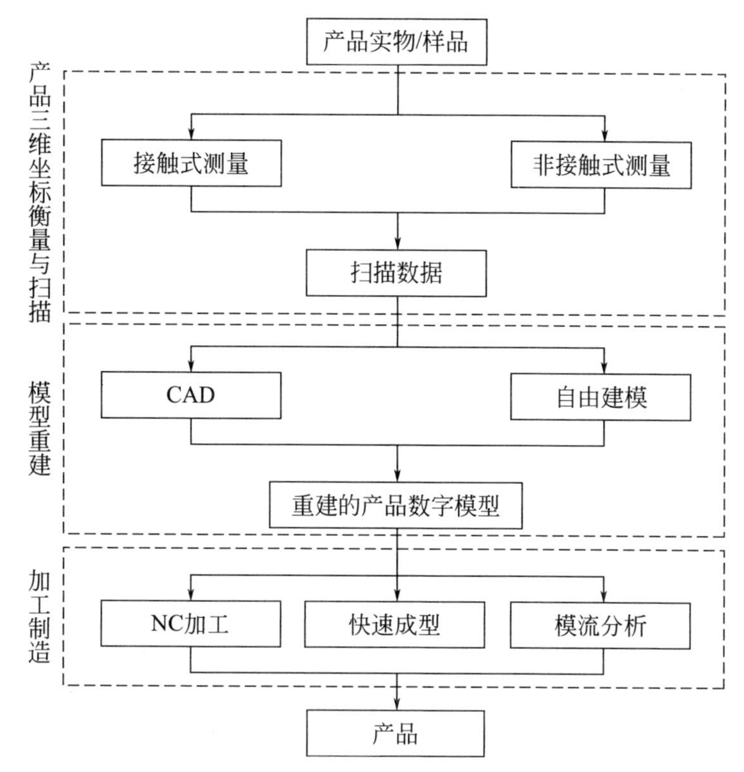

图4-7　逆向工程中主要的设计活动

4.1.2　产品设计的一般程序

产品设计工作包含在新产品开发的过程之中，产品设计同产品开发的流程一样，不同产品的设计程序也不尽相同，不存在唯一不变的设计程序，不过大多数产品的设计工作在程序上却趋于一致。本书将此程序分为三个阶段，即需求问题化、问题方案化与方案视觉化，如图4-8所示。

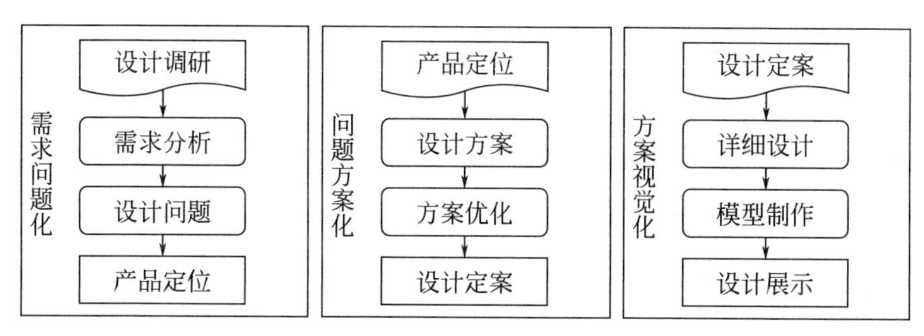

图4-8　产品设计的一般程序

本质上，产品设计的过程就是一个发现问题、分析问题和解决问题的过程。在上述产品设计的一般程序中，需求问题化是发现问题、分析问题的阶段；问题方案化是解决问题的阶段；方案视觉化是将具体的设计方案产品化，用视觉化的语言呈现出来。

需求问题化是将用户需求转化为设计问题，进而确定设计定位的阶段。此阶段的大部分工作是设计调研，通过对产品、用户的调查研究，找到用户对新产品的潜在需求以及现有产品尚需完善之处等内容，发掘开发设计新产品的需求。通过分析研究将这些需求转化为设计需要解决的问题，从而确定设计定位。

问题方案化是围绕产品定位，综合运用多种创新设计的方法，构思新产品设计方案。此时，可能会产生数目众多的设计方案，因此就需要对这些设计方案分别进行优化，也就是从多个方面（包括功能、审美、可用性、人机工学等方面）进行评价、取舍与修改，最终确定新产品的设计定案。在问题方案化阶段，由多部门组成的设计团队就会发挥其优势。因为来自加工制造、结构设计与工艺设计的专业人员在此阶段就能发现新方案设计中的不足之处，并能及时进行修正，而不必等到加工制造阶段才返回修改，这也正是并行工程的优势所在。

方案视觉化的阶段主要是完成详细的设计工作，要利用多种不同的三维建模与渲染表现工具，这在概念化的阶段也有所涉及，并需要制作实体模型，最终设计产品的展示版面，以产品效果图和设计说明结合的方式全面展示创新设计的产品方案。

上述产品设计的三个阶段也可详细地分解为如下七个步骤：

① 设计调查，寻找问题；

② 分析问题，提出概念；

③ 设计构思，解决问题；

④ 设计展开，优化方案；

⑤ 深入设计，模型制作；

⑥ 设计制图，编制报告；

⑦ 设计展示，综合评价。

4.2 产品设计调查

要做好产品设计，需要在创新产品之前以及在设计进展中进行大量的调查，包括社会群体调查、价值观念调查、生活方式调查、产品的使用情况调查、市场调查等。

一直以来很多设计专业人员都以市场调查作为设计调查的工作内容而进行设计前期的调查，而实质上这两者是不同的，市场调查只是设计调查的一部分内容，是在市场营销、消费心理、统计学、经济学和社会学知识领域支撑下为企业的产品推广、客户服务和市场开发制订的调查。而设计调查涉及的知识领域更广泛，其调查对象不仅仅是消费者，还包括各种层面的用户；在调查过程中也需要运用多种方法，比如心理学试验方法、使用情景分析法、用户语境分析法以及运用人机工学测试仪等。其目的是了解用户使用动机、分析用户使用过程、分解用户学习过程、提炼操作出错等信息，最后得出用户使用模型，为设计提供一个科学、合理、正确的依据。所以，设计专业的人员不仅要具备市场调查能力，还更应该学习设计调查的方法。

姜颖在《论设计调查与产品设计的关系》中指出：设计师的工作不在于闭门造车，而是要“引进来与走出去”相结合。“引进来”就是学习同行的优秀设计，从成功的产品设计中提取其精华元素，为自己所用。而“走出去”则是深入市场进行调查，了解市场的供销和消费需求，只有这样才能用比较客观、科学的尺度，给予所在企业的产品恰当、正确的“定位”，从而为其提供“移位”和发展的可能性。设计调查的过程能扩充设计师的知识面，开拓其眼界，使其思维更加活跃。深入调查后得到的产品设计调查报告，是产品设计的重要依据。通过市场需求、同类产品、受用人群、产品环境、生产技术等方面的调查，得到相关的数据材料，根据所得的数据材料定位所设计产品，可以使所设计产品更加贴近市场的需求，在同类产品中有竞争优势，紧紧地抓住消费人群的心理需求，适合文化地域等环境的特点，符合生产技术的要求。

李乐山教授对设计调查的定义是：“设计是规划未来，设计调查是规划未来社会生活方式、规划人性的发展变化。设计调查的首要目的是调查、发现、预防和改善与生活方式的规划和产品有关的社会问题、心理问题和环境问题。”

任何一个好的产品设计开发，都不只是为了追求与众不同而毫无根据地设计出来的。同类产品的特性千变万化，但功能是第一位的，由实际需求而定。产品设计是创造一个造型和功能高度统一的形象，而人们的需求期望不断更新，所以产品无法寻找一种能统治市场的标准式样，这就要求设计应不断地创新，寻找造型和功能密切结合的美好“载体”。必须明确，设计是市场竞争的一部分，产品竞争能力的大小最终取决于使用者。因此，产品竞争力的关键是产品能否给消费者带来使用上的最大便利和精神上的满足。要使设计具有竞争力，就必须站在为使用者服务的基点上，从调研开始。

通过产品的调研，搞清楚同类产品市场销售情况、流行情况，以及市场对新品种的要求；发现已有产品的内在质量、外在质量方面存在的问题；掌握消费者不同年龄组的购买力，不同年龄组对造型的喜好程度，不同地区消费者对造型的好恶程度；了解竞争对手的产品策略与设计方向，包括品种、质量、价格、技术服务等。对国外有关期刊、资料所反映的同类产品的生产销售、造型以及产品发展趋势的情况也要尽可能地收集。

4.2.1　设计调查的目的

设计调查的目的是为后续的产品设计过程提供具体的可参照的直接数据，同时使设计师依靠这些数据从中发现新的设计点来改进或创新产品。产品性设计调查可以分为两个方面：一方面是针对产品，一方面是针对用户。[1]

4.2.1.1　产品方面

（1）确定新产品的设计理念　市场调查往往通过现有产品获得调查结果，但这些调查结果远不能满足新产品开发的需要。而设计调查不仅延续了部分市场调查的工作，同时还可以对用户潜在的使用行为和使用心理进行间接的调查，因此获取消费者对新产品的预期，提炼出新产品的设计理念。

（2）预测评估新产品的开发　通过设计调查，设计部门可以合理地预测评估新产品的需要性、创新性、科学性以及可行性。如果评估结果被全部或部分否

---

❶ 李娟莉，赵静，王学文，等.设计调查[M].北京：国防工业出版社，2015.

定，就要重新设定产品开发方案，或对它进行修正；如果评估结果被肯定，便可对新产品的开发进行深入的研究。

4.2.1.2 用户方面

（1）调查用户属性　在产品设计之前需要定位好用户人群，有针对性地进行产品设计。通过设计调查分析，了解用户的需求和期待、生活习惯和行为习惯及个人喜好等用户属性，同时以不同的属性分类方式将这些信息加以归类分析，从而描绘出各种适用人群的共性特征。

（2）建立用户模型及相关系统　通过设计调查，可以获得众多的用户特性和信息，用户针对不同的产品会产生不同的信息，将这些信息进行分析整合，就能够建立该产品特有的用户模型，为设计活动提供必要的参考信息。再通过提炼用户模型，整合用户信息，将不同模型相互关联和组合并进行系统层级的网络架构，就可以建立以用户为主导的产品可用性测试和设计参数检索的综合系统。

4.2.2 产品设计调查内容

产品设计调查一般分为两种情况，一种是针对未确定具体产品项目的设计调查，另一种是针对已确定具体设计内容的调查。这两种调查侧重点各有不同，但是无论是哪种情况，都需要通过调查来发现问题、寻找机会，继而进行分析问题、理解机会，到最后解决问题并实现机会。

4.2.2.1 未确定具体产品项目的设计调查

企业为开发新产品，提出开发新产品计划，但因各种原因，未能确立新产品的具体内容，只能对新产品的概念进行大致描述，给出一定界限。这种情况下的产品设计调查是一种未确定产品具体内容的调查。调查需要从市场需求、使用者需求出发，还要对新的技术、材料、工艺等方面进行全方位调查。

这种调查的特点是，调查目标界定于某一领域，调研面较宽，调查与研究工作量较大。因此这种调查还要在调查分析方面进行更为明确的研究，才能给决策者提供更为具体的决策依据。

4.2.2.2 已确定具体产品项目的调查

企业最高管理层对新开发产品的具体内容已经确定，例如，通过设计调查了解产品的用户，研究他们的使用动机、使用过程、思维过程、使用结果、学习过程、操作出错以及纠正手段，以此改良产品的设计。

设计调查的内容包含对产品的调查（如现有产品的形态、结构、功能、技术特点等）、对用户的调查（如用户的需求、使用方式、价值观念、审美偏好等）以及对市场竞争情况的调查（如市场需求、市场竞争趋势、竞争产品的现状等）。对于产品设计来说，设计调查的重点内容是对现有产品的状况和产品用户的调查分析，因为这关系到新产品概念的定位。

4.2.3 设计调查步骤

产品设计调查分为以下三大步骤：

4.2.3.1 调查准备阶段

在调查的准备阶段，应明确调查目的，根据已有的资料进行初步分析，拟定调查课题和提纲，可在调查前先进行非正式的调查。调查人员应根据调查课题，安排负责管理、技术、营销的员工和客户座谈，听取他们对调查课题和提纲的意见，以便更好地拟定调查的问题，确定调查重点，避免调查的盲目性。

4.2.3.2 调查确定和实施阶段

这是调查计划和方案的选定以及具体实施的阶段。主要涉及以下内容：

（1）确定调查对象和观察单位　确定调查对象，即要确定调查主体及与其具有相同属性的物质范围，观察单位可以为人、物、群体、环境等。

（2）确定并选择调查方法　根据调查目的和要求确定并选择调查方法，确定询问项目和设计问卷。

（3）确定观察指标　结合调查的实际问题，将调查目的转化为具体的调查指标性参数。

（4）拟定调查项目和调查表　根据调查目的拟定预期分析指标和项目，按逻辑顺序列成表格。

（5）制定调查的组织计划　包括组织领导、时间进度、分工与联系、经费预算等。

（6）整理、分析计划的制定　包括资料核查、设计分组、数据的计算录入、拟定整理表和分析表、归纳汇总、统计方法选择等。

4.2.3.3　调查结果的整理和分析

将调查收集到的资料，进行分类和整理，有的资料还要运用数理统计的方法加以分析。最后将统计数据整理后，绘制成各种图表，并做出有关调查结果的分析报告。调查分析报告要达到以下四点要求：

（1）要有针对调查计划及提纲的问题的回答。

（2）统计数字要完整、准确。

（3）文字要简明，并有直观的图表。

（4）要有明确的解决问题的方案和意见。

4.2.4　调查方法

采用调查方法一般要根据设计项目来进行选择。最常见、最普通的方法是抽样调查法、资料调查法、访问调查法、问卷调查法等。调查前要制定调查计划，确定调查对象和调查范围，设计好调查的问题，使调查工作尽可能方便、快捷、简短、明了。通过这样的调查，收集到各种各样的资料，为设计师分析问题、确立设计方向奠定基础。

产品设计的常见调查方法有以下几种：

4.2.4.1　抽样调查法

抽样调查是一种非全面调查，它是从全部调查研究对象中，抽选一部分单位进行调查，并据以对全部调查研究对象做出估计和推断的一种调查方法。当研究的样本范围过大，且研究者无法对全体研究样本进行逐一细查时，研究者可以采取抽样调查，抽取对研究目的有帮助的核心范围进行调查，进而以小群体所呈现的研究结果，推论整体所可能具有的现象与模式。

抽样调查在短时间内可以获取较为清楚的资料，提升研究效率，缩短资料整理时间。但是在采用该方法时应考虑各种抽样方法的优点与抽样可能带来的误差。[1]

在抽样时基于限制与非限制因素，可以分为随机样本和非随机样本。见表4-1。

表4-1 抽样种类表[1]

项目	随机样本	非随机样本
限制	系统抽样 随机路线抽样 集群抽样 分层抽样 多阶抽样	目的抽样 判断抽样 配额抽样 便利抽样 自选抽样
非限制	简单随机抽样	

4.2.4.2 资料调查法

这是一种对情报载体和资料进行收集、摘录的方法。调查方式是广泛收集文献，认真摘录。这一方法的优点是超越条件限制，真实、准确、可靠、方便、自由、效率高、花费少；缺点是仅限书面信息，存在差距，有时间差。

4.2.4.3 访问调查法

访问者通过口头交谈等方式向被访问者了解要调查的内容。访问调查的方式是要做好访问前的准备工作，建立良好的人际关系，重视访问的非语言信息，做好访问记录，正确处置无回答的情况。访问调查的优点是了解广泛，探讨深入，灵活进行，可靠性高，适用广泛，有利交友；缺点是访问质量取决于访问者的素质，有的问题不宜当面询问，费人、费力、费时间。

访问调查主要有人员走访面谈、电话采访两种，见表4-2。

[1] 管倖生，等.设计研究方法[M].台北：全华图书股份有限公司，2013.

表4-2　访问调查法

方法	要点	优点	缺点
人员走访面谈	①可个人面谈，小组面谈； ②可一次或多次交谈	①当面听取意见； ②可了解被调查者习惯等方面的情况； ③回收率高	①成本高； ②调查员面谈技巧影响调查结果
电话采访	电话询问	收率高，成本低	①不易取得合作； ②只能询问简单问题

4.2.4.4　问卷调查法

这是一种调查者使用统一设计的问卷向被调查者了解情况或征询意见的方法。其优点是突破时空，可匿名调查，方便，排除干扰，节省人力、财力、时间，便于统计；缺点是信息书面化，适宜简单调查，难以控制填答内容，回收率低，结果的可靠性较差。

问卷设计分为开放式问卷与封闭式问卷两种类型。开放式问卷指要求被调查者根据自身情况自由地作答问题，调查人员不会事先预设答案，没有任何限制，用于寻求应答者的想法和反应，帮助获取不同人的观念和感觉。一般来说，开放式问题需用通过“追问”来获得答案，通过追问，掌握应答者的兴趣、态度和感觉。封闭式问卷指应答者从预先设置好的答案中做出选择，可以获得更多的事实，可以迅速得到答案。一份好的问卷，最好是封闭式问题与开放式问题结合，一般来说，封闭式问题放在前面，开放式问题放在后面。

问卷中的问题一般情况可以分为四大类：背景性的问题，主要是被调查者的个人基本情况；客观性问题，主要是指已经发生和正在发生的各种事实和行为；主观性问题，指的是人们的主观世界方面的问题，如思想、感情、态度、愿望等；检验性问题，是指为了检验回答是否真实准确而设计的问题。

传统的调研方式主要是电话问卷、邮政问卷和送法问卷等，现如今随着网络的发展普及，问卷调查法的形式也显得更加灵活，其调研方式逐渐从线下调研转变为线上调研，通过线上问卷调查可以普及更加广泛的人群，并能够有效、及时地收集调研信息。各种问卷调研方式各有利弊，需要根据调查内容及对象选择相关调查方式，详见表4-3。

表4-3 问卷调查方式

方式	要点	优点	缺点
线上问卷	通过网络问卷调查工具设置问题，并生成二维码或链接发送给被调查者	①涉及区域广； ②费用低； ③调研人群多样； ④统计方便，效率高、易操作	针对性不足，较难保证问卷的完整性和信效度
邮政问卷	问卷邮寄给被调查者，需附邮资及回答问题的报酬或纪念品	①调查面广； ②避免调查者的偏见； ③被调查者时间充裕； ④费用高	①回收率低； ②调查时间长； ③影响回答的因素难以了解、控制和判断
访问问卷	调查员将问卷当面交给被调查者，再结合访问的方式进行调查，由调查员定方式，最后再收回问卷	①问卷和访谈结合，调研内容更深入详细； ②调查对象可控制和选择，代表性较强； ③费用高	① 调查范围较窄； ② 回答质量不稳定
电话问卷	通过电话通信来进行问卷调查，由调查人员代填问卷信息	调查对象可控制和选择，代表性较强	①影响回答的因素难以了解、控制和判断； ②投入人力较多； ③效率较低

4.2.4.5 观察法

观察法是设计调查研究领域中常用的方法之一，具有简单易行的特点。观察法就是在自然条件下，有目的、有计划地用自己的视觉感官或辅助工具直接观察研究对象的方法。

观察法可分为结构观察法和非结构观察法。结构观察是指观察者根据事先设计好的提纲，严格按照规定的内容和计划来进行的可控性观察，它具有结构严谨、计划详细、观察过程标准化的特点。但是采用这种方法观察缺乏弹性，容易影响观察结果的深度与广度。非结构观察是观察者预先对所观察的内容与计划没有严格的规定，而是根据观察现场的实际情况所进行的观察，特点是观察时随意性较大，可根据实际情况随时调整观察的计划和内容。因而，这种观察方法的适应性强，而且简单易行。但是由于用这种方法收集的资料整理难度较大，所以它多用于探索性的科学研究。

根据观察者的参与程度，观察法可分为参与观察和非参与观察。参与观察是指观察者直接参与被观察者的活动，并作为其中一员进行观察，从而系统地收集资料的方法。根据参与的程度，参与观察又可分为完全参与观察和不完全参与观察。完全参与观察是指观察者刻意隐瞒自己的真实身份和研究目的，自然加入被观察者群体中所进行的观察。完全参与观察能够深入地了解到被观察者的真实情况，但如果参与过深，又往往容易失去客观立场。不完全参与观察是指观察者不隐瞒自己的真实身份和研究目的，在被观察者接纳后所进行的观察。不完全参与观察一方面避免了被研究者的紧张心理和疑惑，可以进行自然观察；另一方面用这种观察方法时，被观察者往往会出现不合作行为，或是隐瞒和掩饰对自己不利的表现，或是故意夸大某种表现，使得观察结果失真。非参与观察是观察者没有直接参与被观察者的活动，而是以旁观者的身份对观察对象进行的观察。非参与观察的优点是能够不受被观察者的影响，进行比较客观的观察。但是这种观察方法不容易深入了解被观察者的内部情况。

观察法的一般步骤是首先确定观察的目的，在此基础上确定观察对象，选择合适的观察方法，然后制定观察的步骤，开始实施观察过程，观察完毕后对观察结果进行统计与分析，并撰写观察报告。

其中，在制定观察步骤这一步要明确观察研究应当怎样进行，观察的程序是什么，先观察什么，后观察什么，观察多长时间，间隔多长时间进行重复观察等问题，要对观察过程做出周密的计划和安排。在观察报告中不仅要写清被观察对象的自然情况，还要写清观察过程中出现的现象，包括观察现象发生时的背景以及观察资料的统计结果和经研究分析推导得出的结论。注意：结论可以是观察时发现的规律，也可以是发现的问题。

从上面的观察程序中可以看出，观察法的核心是按照观察的目的确定观察对象、方式和时机。在这个过程中需注意区分偶然事件和有规律事实之间的区别。此外还需注意：

（1）观察人员要努力做到采取不偏不倚的态度，即不带有任何看法或偏见进行调查。

（2）观察人员应注意选择具有代表性的调查对象和最合适的调查时间与地点，还应尽量避免只观察表面现象。

（3）在观察过程中，观察人员应随时做记录，并尽量做较详细的记录。

（4）除了在实验室等特定的环境下和在借助各种仪器进行观察时，观察人员应尽量使所观察的环境保持自然平常的状态，同时要注意被调查者的隐私权等问题。

4.2.4.6 实验法

实验性的研究方法源于自然科学研究，它能提高研究的整体可靠性、内在和外部效度。在产品设计中，同样也需要实验法去验证设计的可行性、合理性和科学性。因此，这种科学的研究方法也是产品设计调查阶段的主要方法之一。

实验法按照实验组织方式的不同，可以分为对照组实验与单一组实验。对照组实验也叫平行组实验，指的是实验过程中既有实验组又有对照组，通过对两组的同时观察，比较其结果，从而得到实验结论。

例如，利用实验法研究汽车色彩与温度是否存在较大关系。实验时，第一步，实验者选取两辆不同颜色的汽车，一辆为黑色，另一辆为白色。在开始时，测量得到室外温度大约是32℃。通过室内空调把两辆车的车内温度都控制在30℃。第二步，关闭空调和车门窗，开始太阳暴晒。第三步，5分钟后测得，黑色汽车内温度达到57.4℃，白色汽车内温度达到46.8℃。第四步，30分钟后测得，黑色汽车内温度达到63℃，银色汽车内温度也为63℃。得到实验结论：在短时间内深色汽车较浅色汽车车内温度上升得多；若经过较长时间，汽车车身色彩对于汽车室内温度无影响。该案例采用的就是对照实验法。

单一组实验也叫连续实验，指的是对一个实验对象在不同实验阶段进行测试或观察比较其结果以获得实验结论的方法。在这种实验中并不存在对照组，而是在同一组中引入变量。其实从某种意义上也可以将引入变量之前当作对照组，引入变量后则是实验组。

实验法按照环境的不同可以分为实验室实验法、现场实验法、自然实验法。实验室实验法是把调查对象置于一定条件下进行，该方法的优势是实验者能够控制实验变量，通过这种控制，可以达到消除无关变量影响的目的；其次，实验者可以随机安排被试，使它们的特点在各种实验条件下相等从而暴露出自变量和因变量之间的关系。现场实验法是直接在现场进行的，由于被试者不知道自己当了被试者，所以不会产生反应偏向；又由于控制了自变量，所以可以看出需研究的变量间的因果关系。其缺点在于：对自变量控制程度较低，无关因素影响的可能性较大，难以保护被试者的权利和安全。自然实验法可以减少实验室实验法的人为性，有良好的内在效度和较高的外在效度。但是，由于实验条件控制不严，难免有其他因素加进来。另外，因为研究工作要跟随事件发展的本来顺序进行，因此花费时间较长。

实验法不仅在学术研究上应用很广，在产品设计的过程中也有很大的应用空间。特别是在设计认知、操作功能等方面，都常需要借助实验法验证。实验法之应用，应配合研究目的与条件选择适当的方法与实验设计，依据科学的推理，才能产生良好的效果。

4.2.4.7 小组座谈法

小组座谈法又称焦点小组访谈法，是由一个经过训练的主持人，以一种无结构的自然会议座谈形式，同一个小组的被调查者交流，从而对一些有关问题深入了解的调查方法。在小组座谈法的实施过程中，团体成员是整个讨论过程的灵魂，因此，团体成员的抽样相当重要，且小组座谈并非漫无目的的聊天，必须依据一定的研究架构与议题进行。以下就小组座谈法的实施步骤进行说明。

步骤一：事前准备工作

（1）界定研究目的与讨论的问题，必须包含明确的预期成果。

（2）制作讨论问题的大纲。

（3）小组成员的取样与联系。

（4）讨论的环境与摆设之设定。

步骤二：访谈实施

正式实施的工作有以下四点：

（1）主持人把握会场气氛，进行开场与指引。

（2）针对问题大纲进行讨论，引导团体成员尽量踊跃发言，并避免成员偏离主题。

（3）每位成员都能发表自我的看法，并与他人进行讨论与互动。

（4）研究者必须适时掌握讨论的状况，并观察讨论过程的细微变化。

步骤三：结束访谈

（1）主持人需要把握好时间，适时结束座谈。

（2）在结束之前，主持人可以请每位团队成员总结自己的看法，同时总结所有讨论议题。

（3）主持人必须向团体成员表达保密的立场。

步骤四：资料分析与诠释

（1）将原始口述资料转换成容易分析的资料形态，并配合其他记录，使资料的完整性更高。

（2）分析内容，以客观的态度诠释既有资料。

（3）撰写报告，并作为更进一步研究的基础。

4.2.5 调查分析

分析是产品设计调查的重要组成部分。通过深入、理性的研究分析将为设计方向提供参考依据，从中寻找可能创新或者改良的设计突破口，最终为设计者正确决策提供有力的依据。

4.2.5.1 产品对比分析

产品对比分析可以从多个维度进行，通过对已搜集的材料信息进行横向和纵向对比分析，包括产品功能对比、产品用户/市场对比、产品未来发展等，然后再根据总结出来的结论制定出自身产品的设计或调整方案。

产品对比分析一般分为六步：明确目标→选择竞品→确认分析纬度→收集竞品信息→信息整理与分析→总结报告。首先是明确同类产品的竞争对手是哪些，可以从市场、官网，以及行业期刊等方面选择竞品；然后从使用者的调研报告上，从亲自体会的感受等方面分别列出竞品信息；再根据自身产品的优势和缺陷，和选定好的竞品做比较分析。产品对比分析可以运用竞品画布来对自身产品、市场、竞争对手的情况进行分析。竞品画布见表4-4。

表4-4　竞品画布

<table>
<tr><th colspan="3">竞品画布</th></tr>
<tr><td>1. 目标分析：为什么要做竞品分析，希望为产品设计带来什么帮助；
产品目前所处阶段；
目前产品面临的问题和挑战；
竞品分析目标</td><td>5. 优势：与竞品相比，自己的产品有哪些优势（可以根据分析维度来进行）</td><td>6. 劣势：与竞品相比，自己的产品有哪些缺点</td></tr>
<tr><td>2. 选择竞品：竞品的名称、版本以及选择的理由</td><td>7. 机会：有哪些外部机会</td><td>8. 威胁：有哪些外部威胁</td></tr>
<tr><td>3. 分析维度：功能、用户、市场等</td><td colspan="2" rowspan="2">9. 建议及总结：通过竞品分析，对你的产品设计有什么建议？得出了哪些结论（要考虑可操作性）</td></tr>
<tr><td>4. 收集竞品信息</td></tr>
</table>

竞品分析常用的几种方法：

（1）矩阵分析法　通过二维矩阵的方式分析自己产品与竞品的定位、特色、优势，可以帮助我们了解市场划分产品定位、竞品优势、发现新机会。

（2）竞品跟踪矩阵　通过竞品跟踪矩阵，可以对竞品的历史版本进行跟踪记录，找到各版本的发展规律，从而推测竞品的下一步行动计划。

（3）功能拆解　将竞品功能拆解为各功能点，分析每一个点为什么要改造以及如何改造。也可以将竞品功能分解成一级功能、二级功能、三级功能甚至四级功能，以便全面了解竞品的构成。

（4）探索需求　分析用户需求以及社会发展、行业发展所产生的需求。

（5）PEST分析　PEST分析是指宏观环境的分析，P是政治（politics）、E是经济（economy）、S是社会（society）、T是技术（technology）。进行PEST分析需要掌握大量、充分的相关研究资料，并且对所分析的企业及产品有着深刻的认识。

（6）SWOT分析　分别从产品的劣势、优势、机会、威胁等几个方面进行分析。

分析的方法还有很多，哪个好用？哪个常用？哪个适合自己用？每个阶段需要使用不同的方法来解决不同的问题，表4-5为每个产品阶段所需要关注、分析的内容，供大家参考。

表4-5 每个产品阶段需要关注、分析的内容

产品阶段	竞品分析关注点	竞品分析目标
产品概念阶段	解决“做什么”的问题	找到产品机会、判断做不做、清晰产品定位
产品规划阶段	解决“怎么做”的问题	建立差异化、帮助做需求分析、帮助制定功能列表
产品开发阶段	解决“做出来后怎么优化”的问题	体验设计的参考
产品运营阶段	解决“推出去”的问题	了解市场环境变化，对产品目标人群提前做预警；了解竞争对手的情况以便更好地制定竞争策略；学习优化，取长补短，提升自我产品的价值

4.2.5.2 知觉图分析法

知觉图又叫认知图、感觉图谱，俗称“维度图”。它常常用来直观地展示用户或消费者对某种产品、品牌、公司或者其他事物在两个或者两个维度以上认知的形象描绘。通过知觉图，我们可以查看市场空隙，为设计提供强有力的依据。

对于产品来说，可以利用知觉图来对竞品的多个维度进行整体认知，对自己正在做的产品进行多维度的市场调查。通过对知觉图的利用，可以分析、比较用户对产品各个维度的看法，以此来收集数据，为下一步的迭代和发展方向做定向准备。

知觉图是一个定量数据分析的工具，我们可以通过打分、评估问卷收集特定目标群体对事物进行多维度的观察，重点可以分析出产品和各个属性之间的关系，并且可以通过知觉图的展示来进行定性细分。

4.2.5.3 鱼骨图分析法

鱼骨图分析法是一种透过现象看本质的分析方法，这种方法可以帮助我们分析问题、寻找解决策略。因其形状很像鱼骨，所以称为鱼骨图，又名“因果分析法”。

鱼骨图主要有三种类型，分别为：整理问题型鱼骨图、对策型鱼骨图、原因型鱼骨图。

使用鱼骨图分析的步骤如下：

首先画出鱼骨图的鱼头。

在使用鱼骨图进行分析、讨论、整理时候，首先需要确定一个讨论的主题，也就是鱼骨图的鱼头。这个主题通常是“产品/服务流程”中存在的主要问题、缺陷，或者是流程的关键质量特性。

其次画出鱼骨。

鱼骨，是用来展示造成某一问题的主要原因，也可以是希望调查的任何类型的原因。可以从行业动态、竞争对手的产品、网络调研等各个方面进行分析。

最后找到鱼刺。

寻找鱼刺，是对主要因素进行追问的一个过程，比如说“为什么是这样?”“为什么不是那样？”“还有哪些可能性？”等。在进行需求分析的时候，我们可能不会马上，或者一次就将所有的因素都考虑周全，可能需要不断地进行修改、分析，才能知道真正的需求点。

尤其是当问题比较复杂的时候，往往一副鱼骨图还不能帮助我们找到原因，还需要在鱼刺下进一步绘制分支鱼骨图，此时，就需要以鱼刺为主要原因，来作为下一个分支鱼骨图的鱼头。当然也可以在空白的地方，将需要进行分析但又不属于鱼刺的主要原因当做分支鱼头进行绘制。

用鱼骨图进行产品分析，可以将讨论的主题和影响因素，始终很清晰地展示出来，不至于在分析过程中，偏离主题和主干。另外使用鱼骨图，更有助于从全局出发来掌握需求，能够将整个分析过程更好地呈现出来。从挖掘问题本质，到拆解问题，通过这种寻找问题解决方案的方式，工作效率必定会得到大大提升。鱼骨图分析法的具体绘制方式详见图4-9。

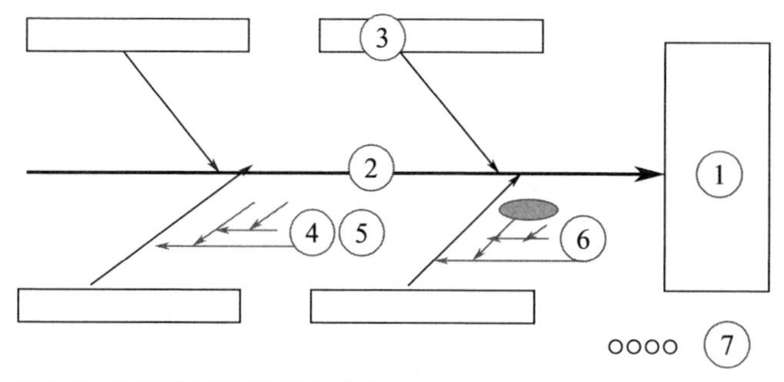

图4-9 鱼骨图分析法的绘制方式

图4-9中，①是鱼骨图的鱼头，这部分列出产品特性或者问题、要因。②为主骨，用来延伸列举要因的大骨，主骨用粗线画，加箭头标志。③为写要因的大骨，用四方框圈起来。④、⑤为中骨、小骨、孙骨：中骨记录事实；小骨要围绕“为什么会那样？”来写；孙骨要围绕更进一步来追查“为什么会那样？”来写。可以根据内容再延伸出曾孙骨（图4-10）。⑥为深究要因，将深究的要因称为“主要因”，用○标记（图4-11）。“主要因”可以用观察法和数据确认。当有多个“主要因”时，从“真要因”和“有效对策有关的要因”中解析，按顺序用○标记标注序号。⑦为记入关联事项。在制成的鱼骨图下栏标注名称、制图日期、制图人姓名等。

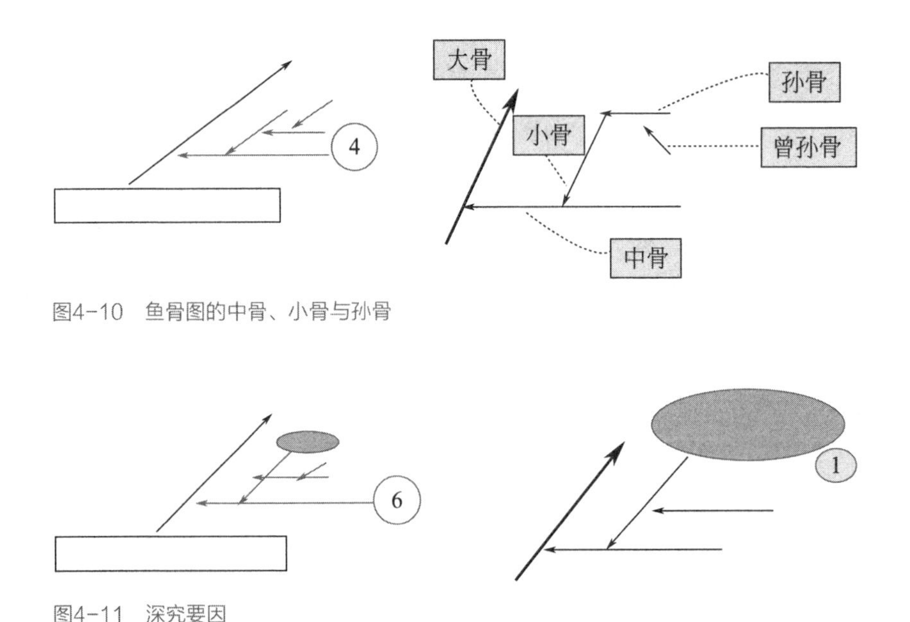

图4-10　鱼骨图的中骨、小骨与孙骨

图4-11　深究要因

4.3　产品造型设计

4.3.1　造型设计概念

产品造型设计，是随着社会的发展、科学技术的进步和人类进入现代生活而发展起来的一门新兴学科。它以材料、结构、功能、外观造型、色彩以及人机系统协调关系等为主要研究内容，是工业设计专业的重要组成部分。产品造型设计最初产生于把美学应用于技术领域这一实践之中，是技术与艺术相结合而产生的一门边缘学科。技术主要追求功能美，艺术主要追求形式美。技术改变着人类的物质世界，艺术影响着人类的感情世界，而物质和感情也正是人类自身的两面。因此，产品造型设计并不仅仅是工程设计、结构设计，它同时承载着功能价值、美学价值、人性价值等因素，是一种创造性的系统思维与实践活动。

随着对工业造型设计研究的不断深入，无论是其理论体系还是实践范畴都得到了飞速的发展，而且其应用范围也越来越广泛。进入21世纪，人们对于产品造型设计的思考更为深刻。产品造型设计的对象不只是具体的产品，它的范围被扩大和延伸了，对工业社会中任何一个具体的或抽象的、大的或小的对象的设计和规划都可称为工业设计。设计不仅是一种技术，还是一种文化。同时，设计是一种创造行为，是“创造一种更为合理的生存（生活）方式”。“更为合理”的含义很广，它包括更舒适、更方便、更快捷、更环保、更经济、更有益等。

产品造型设计所涉及的产品范围包括人类生活的各个方面，它是对所有的产品设计的总称，既包括人们每天都要接触的日用工业产品，也包括生产这些产品所需要的机械产品和用具等。同时还包含产品设计的“软设计”，如产品的包装设计、形象设计与操作界面设计等。这一设计范畴已有了足够广泛的应用空间，小至一个钉子、别针，大至喷气飞机、宇宙飞船、万吨巨轮等的设计与制造，都属于产品设计的范畴。

简而言之，产品造型设计是涉及工程技术、人机工程学、价值工程、可靠性设计、生理学、心理学、美学、市场营销学、CAD等领域的综合性学科，它是技术与艺术的和谐统一，是功能与形式的和谐统一，是人-机器-环境-社会的和谐统一。

4.3.2 产品设计的基本组成要素及相互关系

产品的功能、造型、物质技术条件是构成工业设计的基本要素，这三者是有机结合在一起的，其中功能是产品设计的目的，造型是产品功能的具体表现形式，物质技术条件是实现设计的基础。

4.3.2.1 产品功能

功能是指产品所具有的某种特定功效和性能。工业产品都包含着物质功能、精神功能，其中物质功能是产品的基本方面。物质功能是指以产品的技术含量为保证，对产品的结构和造型起着主导性的作用，也是造型的出发点。精神功能则是物质功能的重要补充，并通过产品的造型设计予以体现。

产品的物质功能包括产品的技术功能、实用功能和环境功能。技术功能是指产品本身所具备的结构性能、工作效率、工作精度以及可靠性和有效度；实用功能指人在使用产品的过程中，产品所具有的使用合理、安全可靠、舒适方便等宜人性因素，强调产品具有人-机-环境的协调性能；环境功能是指对人和放置产品的场所的影响。产品的精神功能包括审美功能、象征功能和教育功能。审美功能是指产品的造型形象通过人的感官传递给人的一种心理感受，影响人们的思想并陶冶人们的情操；象征功能是指产品造型形象所代表的时代特征以及显示一定意义的作用；教育功能是一个由抽象的概念到具体形象化的处理过程，通过文字或图像等方式将策划和规划的教育产品需求展现出来。它是将教育产品的某种目的或需求转换为一个具体的服务或工具的过程，把计划、规划设想、问题解决的方法，通过具体的操作，以理想的形式表达出来。产品功能系统如图4-12所示。

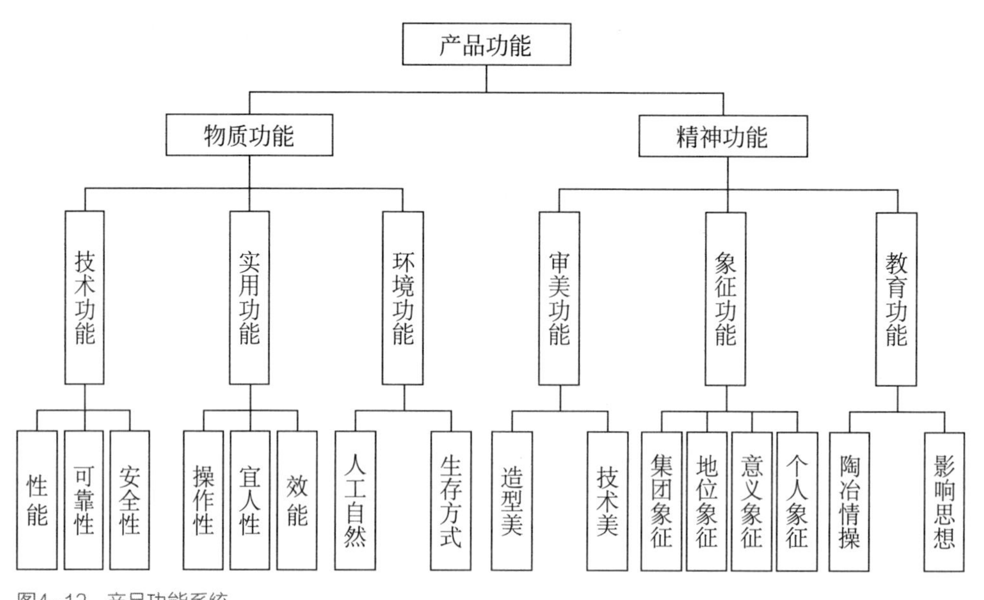

图4-12 产品功能系统

下面对这些功能分别加以阐述。

（1）技术功能　从设计的角度而言，设计的对象是产品，目的是满足人的需要，而不是产品本身。产品通过与环境的相互作用对人发挥效用，功能是产品设计的核心，是对人生理的一种强化、延伸和替代。技术作为物质生产的手段，其形成和发展必然与物质生产的发展相平行。一般来说，技术为功能的实现提供了基础，功能为技术的发展开拓了思路。也就是说，产品功能必须依靠现有的技术条件才能得以实现，如果技术条件不能满足，功能即是空谈。另一方面，技术的发展和创新需要功能上的启示，因为功能体现了人对产品的不断需求。二者之间是相互促进、共同发展的。

（2）实用功能　对产品而言，实用功能就是产品的具体用途，也可以把实用功能理解为作用、效用、效能，即一个产品是干什么用的。例如笔的功能是写字、电饭煲的功能是蒸饭或煲汤、手机的功能是通信等。产品的实用功能是以一定的物理形态表现出来的，它是构成产品的重要基础。产品存在的目的是供人们使用，为了达到满足人们使用的要求，产品的形态设计就必定要依附于对某种机能的发挥和符合人们实际操作等要求。如电冰箱的设计，由于要求有冷藏食物的功能及放置压缩机和制冷系统的要求，其产品造型绝不会设计得像洗衣机那样。一些必须用手来操作的产品，其把手或手握部分必须符合人用手操作的要求。

随着科学技术水平的不断发展，人们对产品的功能提出了更高的要求，由过去的一种产品一般只具有一种功能，变为一种产品可以具有两种或多种功能。例如手机的功能，已不仅仅用来通话，还可以用来听音乐、看视频、计时、计算、上网等。但是，产品的功能也不能任意扩大，因为功能过多就必定会造成利用率低、结构复杂、成本上升、维修困难等问题。因此，在产品设计中，一定要掌握和处理好产品与人们的实用特性之间的关系，有效地利用在各种环境中个别的或综合的作用，以便把产品的实用特性恰当地反映在产品设计上，使产品更正确、安全和舒适，更有效地为人服务。例如多功能料理机不仅能制作豆浆，还有加工新鲜的果汁及研磨功能等。

（3）环境功能　环境功能是指对人及放置产品（机器等）的场所的影响，周围环境条件在人和产品方面所发生的作用，其中物理要素是环境功能的主体。产品设计中环境因素也非常重要，环境因素包括产品对使用环境的影响和对自然环境的影响。注意生态平衡、保护环境是设计发展的方向。例如，在机车设计中要考虑路面、风景、气候、震动等对车体的影响和作用，同时还须考虑机车的废气排放、噪声、速度、流量等对环境的影响，以及车身回收处理和材料再利用等要求。

应特别强调指出：在赋予工业产品实用功能时，必须为人类创造良好的物质生活环境。随着社会的发展，工业产品设计应满足“产品-人-环境-社会”的统一协调越来越重要。世界各地越来越多地生产汽车、电冰箱，给人类带来更多便利的同时却造成了大气污染、臭氧层的破坏，这些教训必须认真吸取。工业产品设计必须符合可持续发展的战略，“绿色设计”的提出与实施，即是时代的需要。

（4）审美功能　审美功能是指产品的精神属性，它是指产品外部造型通过人们的视觉传递给人的一种心理感受。美感来源于人的感觉，它部分是感情，部分是智力和认知。工业产品的美不是孤立存在的，它是由产品的形态、色彩、材质、结构等很多因素综合构成的，它具有独特的形式、社会文化和时代特征。随着社会的发展及物质的高度文明，人们对产品的审美功能要求也越来越高。产品的审美功能特点是通过人的使用与视觉体现出来的，因而产品功能的发挥不仅取决于它本身的性能，还取决于它的造型设计是否优美，是否符合人机工程学、工程心理学方面的要求。要力求设计的产品使操作者感到舒适、安全、方便、省力，能提高工作效率，延长产品的使用寿命。此外，由于产品使用者在社会、文化、职业、年龄、性别、爱好及志趣等方面的不同，必然形成对产品形态审美方面的差异。因此，在设计一种产品时，即使它具有同一功能，也要求在造型上多样化，设计师应利用产品的特有造型来表达出产品不同的审美特征。[1]

产品中的美学特征并非孤立存在，它是产品的功能、材料、结构、形式、比例、色彩等要素的有机统一。

（5）象征功能　由于教育、职业、经济、消费、居住及使用产品的条件等的差别，形成了一定的社会阶层。同时人们都希望自己的地位得到承认并向上一

---

❶ 孙颖莹，傅晓云.设计的展开：产品设计方法与程序[M].北京：中国建筑工业出版社，2009.

级迈进。地位，不仅是人在社会中的位置，而且还包含某种价值观念。在日常生活中，各社会阶层的人总是以其行为、言谈、衣着、消费及象征物的使用来显示其身份或地位特征。产品的外观造型设计风格可以把拥有者和使用者的性格、情趣、爱好等特征传达给他人。比如，一个人喜欢一款运动型风格的多功能手表，就可以知道他爱好户外活动、具有青春活力；拥有劳斯莱斯汽车，大多时候是一个人拥有财富的象征。这些产品的档次和价值都是通过其外观造型的设计风格体现出来的。因此，设计师在产品设计的过程中需通过深入的调查和分析，真正了解和掌握各消费人群的不同心理特征和他们的社会价值观念，恰当地运用设计语言和象征功能，创造出象征人们地位上升的产品，以满足不同层次消费者对产品的心理需求。

（6）教育功能　教育产品设计阶段要全面确定整个教育产品的策略、架构、功能、形象，从而确定整个教育产品系统的布局，因此教育产品设计具有“牵一发而动全局”的重要意义。如果一个教育产品的设计缺乏具体形象的表述，那么研发时就将耗费大量资源和劳动力来调整以适应需求。相反，好的教育产品设计，不仅表现在架构和功能上有优越性，而且便于执行时理解，从而使教育产品的研发效率得以提高。

4.3.2.2　造型

工业产品是由形态、色彩、材质诸元素构成的。造型就是指产品表现出来的形式，是产品为了实现其所要达到的目的所采取的结构形式，既具备了特定功能的产品实体形态，又反映了产品的思想内容。

产品的艺术造型是产品设计的最终体现。通过产品艺术造型，能使消费者了解到产品的具体内容，如产品的使用功能、使用对象、操作方式、使用环境及美学、文化价值等。

构成产品造型的元素很多，这些元素都是借助产品的功能、材料、结构、机构、技术和美学等要素体现出来的。过去把产品的造型仅仅看作美学在产品上的反映是片面的。另外，把美学与产品的功能、物质技术条件孤立起来看也是错误的。产品造型设计的美与纯艺术的美有着不同的原则，艺术美是一种纯自然的美，它可以是自然生成的，也可以是由艺术家的灵感而产生的。艺术美只要被少数知音所理解，就可以视为成功。设计美则必须满足某一特定人群的需要。随着社会的进步、科学技术的发展以及人们视觉审美素质的提高，人们对设计美的概念有了新的认识。设计美不再是在别人已经完成的产品上面画蛇添足地加以美化和点缀来装饰，或者只是纯视觉形式上的花样翻新，它是美学形态与产品功能结构的完美结合。

从产品造型的整体上看，产品的功能、物质技术条件和美学之间有着十分密切的内在关系。它们之间相辅相成，互为补充。对一个产品而言，功能的开发或体现必定要通过对某些材料或结构的选定。一种新材料的选用，往往能引发某种新的产品结构形式的形成，而新材料、新结构又会以其科学、合理的物理特性和精神特性，形成其独有的美学形式，并通过适当的比例和和谐的色彩等所构成的特有形式使产品的功能发挥得更趋贴切、合理。事实上，结构合理、满足功能的产品通常都是美的。美与生俱来就是与产品的形态结构和功能联系在一起的。因此，对上述要素进行综合的、科学合理的创新运用，必定会给产品造型的创新注入新的活力。

4.3.2.3 CMF设计

在产品的更新迭代中，产品外观迭代最为频繁，所以自然就独立出一个分支，专门设计产品的外观表面形式，即CMF设计。CMF是Color-Material-Finishing的缩写，也就是颜色、材料、表面处理的概括，如图4-13中蓝色织物、木材木纹、高亮的塑料件和金属镀层等。CMF是在对产品形态已经不能改变的情况下，在视觉上追求更多可能性的方式，在消费电子类产品中应用尤其广泛。如手机产品，在外形确定了以后，还要设计出不同价格、不同颜色和材质的版本。这样，CMF就再次独立出来成为一个专门的研究领域。CMF对产品的销量非常重要，有时也会扩展为CMFP，P代表的是 Pattern（图案/纹理）。

CMF最早在欧洲出现，在欧洲已经有20多年的历史，在中国、韩国、日本等亚洲国家，CMF的概念也出现了超过10年。在各大国际型大企业和设计企业中，对产品色彩、材料和加工工艺在市场表现效果的关注和研究最早可溯源到汽车行业和电器行业。由于CMF发展迅速，除了国内外大中型企业，现如今越来越多的高校也开始加大了对于CMF的研究和CMF设计的教学课程设置。

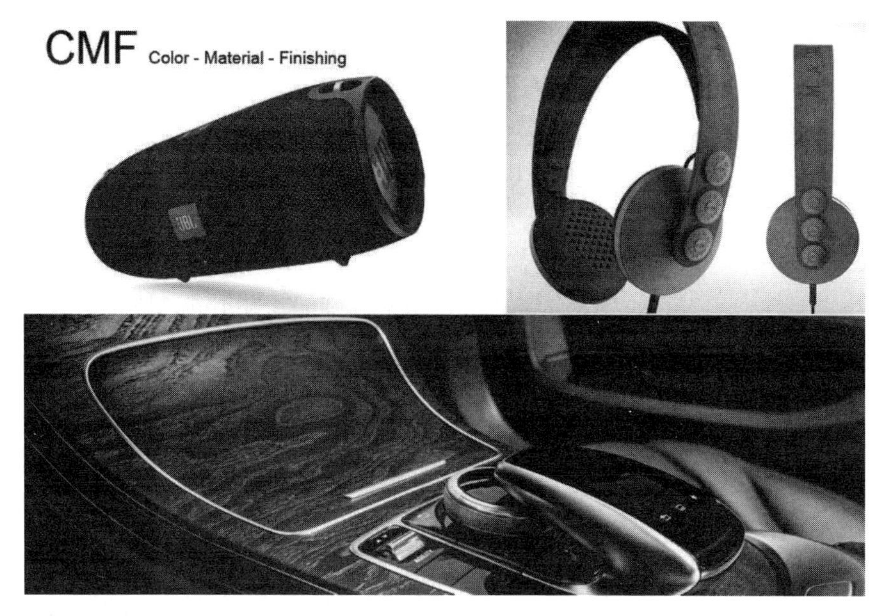

图4-13 CMF设计

CMF设计可以帮助降低产品的开发成本，能够快速地缩短产品的研发周期，并且能够满足各个层次的需求，帮助用户进行深层次的体验，同时能够有效提升产品的质量，能够帮助产品领导市场，高效调整产品的差异化。

CMF设计是企业在商业设计中赢得竞争优势的重要方法。CMF设计从市场趋势、设计创意、生产制造、质量管理的视角全面提升企业的产品综合品质和服务质量，因此CMF的多学科特性能帮助很多设计公司或企业设计部解决设计和制造脱节的问题，使创意真正落地变成产品。

4.3.2.4 物质技术条件

产品采用不同的制造技术、材料的加工手段，决定着工业产品具有不同的特征和相貌，这方面的因素人们把它叫做“物质技术条件”。物质技术条件是产品得以成为现实的物质基础，功能的实现要靠正确选择构成产品的材料。它随着科学技术和工艺水平的不断发展而提高。

（1）材料　造型离不开材料，因此材料是实现造型的最基本物质条件。它给产品造型以制约，同时又给它以推动。以新材料、新技术引导而发展的新产品，往往在形式与功能上给人以全新的感觉。人类在造物活动中，不仅创造了器物，而且积累了利用材料的方法和经验。随着材料科学的发展，各种新材料层出不穷，并且发生着日新月异的变化，这些都为人类造物创造了更加广阔的天地。如塑料材料的发明与注塑技术的成熟，导致了新一代塑料制品的出现。对材料的熟练掌握是一位合格设计师应具备的职业素质之一，了解材料并合理使用材料将成为其设计过程中一个极其重要的环节。

实践证明，若材料不同，其加工工艺不同，结构式样不同，所得到的外观艺术效果也不尽相同。另一方面，因为人们的经历、生活环境及地区、文化和修养、民族属性及习惯的不同，对材料的生理感受和心理感觉是不完全相同的，所以对感觉物性只能做出相对的判断和评价。因此，一个好的工业产品设计必然要全面地衡量这些因素，科学合理地选择材料，抓住人的活动规律与特点，从而最佳程度地发挥材料的物理特征与精神特征。

（2）结构　如果说功能是系统与环境的外部联系，那么结构就是系统内部诸要素的联系。功能是产品设计的目的，而结构是产品功能的承担者，又是形式的承担者，因此产品结构决定产品功能的实现。产品的高性能、多功能依靠科学合理的结构方式来实现。有时当产品的功能相同而结构不同时，其造型的形态也不同。产品结构是构成产品外观形态的重要因素，在结构设计中要使产品结构与外观形态进行很好的结合，尤其是有些产品的外形本身就是结构的重要组成部分。

另外，在产品设计中，结构的形式除了满足和实现产品的功能外，它和所选用的材料也是密切相关的。结构会受到材料和工艺的制约，不同材料与加工能实现的结构方式也会有所不同。如一个供工作或学习用的台灯，就包含了一定的结构内容。台灯如何平稳地放在桌面上，灯座与灯架如何连接，灯罩如何固定，如何更换灯泡，如何连接电源开关等，这些都涉及产品的结构。可见，产品功能要借助某种结构形式才能实现。因此不少新的产品结构是伴随着人们对材料特性的逐步认识和不断应用发展起来的。

从原始社会人类使用的石刀、石斧、陶罐、陶盆到当今社会人们使用的各种工具、机械、家用电器等，产品的造型与结构已发生了根本性变化，而这些变化无不和人类对产品功能开发和新材料的创新、应用密切相关。总之，产品结构与产品的功能、材料、技术和产品形态之间有着十分紧密的内在联系，它是产品构成中一个不可缺少的重要因素，因此，设计师必须考虑产品造型对人的生理和心理的影响，操作时的舒适、安全、省力和高效已成为产品结构和造型设计科学和合理的标志。

（3）机构　机构是实现产品功能的重要技术条件。通过一定的机构作用，产品的功能用途才能获得充分的发挥和利用。例如，汽车或自行车，离开了它们的传动机构，也就失去了作为“交通”这一主要的功能目的。

产品机构的设计，一般属于工程设计的范畴。但由于机构是产品构成中的一个重要因素，从产品设计的角度看，机构与产品设计有着十分紧密的内在联系。机构除了实现或满足产品的使用功能外，机构的创新与利用也直接影响产品的外部形态，例如环形折叠自行车的设计。

我们可以从一些机械产品发展到电器、电子产品的过程中明显地感受到这一点。从更广的角度看，机构还涉及能源的消耗与利用、环境污染及产品的可持续发展等问题。因此，作为工业设计师，必须深刻理解机构与产品设计的关系，懂得和理解有关专业部门提供的有关机构方面的资料，以便为进行更深层次的设计打下良好的基础。

（4）生产技术与加工工艺　生产技术与加工工艺是产品设计从图纸变成现实的技术条件，是解决产品设计中物与物之间的关系，如产品的结构、构造，各零部件之间的配合，机器的工作效率、使用寿命等问题。产品设计必然要和生产技术条件联系起来。换言之，只有符合生产技术条件的设计才具有一定的可行性。

工艺方法对外观造型影响很大，相同的材料和同样的功能要求，若采用不同的工艺方法，所获得的外观质量和艺术效果也是不相同的。从某种意义上说，工艺水平的高低也就是造型设计水平的高低。此外，一个企业的生产技术与加工工艺水平，最终将在产品形态中得到全面的体现。落后的生产技术和加工工艺不仅会降低产品的内在质量，同时也会损害产品的外在形象。外观造型的安全性、符合生产工艺和批量生产的要求也是设计中必须认真解决的问题。因此，产品的生产技术与加工工艺是实现设计质量的重要保证。

在今天，科学技术飞速发展，生产技术与加工工艺正发生着日新月异的变化，因此作为设计师必须关注新技术的发展动向，使设计的产品在符合生产可行性的前提下，具有科学性和先进性。

（5）经济状况　产品要加工制造，必定要消耗一定的人力、物力、财力和时间，要力求以较少的投入，获得更大的产出。经济性往往制约着造型方案的选用、加工方法的选择以及面饰的采纳。

4.3.2.5 三要素的关系

产品的三要素同时存在于一件产品中，它们之间有着相互依存、相互制约以及相互渗透的关系。其中，物质功能是产品的主要因素，起主导和决定性作用，是使用者必需的；造型艺术是体现产品功能的具体形式，要依赖于物质技术条件的保证来实现；物质技术条件是实现产品功能和造型的基础和保障。物质技术条件不仅要根据物质功能所引导的方向来发展，而且它还受产品经济性的制约。

产品的物质功能决定着产品的形态和造型手段。不同类型的产品面貌千差万别的原因所在，就是其功能的差异，进而导致造型的不同。但产品的造型与功能又有其统一性，同一产品的功能往往与其造型有着相应的关系，可以采取多种形态相对应。例如各种钟表的造型，只要求它们能反映和体现出其功能，并符合其功能要求就可以了，所以同类产品在其造型上会有不同的差异性。这种功能与造型之间的不确定关系，不仅为产品造型设计提供了多种多样的可能性，也决定了设计的主动性。但是需要强调的是，任何一种造型都应该有利于功能的发挥和完善，否则会使产品造型设计变成一种纯粹的式样设计。功能决定“原则形象”，内容决定“原则形式”，这是现代设计的一个基本原理。设计师在任何时候都要了解自己设计的产品功能所包含的内容，并使造型适应它、表现它。造型本身也是一种能动因素，具有相对的独立价值，它在一定条件下会促进产品功能的改善，起到催化剂的作用。

物质技术条件是实现产品功能与造型的根本条件，也是构成产品功能与造型的中介要素。材料本身的质感、加工工艺水平的高低都直接影响造型的形式美。材料和结构之间存在着比较确定的关系，而结构与功能之间却是一种不确定的关系，所以材料与功能之间也具有不确定的关系。因此，为了实现同一功能，人们可以选择多种材料，而每一种材料都可以形成合理结构，并实现为所要达到的功能而相应产生的造型形式。例如，用不同的木材、金属等材料制成的产品——椅子，虽然它们的材料、结构和造型不同，但都可以实现同样的“坐”的功能，正是这种功能、造型和材料之间的不确定关系，形成了形态各异的椅子造型。然而不同的材料有着不同的特性和结构特征，必须通过各种加工手段来完成实现产品造型。所以，制造技术同样制约着产品的功能与形态。

功能和技术条件是在具体产品中完全融为一体的。造型艺术尽管存在着少量的以装饰为目的的内容，但事实上它往往受到功能的制约。因为功能直接决定产品的基本构造，而产品的基本构造又给造型一定的约束，同时又给造型艺术提供发挥的可能性。物质技术条件与造型艺术休戚相关，因为材料本身的质感、加工工艺水平的高低都直接影响造型的形式美。尽管造型艺术受到产品功能和物质技术条件的制约，造型设计者仍可在同样功能和同样物质技术条件下，以新颖的结构方式和造型手段，创造出美观别致的产品外观样式。

总之，产品设计的物质功能、物质技术条件和造型艺术三者之间是相互依存、相互制约又相互统一的辩证关系。除了上述三个基本要素之外，还有使用环境这一重要因素。因为任何产品都是其环境中的一个构成因素，必须考虑产品在环境中的作用，研究其功能、造型、材料等因素是否与使用环境协调统一。要有人－机器－环境和谐的整体观念，才能使工业设计变为创造人类美好生活的一种活动，使工业产品真正地满足人们的物质需求和精神需求。

4.3.3 产品造型设计的特征

产品造型设计与其他艺术设计都具有一定的审美功能，因此它们都有着一定的内在联系，且这种联系发生在工业产品造型设计所从属的技术美学与其他艺术所从属的艺术美学之间的共同点上。由于工业产品造型设计具有强烈的科技性，因此又具有自身的特性。

① 产品造型设计可以通过以不同的物质材料和工艺手段所构成的点、线、面、体空间、色彩等造型元素，构成对比、韵律等形式美，以表现出产品本身的内容，使人产生一定的心理感受。

② 产品造型设计是以科学与艺术相结合为理论基础的，它不同于传统的产品设计。从产品造型的角度看，设计构思不仅要从一定的技术、经济要求出发，而且要充分调动设计师的审美经验和艺术灵感，从产品与人的感受和活动的协调中确定产品功能结构与形式的统一。也就是说，产品造型设计必须把满足物质功

能需要的实用性与满足精神功能需要的审美性完美地结合起来，在具有实用功能的同时，又具有艺术的感染力，满足人们的审美要求，使人产生愉快、兴奋、安宁、舒适等感觉，能满足人们的审美需要，并考虑其社会效益，它“既是艺术的，又是科学的”，这就构成了产品设计学科的科学与艺术相结合的双重性特征。

③ 产品造型设计是产品的科学性、实用性和艺术性完美的结合，是功能技术和艺术创作完美结合的结果。产品造型的创作活动，需要多专业、多工种甚至多学科的相互协同合作，同时受功能、物质和经济等条件的制约。产品造型设计不同于一般的艺术，它是在强调产品具有实用性和科学性的前提条件下，才系统地考虑产品的艺术性。具有科学的实用性，才能体现产品的物质功能，而具有艺术化的实用性，才真正体现出产品的精神功能，产品具有实用性，它才能被消费者接受，才有市场。

④ 产品造型具有较强的时代感和时尚性的特征。造型设计要反映时代的艺术特征，概括时代精神，体现当代的审美要求，把现代科学的飞速发展同艺术的现代化有机地联系起来，反映出时代感。

⑤ 任何产品都是供人使用的。所以，产品制造出来后必须让人在使用过程中感到操作方便、安全、舒适、可靠，并能使人感到人与机器协调一致。这就要求在产品设计构思过程中，除了从物质功能角度考虑其结构合理、性能良好，从精神功能角度考虑其形态新颖、色彩协调等因素外，还应从使用功能的角度考虑其操作方便、舒适宜人。因为产品性能指标的实现只能说明该产品具备了某种潜在效能，而这种潜在效能的发挥要靠人的合理操作才能实现。产品设计应该运用人机工程学的研究成果，合理地运用人机系统设计参数，设计中应充分考虑人机协调关系，为人们创造出舒适的工作环境和良好的劳动条件，为提高系统综合使用效能和使用舒适性服务。

⑥ 一般来说，产品的功能价值及经济性是制约和衡量产品设计的综合性指标之一，要达到合理的经济性指标，就要进行功能价值分析，保证功能合理。例如，手表的基本功能是计时，至于防水、防磁、防误、夜光、日历、计算器等功能要素则是为了某种需要加上去的辅助功能。辅助功能的添加必须综合考虑销售地区消费人员的文化层次、兴趣爱好、经济水平等因素。若从产品的经济性与时尚性的关系上讲，则有产品的物质老化与精神老化、有形损耗和无形损耗等一系

列问题。产品的精神老化和无形损耗会在产品价值和寿命上起着相当重要的作用。所以，产品设计应当考虑物质老化和精神老化相适应，有形损耗和无形损耗相同步，实用、经济、美观相结合等问题，只有这样，才能达到以最少的人力、物力、财力和时间而收到最大的经济效益，获得较强的市场竞争力。

产品造型设计的以上特征，在不同的产品设计中都应得到不同的反映，这些特征在设计中的体现有时是隐含的，有时却是显现的。而这些表现就是人们常说的设计水平的高低，这种水平往往难以量化，就使得产品设计变化无穷，这就是工业产品造型设计的魅力所在。

4.4 产品模型制作

模型制作是产品设计后期的工作，这项工作非常关键，并且具有一定的难度。它是将方案转向实际生产不可缺少的一步，而且也是展示产品必需的重要环节。通过模型的制作，人们可以更直接地了解设计；通过模型制作，才能使设计的不足在批量生产前及时被发现，以免带来不必要的经济损失。它以某种材料立体化、直观地展示出产品的外观、尺寸、人机关系、结构、功能、色彩、材质、肌理等符号特征。它是表达设计创意、修正产品设计的一种表现手法，也是展示产品设计、验证产品设计的一种立体形式，还是设计师与技术人员交流研讨的实物依据。

4.4.1 模型制作工具

制作产品设计模型时所使用的工具是综合性的，它包括度量工具、钳工工具、电工工具、木工工具、雕塑工具及美工工具等。除电动工具以外，以上工具在制作模型时统称为手工具。

（1）量具　在模型制作过程中，用来测量模型材料尺寸、角度的工具称为量具。常用的量具有直尺、卷尺、直角尺（可分为木工直角尺、组合角尺、宽座角尺）、卡钳（分为无表卡钳和有表卡钳）、游标卡尺、高度游标卡尺、万能角度尺、水平尺、厚薄规等。

（2）划线工具　根据图纸或实物的几何形状尺寸，在待加工模型工件表面上划出加工界线的工具称为划线工具。划线工具主要有划针、划规、划线盘、划线平台、方箱、V形铁、千斤顶、样冲等。

（3）切割工具　用金属刃口或锯齿，分割模型材料或工件的加工方法称为切割，完成切割加工的工具称为切割工具。主要有多用刀、勾刀、线锯、钢锯、小钢锯、木框锯、板锯、圆规锯、管子割刀、割圆刀等。

（4）锉削工具　用锉刀在模型工件表面上去除少量物质，使其达到所要求的尺寸、形状、位置和表面粗糙度的加工方法叫锉削。完成锉削加工的工具称锉削工具，主要有钢锉、整形锉、木锉等。

4.4.2　模型制作分类

产品从设计构思到推向市场，需要设计师通过不同的模型来表现设计意图、完善设计方案、说服客户。模型的种类很多，可按照用途、制作材料、加工工艺、制作比例、表现范畴等进行分类。

4.4.2.1　按用途分类

模型按用途分类，可分为研讨型模型、展示模型、结构模型、功能实验模型与样机模型。

（1）研讨型模型　研讨型模型又称草模、构思模型，是产品设计初期阶段的一种重要的设计表现形式。它是根据设计构思过程中所画的设计草图、概念性的方案制作出来的模型，是设计构思、设计草图的一种立体表现形式，一般也称为概念模型或推敲模型。由于设计草图不可能解决模型上很多具体的问题，如大的形态处理，各部分之间的比例、结构、空间关系等，所以还必须制作设计模型，进一步进行设计、调整和分析。实际上研讨型模型的制作是产品设计初期的一个重要步骤，如果初期的方案没有选好，对后期的设计过程影响是非常巨大的。

研讨型模型的制作也是对设计草图的进一步推敲，它可以把脑海中的形象快速、直观地表现出来，可以弥补草图或平面设计的不足。

研讨型模型的制作材料，一般选用油泥（橡皮泥）、黏土、泡沫板和纸板等。研讨型模型具有加工制作容易、可以反复进行修改的特点。一般设计人员可结合设计草图进行设计，在方案论证时制作出预想的形态来，通过模型对方案进行反复推敲和修改，直到满意为止。

研讨型模型主要表现的是形态，对细节或局部尺寸不要求非常精细，因此具有成型快速、简洁、大方等特点。

（2）展示模型　展示模型也称外观模型。它具有外观逼真、色彩和谐、比例尺寸精确等特点。它一般和产品效果图、三视图作为一个完整的设计出现，具有很强的展示性与视觉冲击力，同时也具有广告的功能。展示模型是模拟产品真实形态、色彩、质感等设计制作的外观模型，为下一步开模具提供了立体形象，是产品造型设计最直观、最立体的体现。同时，也为设计者进一步修改完善产品提供了条件，为产品开发的定案论证提供实物依据。

展示模型所用材料一般以塑料板材、油泥等为主。展示模型的表面涂饰应采用喷漆、装饰等工艺，外观应具有逼真、装饰性强的效果。

（3）结构模型　结构模型是用来研究产品造型与结构关系的。这类模型要求将产品各构件的造型、内部结构、外部结构、连接结构、配合方式、形状尺寸、位置尺寸、过渡形式等清晰地表现出来。

结构模型的制作通常选用与产品使用的材料相同或接近，但不影响结构表现的材料，其精度要求高，制作难度大，构件的强度、刚度、尺寸要求与实际产品一致或非常接近，通常对表面肌理、色彩、装饰、文字等不做过多的要求。结构模型方便设计师与工艺结构工程师进行交流、评估，设计师通过与工艺结构工程师讨论，对模型进行修正。因此，结构模型有利于设计师和工艺结构工程师理解产品结构，从而提高结构设计和工艺设计等的效率。同时还可以防止出现工艺结构的纰漏，如零部件干涉、大构件强度不足引起的变形、尖细形零件应力集中产生的变形、材料收缩导致无法装配或不便装配等。

（4）功能实验模型　功能实验模型是在展示模型制作完成后，开模具前制作的模型。它主要用来表现、研究产品的形态与结构，产品的各种构造性能、物理性能、机械性能以及人机关系等，同时可作为分析、检验产品的依据。功能实验模型的各部分组件的尺寸与结构上的相互配合关系，都要严格按照设计要求进行确定。然后在一定条件下做各种试验，并测出必要的数据作为后续设计的依据。

（5）样机模型　样机模型是产品正式批量生产之前，在产品的功能结构、材料、形态、色彩、文字标识符号及涂装工艺、内在性能、外在质感都已经确定，各项指标都已符合生产技术及工艺要求的情况下运用各种方式制作而成的“单件产品”。之所以称为“单件产品”，是因为样机模型的各个零部件的加工精度和表面的色彩、质感、肌理都要达到真实产品的要求。因此其制作成本费用是很高的。样机模型可作为产品样品进行展示，是模型制作的高级阶段。

4.4.2.2　按制作材料分类

模型按制作材料分类，可分为纸质模型、木质模型、油泥模型、泡沫塑料模型、ABS塑料模型、石膏模型、玻璃钢模型、金属材料模型等。

（1）纸质模型　纸质材料有硬纸板、黄板纸、卡纸、铜版纸、吹塑纸、进口美术用纸等，一般用于家具模型制作。纸质模型的优点是取材容易、价格低廉、易成型、质量轻。纸质模型的缺点是怕压、怕潮湿、易变形；如果模型较大，易变形，模型内部要做支撑骨架防止变形；着色效果一般，表面精细度不够。

（2）木质模型　木质模型选材广泛，一般选取材质软、带韧性、纹理较细、易加工、变形小、木节少的木质材料。木质模型的优点是质轻、强度高、不易变形、涂饰方便。木质材料宜用来做较大模型。木质模型的缺点是费工、成本高、易受温度与湿度影响、不易修改与填补。

（3）油泥模型　油泥模型一般采用工业油泥制作，适用于大部分形体。油泥在制作交通工具模型与家电模型中应用较多。油泥模型的优点是可塑性好、修改方便、可回收利用、易取材、价格低廉。油泥模型的缺点是不易保存、油泥干后易变形开裂。

（4）泡沫塑料模型　泡沫塑料宜用于制作形状不太复杂、形体较大、较规整的模型。常用电热切割器进行切割处理。泡沫塑料模型的优点是质量轻、易成型、不变形、易取材、价格低廉、易保存。泡沫塑料模型的缺点是怕碰，不易细致加工，不易修改，不能直接着色，遇酸、碱易被腐蚀，须做隔离层处理，如涂刷虫胶清漆。

（5）ABS塑料模型　在产品塑料模型中，ABS塑料和有机玻璃是最常用的材料，可制作交通工具、电视机、显示器、电话机等模型。

（6）石膏模型　石膏模型的优点是成本低廉、成型容易、雕刻方便、易涂装、易长期保存。石膏适用于制作各种要求的模型，便于陈列展示。石膏模型的缺点是较重、怕碰压、不方便体现细节、不好装饰。

（7）玻璃钢模型　玻璃钢主要由玻璃纤维与合成树脂（热固性树脂）两大类材料制成，以玻璃纤维为增强材料、合成树脂为基体或黏结剂，加入促进剂、固化剂进行固化成型，通常采用手工方法制作。玻璃钢模型的优点是重量轻、比强度高、耐腐蚀、电绝缘性能好、耐瞬时超高温性能好、容易着色、能塑造任意曲面和复杂的形态。玻璃钢模型的缺点是制作费时费工、弹性模量低、长期耐温性差、层间剪切强度低、刚性较差、易出现热收缩现象、受力不均易发生变形。

（8）金属材料模型　金属材料模型的原材料为铝镁合金等金属材料。金属材料适用于笔记本电脑、MP3播放器、CD机、机床、矿山机械设备等模型。金属材料模型的优点是强度高、可焊性好、易涂装。金属材料模型的缺点是加工成型难度大、不易修改、易生锈、笨重、成本高。

4.4.2.3　按加工工艺分类

模型按加工工艺分类，可分为手工模型和数控模型。

（1）手工模型　成本低，修改方便，在制作过程中可发现问题、解决问题，及时调整，不断优化设计方案，但制作周期长，精确度不高。

（2）数控模型　根据设备不同又可分为激光快速成型模型和加工中心制作模型。

4.4.2.4　按制作比例分类

根据设计研究需要，将真实产品的尺寸按比例放大或缩小而制作的模型称为比例模型。模型按其制作比例大小分类，可分为原尺模型、放尺模型和缩尺模型。

模型制作采用的比例，通常根据设计方案对细部的要求、展览场地及搬运方便程度而定。按放大或缩小比例制作的模型，往往因视觉上的聚与散，产生不同的效果。通常采用的比例越大，模型与真实产品的差距越大，选择适合的比例是制作比例模型的重要环节。

4.4.2.5 按表现范畴分类

模型按其表现范畴分类，可分为建筑沙盘模型、产品模型、规划模型、军事地形模型、工艺品模型等。

4.4.3 模型制作注意事项

制作产品模型时，其造型和材料、比例等要素密切相关。为了提高产品模型的感知精度，在制作产品模型时要注意以下几个方面：

4.4.3.1 合理地选择造型材料

产品模型制作的材料有很多，板、纸质材料、塑料、油泥、石膏、玻璃钢等都可以用来表现产品形态。但每种材料的性能、成本、加工工艺、加工设备各不相同。因此，在制作模型之前要充分考虑模型的用途、造型的难易程度，从而选择适合的材料。例如，展示模型或结构模型就不宜用板和纸质材料，而应该选择结实、易运输、外观易装饰的塑料和木材等材料。同样，研讨型模型宜选用简单、易加工的苯板、油泥等材料。材料选定后再进一步确定模型比例与尺寸。

4.4.3.2 恰当地考虑模型制作比例

模型有原尺模型、放尺模型和缩尺模型，在模型制作之前要根据用途、功能选择合适的比例。另外还要考虑模型制作比例是否便于进一步研究产品设计，是否具有一定的展示效果等。

模型的材料与模型比例有非常重要的关系。因此，除非所制作的对象实体体积非常小，对比例不加考虑外，模型的材料与比例必须同时进行考虑。例如，纸质材料对于大型模型来说并不是首选材料，尽管在模型内部可以设置结构框架，但最终还是会扭曲变形。相反，泡沫塑料对于塑造大型产品形态来说则非常适合。塑料则更适合制作各种比例的展示模型。

当选择一种比例进行模型制作时，设计师必须权衡各种要素。选择较小的比例，可以节省时间和材料，但选择过小的比例，模型会失去许多细节。如1：10的比例对一个厨房模型来说恰到好处，但对于一把椅子来说，特别是在想表现许多重要细节的情况下，就太小了。所以谨慎地选择一种省时而又能保留重要细节，且能反映模型整体效果的比例，是非常重要的。

4.4.3.3 把握好产品模型的形态

产品的形态一旦确定，怎样真实、有效地表现出来，是产品模型制作的重点。在产品模型制作中，一方面要确立大的形体关系，保证造型的准确，其精度能通过形体的轮廓线、结构线、转折线、造型分割线等反映出来；另一方面，要把握好形体的块面造型与表面光滑度，以及块面间的转折线。这些对于产品模型制作是至关重要的。

4.4.3.4 分解好产品模型制作模块

在产品模型制作的过程中，应首先分析产品的形态和造型之间的关系，适当将一些不同形态的大体块部分进行拆解，分成不同的栈块来制作，最后再进行拼装。

例如，用ABS塑料板制作一个有倒角的长方形茶几的侧板时，可以先根据尺寸将四个比较平直的侧板制作好，然后再裁制一块面积稍大一些的板材，按照茶几尺寸分别通过热弯等工艺制作四个有弧度的倒角部分，将热弯后多余的材料部分去除，再将茶几侧面平板与倒角部分分别黏结起来。之所以要将直面与曲面分别制作，是因为在一块较大面积的ABS塑料板上对一个面积较小的局部进行弯折时，往往费时费力、不易加工，或者弯折处的旁边部分有可能会变形而导致整体形态无法达到设计要求。

在模型制作的过程中应将一些不同形态、转折关系的面或者体块分别制作，避免材料的浪费，同时方便加工与操作，提高制作效率。

4.4.3.5 考虑模型造型质地，注重真实感，突出设计细节

产品的质地反映产品的触摸感，也是设计材料肌理的体现。设计材料、加工

方法、形体表面和装饰处理的不同等都会影响产品质感的表达。

模型制作最重要的目的是要使设计的形态形象化、具象化。在设计过程的初期阶段，许多设计的细节在设计者的脑海中形成，考虑这些细节的构造、材料与效果对于实现模型的真实性来说是非常重要的。

通常，展示模型比研讨型模型需要更高的真实性，虽然有些模型能够从其所表现出的形态特征上理解其设计的内在寓意，但是材料与真实性仍然有直接的关系。木材、金属和塑料的质地能给模型以相当高的真实性，但是要用泡沫塑料来塑造一个真实性很高的细节模型就很难做到。

在选择模型材料时，模型的表面质地也应作为衡量模型外观真实性的一个重要因素。为了得到一个真实性强、细节完美的模型，形态表现细腻、质地逼真、外观整体和谐优美是非常重要的。

4.4.3.6 借用已有物品的形态、肌理、质感制作展示模型

在制作展示模型的过程中，一般不必拘泥于动手做模型的各个细节部分，完全可以利用一些现有的物品。在制作产品的装饰按键时，可以把纽扣或珍珠等具有漂亮肌理或质感细腻的物品嵌在产品里面，表现产品的细节效果。

总之，在展示模型制作的过程中，可以根据实际情况和需要，在基本的模型制作工艺基础上大胆进行探索，方式可以多样一些，手段可以灵活一些，只要保证模型达到理想设计效果，各种材料、物品都可以用。

4.4.3.7 建立系统观念，优化模型制作工序与方法

模型的制作工序与制作方法不仅影响模型最终的效果，也直接影响模型制作的成本。制作模型前，应该系统分析模型制作的具体步骤、模块分割、制作零部件及安装顺序，防止返工。

ABS塑料模型一般先做部件再组装，因为板材厚度问题，连接处可能存在缝隙或连接不牢，在连接成大部件前就需要把小部件粘好，可以在内部加内衬条。另外，应把小零件喷涂好再组装，如果整体组装好了再喷漆，很容易产生边角不齐的现象。

一个看上去是实心的较大体积的立方体，如果用ABS塑料板堆叠、粘接，既浪费材料，模型也非常笨重，如果用ABS塑料板进行拼接，制作成空心的、只有外壳的立方体，既可以节省材料，也省去了一层层板材堆叠、粘接的麻烦。

同样，一个单曲面的形态，如果是自己制作石膏模，再用ABS塑料板压模成型，就非常节省材料。但是如果通过CNC加工的方法来制作，就需要一大块ABS塑料板来进行切削、雕刻，非常浪费材料。

第5章

产品设计方法

5.1 仿生设计法
5.2 移植设计法
5.3 替代设计法
5.4 类比设计法
5.5 组合设计法
5.6 愿望满足设计法
5.7 头脑风暴设计法
5.8 逆向思维设计法
5.9 缺点列举设计法
5.10 设问法

5.1 仿生设计法

5.1.1 仿生设计的含义

仿生，简言之就是以生物为原型从而得到启示来进行创造性的活动。仿生意识对人类的发展一直具有强大的吸引力，在我国远古时代人们磨石为刀就已经证明了仿生思想的萌芽发展，这种实例举不胜举。仿生设计绝对不是对自然生物的简单模仿；相反，它是在深刻理解自然生物的基础上，在美学原理和造型原则作用下的一种具有高度创造性的思维活动。仿生设计是工业设计创新的重要手段，也是设计的方法之一。

仿生设计从某种意义上是仿生学的一种延伸和发展，体现了“天人合一”的中国传统生存价值思想。科学家的一些仿生学的研究成果，通过工业设计师的再创造进入人类生活，不断满足人们的物质和精神追求，体现了自然与人类、设计与科学、设计与技术多元的设计融合与创新。科学家和设计师总是从自然界获得灵感和智慧。列奥纳多·达·芬奇（1452—1519）曾经提到“人类的灵性将会创设出多样的发明来，但是它并不能使得这些发明更美妙、更简洁、更明朗，因为自然的物产都是恰到好处的”。设计大师卢吉·科拉尼曾说：“设计的基础应来自诞生于大自然的生命所呈现的真理之中。”仿生设计学就是努力探究自然生物背后的特征原理，然后对其加以具体的设计与应用。

人们从卢吉·科拉尼的作品中能看到许多仿生设计典范，都强调设计作品与自然生态之间的协调与共生，比如概念罐车。在源于自然形式的设计理念和哲学思想的指导下，仿生设计以其鲜明的原理与方法、强烈的造型意念和极具旺盛生命力的设计，给用户留下了深刻的印象。卢吉·科拉尼的设计以及呼吁人类社会与大自然和谐统一的设计观念，都具有极其深刻的划时代意义，成功地影响了后代设计师，对仿生设计学的原理有了更进一步的认识并加以发展。

图5-1　花朵椅子

设计师用花朵的造型设计了图5-1所示

的椅子，其形状是盛开的花，营造出一种最美妙温馨的室内氛围，让人们感觉更加有活力和乐观。

5.1.2 仿生设计的分类

仿生设计是在设计方法学研究基础上结合仿生学原理而形成的一种设计方法，是仿生学在设计方法学方面的延续，是选择性地应用自然界万事万物的“形”“色”“音”“功能”“结构”等特征原理进行设计的方法，同时结合仿生学的研究成果，为设计提供新课题、新原理和解决问题的新途径。设计是人类得以生存和发展的最基本的活动，因此，从某种意义上说，仿生设计法是仿生学研究成果在人类生存方式中的反映。

5.1.2.1 功能仿生

功能仿生设计主要研究自然生物客观存在的功能原理与特征，从中得到启示，并用这些原理去改进现有的产品或促进新的产品设计。在工业设计中注重功能仿生设计的应用，能从极普通而平常的生物结构功能上，领悟出深刻的功能原理。只要多观察周围事物，经常留心，就有可能获得设计灵感，从生物的结构、功能上获得直接或间接原理，开发出具有新功能的产品。发明史上有许多应用仿生学的例子。据说瑞士的一位狩猎人每次狩猎归来都会发现沾在自己裤子和爱犬身上的一种带刺的东西，他回家用放大镜观察，原来是苍耳籽，上面全是倒钩的小刺，用力才可以拉下来，再粘上便又钩住了。于是这位猎人心想是否可以利用这种功能特性来开发一种新产品呢？经过反复研究，利用现有的材料和技术系统，终于成功研究出了一种可以自由分离黏结的风靡世界的尼龙“魔带”，创造了另一种新的连接方式，一系列方便使用的新产品也相继问世，并同拉链攀上了“姐妹关系”，已被广泛应用在服装、鞋类、玩具和其他产品上。

这些新发明的产品，往往在事先没有预料到的领域里得到广泛运用，而且经过不断的触类旁通，充实了自身价值。又如可以自由推出折断刀片的美工刀的开发设计，设计者就是从玻璃碎片和碎瓷片的缺口上得到启示而开发的。

然而，人类常常更多地模仿鸟类、昆虫、鱼类等动物的功能特性，将其转移或运用到创造发明中，试图在某些方面模仿动物的功能。例如，科学家根据苍蝇嗅觉器的结构和功能，仿制成功一种十分奇特的小型气体分析仪。这种仪器已经被安装在宇宙飞船的座舱里，用来检测舱内气体的成分。又如受蝴蝶身上的鳞片会随阳光的照射方向自动变换角度而调节体温这一功能的启发，将人造卫星的控温系统制成了叶片正反两面辐射、散热能力相差很大的百叶窗样式，在每扇窗的转动位置安装有对温度敏感的金属丝，随温度变化可调节窗的开合，从而保持了人造卫星内部温度的恒定，解决了航天事业中的一大难题。

5.1.2.2 形态仿生

形态仿生设计是在对包括动物、植物、微生物、人类等所具有典型外部形态的认知基础上，寻求对产品形态的突破与创新，强调对生物外部形态美感特征与人类审美需求的表现。自然生物形态仿生可分具象形态的仿生设计和抽象形态的仿生设计。

（1）具象形态的仿生设计　具象形态的仿生设计是指产品的造型与被模仿生物的形态比较相像，比较逼真地再现事物的形态。由于具象形态具有很好的情趣性、可爱性、有机性、亲和性和自然性，人们普遍乐于接受，在玩具、工艺品、日用品中应用比较多。

如图5-2，设计师利用花生天然的形态设计成耳机，一部分是耳机导管和耳机套，另一部分包含了电池和主板仓。试想一下在公共场所，你在众人的注视下缓缓拿出一颗花生，然后非常淡定地将壳里地花生豆塞入耳朵，这个画面是不是很有趣呢?

图5-2　花生耳机

乔纳坦·德·帕斯、多纳托·德·乌毕诺、保罗·洛马其3位设计师创作的五指形座椅，虽然它的外形并不能很好地体现椅子的功用，但是它依然充分展现了那个时代的设计精髓，如同大手一样的五指造型其实是一把可以供人休息的舒服的座椅。因为出色和独特的造型，五指形座椅也成了一件非常流行的家具产品。

（2）抽象形态的仿生设计　在产品仿生设计中，具象形态有着许多表现上的优势，但无法表达某些抽象的意念与感觉，这时就只能借助抽象的表现形式。设计师在进行设计创造时把表达对象有特征的感觉抽取出来，然后运用点、线、面、体等形式来构成抽象的形态，以传达一种感觉和意念。因此，抽象形态的仿生设计在形式上表现为简洁性，而在传达本质特征上表现为高度的概括性。这种形式的简洁性和特征的概括性，正好吻合现代工业产品对外观形态的简洁性、几何性以及产品语意性的要求。抽象形态大量地应用于现代产品设计中。

图5-3所示的松果吊灯以松果为原型，采用环保薄片制造，该灯内部没有骨架，每一片叶片都环环相扣，薄片采用了螺钉连接。都是使用手工制作，每一个环节都精雕细琢。薄片本身具有一定透明度，不必担心使用时光线昏暗。

图5-3　松果吊灯

5.1.2.3　结构仿生

自然界的生物经过了亿万年的进化与演变，都拥有巧妙而实用、合理、完整的形态和独特的结构。结构仿生设计学主要研究生物体和自然界物质存在的内部结构，并将这些结构运用于产品当中进行设计创新，使人工产品具有自然生命的意义与美感特征。

蜂巢由一个个排列整齐的六棱柱形小蜂房组成，每个小蜂房的底部由3个相同的菱形组成，是最节省材料的结构。在蜂巢的启发下，人们仿制出了蜂窝结构材料，具有质量小、强度高、刚度大、绝热和隔音性能良好的优点。它已应用于飞机的机翼、航天的火箭，甚至日常产品设计中。

Nectar灯具的灯罩采用轻质伸缩尼龙（polyester）材料黏结成蜂巢状。造型有椭圆和半圆两种样式。这一系列灯罩和灯光都是米黄、明黄到中黄色的色调，柔和的光线透过灯罩营造出温暖、恬静、浪漫的氛围。

“蜂窝”结构被公认为是科学合理的结构，人们利用这一生物学原理设计的蜂窝结构的座椅，不仅造型新颖、自重减轻，且具有足够的刚度和强度。

5.1.2.4 色彩仿生

色彩仿生通过借鉴和运用生物的颜色，能够为产品设计提供多样的色彩方案，为产品吸引消费者和实现价值发挥着极其重要的作用。

5.1.2.5 肌理仿生

肌理仿生是模仿自然物的表面肌理和质感，将这些特性融入产品设计中，以提高产品的实用性和审美价值。设计师通过观察和模拟自然物的表面特征，如纹理、质感、结构等，来创造和改进产品。

在产品设计中，肌理仿生的运用可以带来很多好处。首先，它可以增强产品的功能意义和表现力，使产品更符合自然环境和人类使用习惯。例如，模拟生物表面的纹理和结构，可以提高产品的防水、防滑、耐磨等性能。其次，肌理仿生还可以赋予产品更多的情感体验和审美价值，使产品更具有吸引力和人性化。例如，通过模仿自然物的表面肌理，可以使产品更具有自然感和生命感，增强用户的情感体验。总之，肌理仿生是一种重要的设计方法，它可以提高产品的实用性和审美价值，使产品更符合自然环境和人类使用习惯。

5.1.3 仿生设计的特点

5.1.3.1 广泛性

自然万物丰富的形态、结构、功能、色彩、肌理等内容为人们的视觉审美提供了丰富的资源，也为设计师提供了广泛的设计思路。目前，按照生物系统结构的划分来探讨仿生设计种类是最普遍的方式。

5.1.3.2 艺术性

大自然是一个神奇的造物主，它赋予了人类强有力的信息，是人类所有艺术、创造的源泉。仿生设计的魅力在于借助艺术想象进行设计，所以艺术性成为仿生设计的一个显著特点。

图5-4所示的这款像花一样唯美的Bellylove sofa躺椅，虽然看起来其设计灵感来源于花朵，但事实上是来源于印度洋中一种软珊瑚，设计师保留了其优雅的造型，并采用毛绒和泡沫塑料制成，面料的透气性极佳，能在空气中散发出淡淡的香味，还能发出梦幻般的光线。

图5-4 Bellylove sofa躺椅

5.1.3.3 趣味性

仿生形态产品不但能使人们获得轻松、幽默、愉悦的感觉，而且还能缓解因枯燥、无味的学习与工作带来的压力，并能在某种程度上满足人们在文化与精神方面的高级需求。如图5-5所示的Sprout嫩芽书签，其设计可给读者以清新的田园感受。图5-6的U盘是从玉米粒中获取灵感设计而成，因为掰玉米粒有时候跟拔U盘有点像。

图5-5 Sprout嫩芽书签

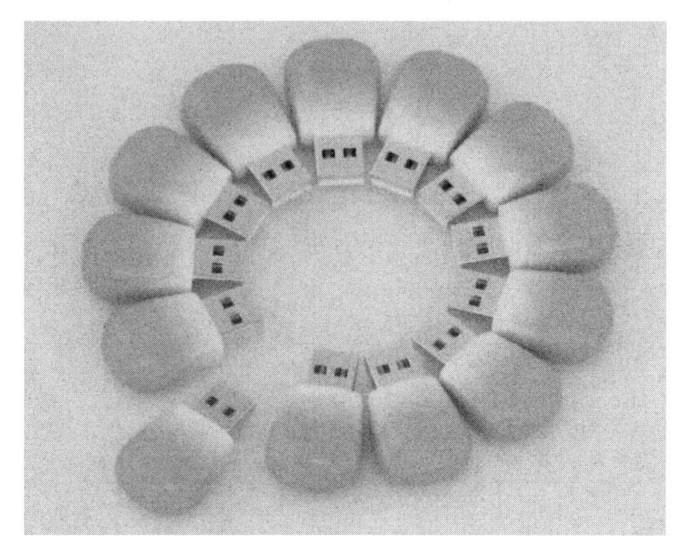

图5-6　玉米粒U盘

5.1.3.4　跳跃性

在设计过程中，思维需要经过多次跳跃。从自然界的生物到产品，把本来没有联系的东西联系在一起，必须经过思维的飞跃，是思维潜能的突发和质变。

“喇叭花园”（Constant Garden）音箱的造型是一支支淡绿色柱状物昂扬向上，如同马蹄莲一般，充满生机。每一支“马蹄莲”的顶部都有着一个类似莲蓬头的构造，里面放着核心元件——喇叭。人们可以发现，每支“莲蓬头”的朝向都不一样，这样的设计能够保证形成全覆盖的声场，对声音进行完美的再现。

5.1.3.5　联想性

主观经验和客观信息通过联想、想象后联系起来，能引起其他人更广泛的联想，增加了其趣味性。如Visenta 15鲸鱼仿生光电鼠标，选择鲸鱼的造型，圆润可爱，在使用时，用户可以畅想大海的浩瀚和海风的清爽。

Loofa婴儿监视器的形态设计灵感来自一种名为butternut的南瓜。它圆滑的外形足以容纳所有监控设备和光所需的组件。可以将其安装到天花板上，广角监视器能够捕捉整个房间的形象，其图像可通过WiFi或3G设备传输。Loofa婴儿监视器的第二个作用是作为一个环境光源，可以为宝宝的房间提供舒缓的氛围。当宝宝长大以后，父母还可以用Loofa作为一个小夜灯。

仿生造型设计的方法具有广泛的应用范围，大到飞机、汽车，小到瓶塞、纽扣。但是，由于仿生设计仅仅是产品设计的一种方法而已，并不是所有的产品通过仿生设计，都能取得创意和销售上的成功。所以在进入仿生设计之前，首先应根据前面的调研所获得的资料，综合分析该产品是否适合用仿生设计的方法进行形态设计，否则就应该尽快寻找其他方法以替代仿生设计。

5.2 移植设计法

5.2.1 移植法的含义

移植法，就是将某领域内的原理、方法、材料和结构等引用到另一领域而进行创新活动的一种方法。移植法的原理是各种理论和技术互相之间的转移。一般是把已成熟的成果转移到新的领域用来解决新问题。因此，它是现有成果在新情境下的延伸、拓展和再创造，实质是应用已有的其他科学技术成果，在某种目的要求下，通过移植来更换事物的载体，从而形成新的概念。在应用时，应注意以下几点：

（1）弄清楚某一事物的原理（方法）及其功能。

（2）明确应用这些功能的目的。

（3）运用某一事物的原理（方法）于另一事物上是否可行。

（4）提出具体应用的方法和设想。

（5）检查设想可能出现的问题。

（6）实验直到成功。

5.2.2 移植法的设计方法

5.2.2.1 原理移植

原理移植即把某一学科中的科学原理应用于解决其他学科中的问题。例如，电子语音合成技术最初用在贺年卡上，后来又把它用到了倒车提示器上，还有人把它用到了玩具上，从而出现了会哭、会笑、会说话、会唱歌、会奏乐的玩具。

设计师将柔性的音响材料与背包相结合，推出了一款便携、多功能的音响背包。它的音响的材料薄而轻，却能创造出与小型音箱相同的音响效果；背包底部可以翻折成尖头状，能够稳稳地插在沙滩上。由于这种音响材料可以从背包上除去，因此使用者可以非常方便地清洗背包，或将音响材料用于其他用途。

5.2.2.2 技术移植

技术移植即把某一领域中的技术运用于解决其他领域中的问题。例如，有的设计师将手风琴式结构移植到家具设计中，新颖又不失美感。

5.2.2.3 方法移植

方法移植即把某一学科、领域中的方法应用于解决其他学科、领域中的问题。例如，设计师将传统火柴点燃蜡烛的方式，移植到hono电子蜡烛的设计中来，既尊重传统的生活习惯又有时代的创新。

5.2.2.4 结构移植

结构移植即将某种事物的结构形式或结构特征，部分地或整体地运用于另外某种产品的设计与制造上。

人们在使用U盘时往往容易丢失，设计师从方便存放U盘的角度出发，设计了一款带挂钩的U盘（图5-7），当不使用时可以非常方便地将其挂在背包或者手提袋上。一个贴心的挂钩设计就减少了U盘丢失的风险。

5.2.2.5 功能移植

功能移植即设法使某一事物的某种功能也为另一事物所具有，从而解决某个类似问题。

5.2.2.6 材料移植

材料移植就是将材料转用到新的载体上，以产生新的效果。例如，有一款不污染环境的新潮饰品——Viruteria Bracelet饰品，其整个手环全部采用木料制

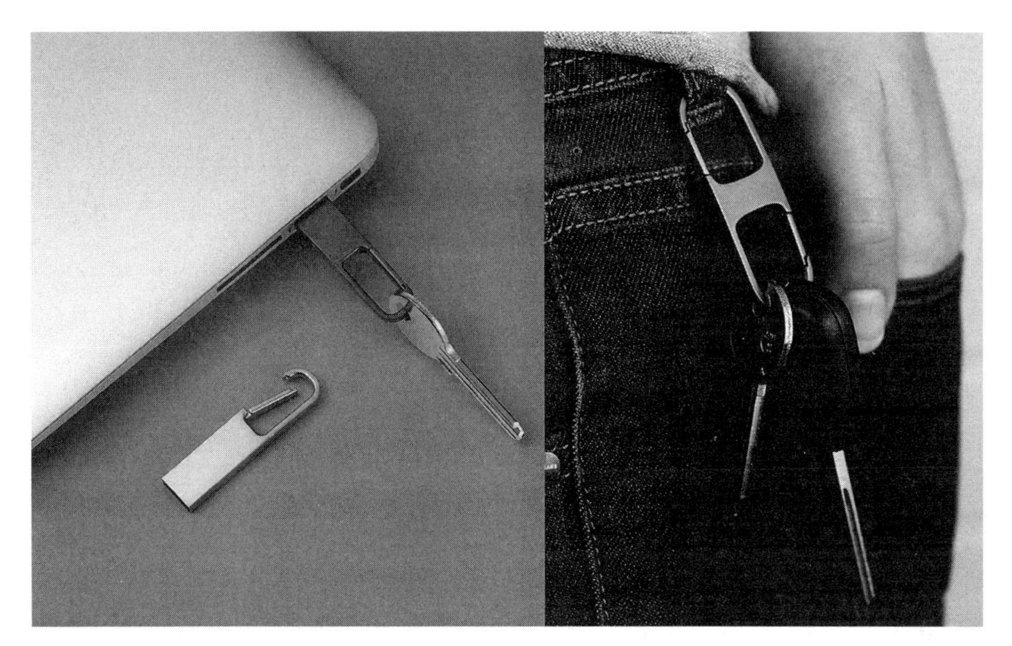

图5-7 带挂钩的U盘

成，没有使用任何会带来环境污染的化学物质，设计风格为中性，体现一种环保的时尚感。

5.3 替代设计法

5.3.1 替代设计法的概念

替代设计法就是尝试使用别的解决办法或构思途径，代入该项设计的工作过程之中，以借助和模仿的形式解决问题。

5.3.2 替代设计法的分类

对于替代而言，最重要的部分便是技术替代、材料替代以及工作原理替代。

5.3.2.1 技术替代

推进设计发展的一个重要前提条件便是新技术，新技术的出现会给设计界甚至整个社会带来不小的变化。20世纪70年代，美国的F-14战斗机无论是在性能还是在技术上，都位居世界前沿，但它的价格和维修费用相当昂贵，后来因为国家政策的原因，进行了技术改进，造价只有以前的1/7，这就是后来的F-18战斗机。这便是通过一些新的技术对一些产品进行进一步改进，从而节约成本、提高产品性能的实例。

5.3.2.2 材料替代

材料替代是产品设计研发过程中一种常见的方法，也是应用最为广泛的一种方法。尤其是在产品的外观设计中，尝试应用不同的材料，赋予产品截然不同的外在品质，往往会收到意想不到的效果。苹果公司推出的G4系列计算机，外壳采用美国通用公司研制的透明塑料材质，配合亲和力很强的外观造型设计，一上市便给人耳目一新的感觉，大大提升了苹果的品牌价值。新材料的巧妙应用，不仅不会提高产品的相对成本，反而会大幅度提高品牌价值，增加企业的经济效益。[1]

现如今越来越多的企业注重产品外观的改进，也在致力于新材料的开发及应用。比如现今纳米材料已被全社会所关注，其研究也备受瞩目。这种新材料以其独特的特点，必将会深入到人们生活的方方面面，一旦形成产业化，会给人们的生活带来革命性的变化，也将会推动整个社会进一步发展。

5.3.2.3 工作原理替代

现如今，人类社会已经进入了高度发达的数字化时代，许多产品的工作原理和工作方式都可以用数字化方式实现，从而提高产品的功能、质量和精确程度。人们用这种方法发明了许多物美价廉的产品，电子表便是这一数字化设计的体现。机械表曾经在人们的计时工具中长期占领主导地位，但因其表芯的结构非常复杂，故需要熟练的技术和先进的加工工艺，而且机械表有时在时间上误差大，维修也不方便，加之价格又比较昂贵，因此当电子表出现后，一经投入市场便得到广大消费者的欢迎，因为它不但轻便，走时准确，价格也非常便宜。

---

❶ 汪伟.创意设计应用研究[M].北京：研究出版社，2019.

5.3.3 替代产品的缺点

替代产品也有一些缺点。

（1）替代产品的赢利能力　若替代产品具有较大的赢利能力，则会对本行业的原有产品形成较大压力；替代产品把本行业的产品价格约束在一个较低的水平上，使本行业企业在竞争中处于被动位置。

（2）生产替代产品的企业所采取的经营战略　若这些企业采取迅速增长的积极发展战略，则其对本行业将会构成威胁。

（3）用户的转换成本　用户改用替代产品的转换成本越小，则替代品对本行业的压力越大。例如电子表的出现，在很大程度上满足了人们的生活需求，而且适合社会的大多数人群，这样看来，好的设计会改变社会的整体需求，也会推动整个消费心理的转变。

5.4 类比设计法

5.4.1 类比设计法的含义

类比是将一类事物的某些相同方面进行比较，以另一事物的正确或谬误证明这一事物的正确或谬误。类比设计法又称“比较类推法”，简称类比法，是指由一类事物所具有的某种属性，可以推测与其类似的事物也应具有这种属性的推理方法。其结论必须由实验来检验，类比对象间共有的属性越多，则类比结论的可靠性越大。与其他思维方法相比，类比法属平行式思维方法。与其他推理相比，类比推理属于平行式推理。无论何种类比都应在同层次之间进行。

类比法是由美国创造学家哥顿首次提出。他在收集了物理、机械、生物、地质、化学和市场等方面专家的发明创造过程之后，进行了分类编组和深入研究。他发现专家们在课题研究活动中，能够使创造活动成功的一些特殊技巧，就是把初看起来没有关系的东西联系起来进行类比。这是类比法的基础，应用这种方法就是要把人们在解决问题时所做的假设和解决办法加以综合分类，以便有效地使用。

5.4.2 类比法的作用

类比法的作用是“由此及彼”。如果把“此”看作前提，“彼”看作结论，那么类比思维的过程就是一个推理过程。古典类比法认为，如果人们在比较过程中发现被比较的对象有越来越多的共同点，并且知道其中一个对象有某种情况而另一个对象还没有发现这种情况，这时候人们就有理由进行类推，由此认定另一对象也应有这种情况。现代类比法认为，类比之所以能够“由此及彼”，之间经过了一个归纳和演绎程序，即从已知的某个或某些对象具有某情况，经过归纳得出某类所有对象都具有这个情况，然后再经过一个演绎得出另一个对象也具有这种情况。

5.4.3 类比法的特点

类比法的特点是“先比后推”。“比”是类比的基础，既要“比”共同点也要“比”不同点。对象之间的共同点是类比法能否施行的前提条件，没有共同点的对象之间是无法进行类比推理的。

5.4.4 类比法的分类

5.4.4.1 直接类比法

直接类比法，即收集一些同主题，有类似之处的事物、知识和记忆等信息，以便从中得到某种启发或暗示，随即思考解决问题的办法。在运用这种方法时可以与收集到的事物、自然界存在的动植物的肌理等进行类比，来探索其在技术上是否有实现的可能性。例如，设计师设计的气球艺术礼服，是将气球的不同造型方式应用于服装设计中来，造型炫酷、夸张。

5.4.4.2 象征类比法

象征类比法是一种能使人从满足审美的事物中得到启发，联想出一种景象，随即提出实现方案的方法。用能抽象反映问题的词或简练词组来类比问题，表达所探讨问题的关键。由自然界存在的事物进行联想，看能不能通过技术进行实现，从而解决问题。

Richard Clarkson和他的团队设计的充满安全感的“摇篮”躺椅，如图5-8所示。这款躺椅的整体造型为一个半圆形，材料为木质。由于为半圆的造型，当人躺进去的时候就会随着重心的偏移而左右晃动，回到家躺在这样的一个椅子里，一定能让疲惫了一天的身心得到放松。

图5-8 “摇篮”躺椅

5.4.4.3 拟人类比法

拟人类比法是一种将产品设计与人类特征或行为相类比的方法。这种方法有助于使产品更具有人性化和易于使用。比如在产品的用户界面设计中，设计师可以将界面元素设计成人类角色或特征，以帮助用户更好地理解界面。再比如一些社交机器人可以模仿人类的姿势和语言来提供客户服务。还有智能家居设备也可以使用拟人类比的设计方法，以便更好地与用户进行交互。通过将产品或服务的设计与人类特征或行为相类比，设计师可以创造出更符合人类习惯和需求的产品。

5.4.4.4 本质类比法

通过对一些事物之间本质的类比，发现问题，解决问题。类比时要注意抓住两类事物在某些本质属性方面的相似去推理。

5.4.4.5 幻想类比法

幻想类比法可以通过幻想，想象出一些现实生活中不存在的可能解决问题的办法。通过对一些事物的幻想，进而找到解决问题的办法，再看技术是否可行。

5.4.4.6 因果类比法

因果类比法即“原理类比”。因果类比法是根据已经掌握的事物的因果关系与正在接受研究改进事物的因果关系之间的相同或类似之处，去寻求创新思路的一种类比方法。

5.4.4.7 结构类比法

结构类比法是由已经出现的产品结构类比同类型的产品，创造出更经济、更省力的设计，从而进行发明创造。

图5-9所示的创意插头是由Seungwoo Kim设计的，是在传统插头外观的基础上进行改革，把插头的中间部分设计成一个圆环，这样在拔掉插头时就会非常方便、容易，设计师还在圆环内设计有一圈LED光环，这样可以让用户在夜间迅速将其找到，并且很方便地拔下。

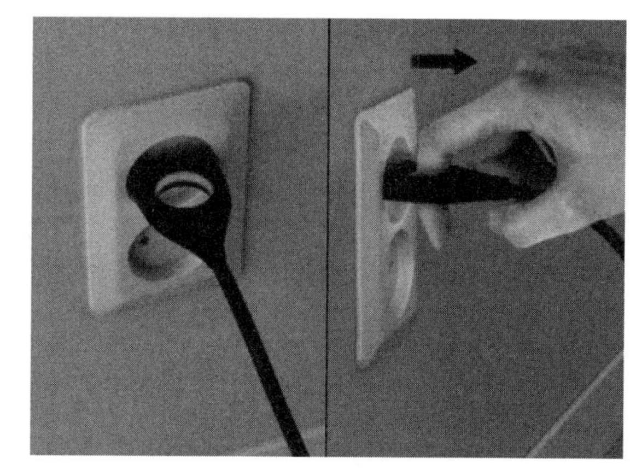

图5-9　创意插头

5.4.4.8 形式类比法

形式类比法即“模型类比法”，是为使研究、思考方便，常把类比所用的参照物简化、抽象化，用符号或模型表示，以便突出参照物的本质。对事物的把握一定要简洁明了，这样便可找出类比的对象所要解决问题的办法。如图5-10所示，造型奇特的Artistic Volna桌子会给用户不一样的梦幻感受。

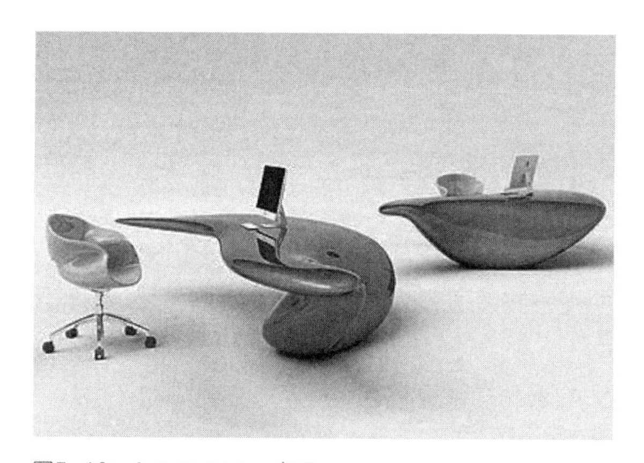

图5-10　Artistic Volna桌子

这些类比法并不是相互孤立的，可用一种，也可好几种结合使用。最主要的几种方法便是直接类比、拟人类比和象征类比，但是所有的这些类比都是在设计过程中按设计师的需要来进行综合，取决于设计师在设计过程中的实际需要。这种类比的方法特别适于新产品的开发，因为此时如果只是根据具体的对象想办法，人们总会受到许多习惯的约束，就得不到彻底解决问题的方案。

世界上万物之间都存在某种联系，都有不同程度的对应与类似。有的本质类似，有的构造类似，也有的仅仅是形态、表面的类似。作为类比设计法，就是要求设计师能够从异中求同，从同中见异，这样便可以得到创造性的设计成果。

5.5 组合设计法

5.5.1 组合设计法的含义

组合设计法是指从两种或两种以上事物或产品中抽取合适的要素重新组织，构成新事物或新产品的创造技法。

“组合”在《辞海》中解释为“组织成整体”；在数学中“组合”是从m个不同的元素中任取n个成一组，即成为一个组合；创造学中组合型创造技法是指利用创造性思维将已知的若干事物合并成一个新的事物，使其在性能和服务功能等方面发生变化，以产生出新的价值，例如：

（1）按产品分类，有同类物品组合、异类物品组合及主体附加组合三种。

（2）按功能分，有功能组合、功能引申组合和功能渗透组合三种。

（3）按组合的数目分，有两种功能的组合与多种功能的组合两种。

5.5.2 组合设计法的分类

组合设计法常用的有主体附加、异类组合、同物自组、重组组合以及信息交合法等。

5.5.2.1 主体附加

主体附加即以某事物为主体，再添加另一附属事物，以实现组合创造的技法。

Modular Toaster模块化烤面包机以一个完整面包机为单元元素存在，可按人数添加单元，即添加另一个完整的烤面包机，如图5-11所示，这样就改变了人多、不能及时吃到面包的窘境。每个单元单独操作也能调和众口，满足每个人的需求。

图5-11　Modular Toaster模块化烤面包机

5.5.2.2　异类组合

异类组合是将两种或两种以上的不同种类的事物进行组合，以产生新事物的技法。其特点是：组合对象（设想和物品）来自不同的方面，一般无明显的主次关系。组合过程中，参与组合的对象从意义、原理、构造、成分、功能等方面可以互补和相互渗透，产生“1+1>2”的效果，整体变化显著。异类组合是异类求同，因此创造性较强。

如平常生活中会有很多不使用的瓶子不知如何处理，直接用来插花又会觉得丑，如果配上半截的硅胶花瓶套，瞬间就能将这些废弃的瓶子变成漂亮的花瓶。

5.5.2.3　同物自组

同物自组就是将若干相同的事物进行组合，以图创新的一种创造技法。

图5-12　自由拼接模块化花瓶

图5-12所示为一款设计简单的花瓶，整体造型为一个方形的瓶子，它们可以单独或组合使用，在瓶子的侧边有凸出和凹进的部分，这样就可以让每个花瓶连接在一起。并且有多款颜色可选，富有简约美感。

5.5.2.4　重组组合

任何事物都可看作是由若干要素构成的整体。各组成要素之间的有序结合，是确保事物整体功能和性能实现的必要条件。有目的地改变事物内部结构要素的次序，并按照新的方式进行重新组合，以促使事物的功能和性能发生变化，这就是重组组合。

例如，Giorgio Caporaso设计的一款名叫more模块化家具，能够发挥他们的想法而组合出不同功能的家具，该模块化家具可以组合成书架、书桌、椅子等。在组合过程中不需要任何特定的工具，这样就能使家具变得更加灵活。

再如图5-13所示松下模块化剃须刀，是一种模块化的个人护理产品，具有单个主单元和五个不同的头部。用户可以根据需要选择头部构件进行重组组合，需要剃胡须就组装剃须刀头，需要修剪体毛或鼻毛就组装修剪器。

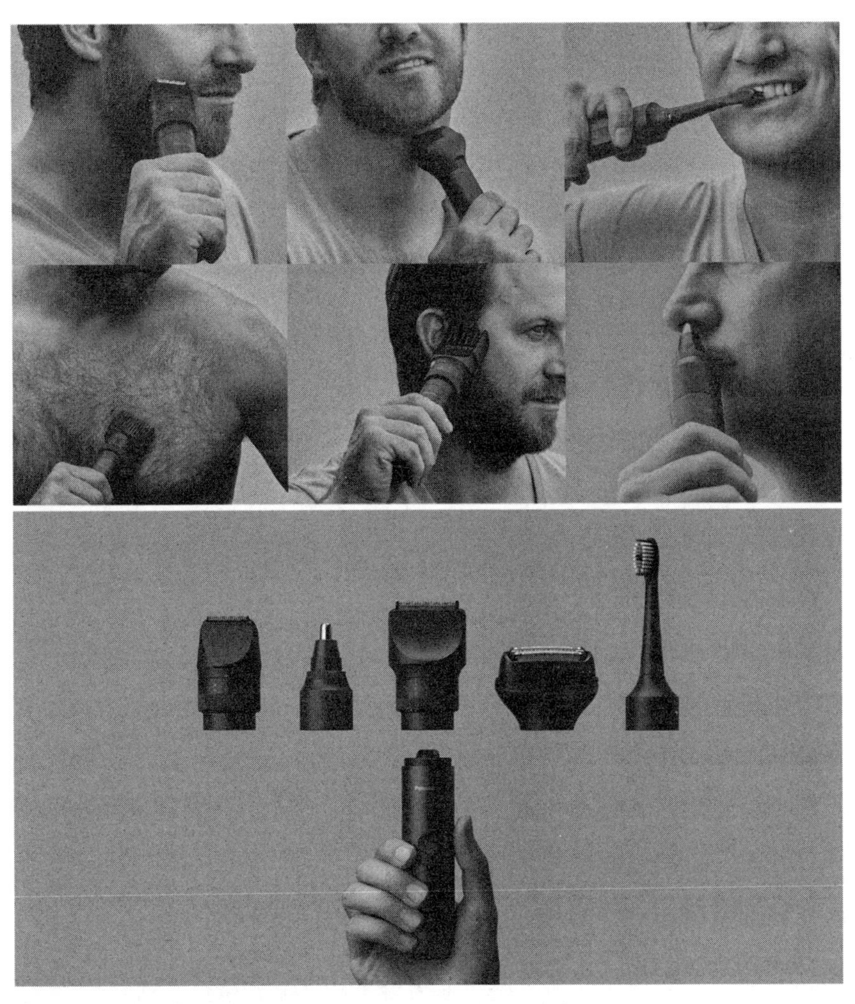

图5-13　松下模块化剃须刀（设计：Panasonic Kyoto, JP）

5.5.2.5　信息交合法

信息交合法是一种在信息交合中进行创新的思维技巧，即把物体的总体信息分解成若干要素，然后把这种物体与人类各种实践活动相关的用途进行要素分解，把两种信息要素用坐标法连成信息标。X轴与Y轴垂直相交，构成“信息反应场”，每个轴上各点的信息可以依次与另一轴上的信息交合，从而产生新的信息，不同的信息会在不同的交合坐标中，产生新的设计方向。

信息交合法是建立在信息交合论基础上的一种组合创造技法。人们在掌握一定信息基础上通过交合与联系可获得新的信息，实现新的创造。“交合”思维法具有新颖独特、图表感知性较强、程序性科学三个优点。信息交合法不但能使人们的思维更富有发散性，应用范围更加广泛，而且还能帮助人们在发明创造活动中，不断强化理性、逻辑的思维能力的培养，同时在创造思维、创造教育中，作为教学、培养、培训方法，显得更有系统性、深刻性和实用性。信息交合法定理和信息交合论使用程序如表5-1和表5-2所示。

表5-1　信息交合法定理

类别	概念	内容	案例
第一个定理	心理世界的构象，即人脑中勾勒的映象，由信息和联系组成	其一，不同信息、相同联系产生的构象	例如，轮子与喇叭是两个不同信息，但交合在一起组成了汽车部件，轮子可行走，喇叭则发出声音表示“警告”
		其二，相同信息、不同联系产生的构象	例如，同样是“灯”，可吊、可挂、可随身携带（手电筒），也可做成无影灯
		其三，不同信息、不同联系产生的构象	例如，独轮自行车本来与盒、碗、勺子没有必然联系，但杂技演员将它们交合在一起，构成了杂技节目
第二个定理	具体的信息和联系均有一定的时空限制性	新信息、新联系在相互作用中产生，没有相互作用就不能产生新信息、新联系。所以“相互作用”（即一定条件）是中介。当然，只要有了一定条件，任何信息均可以进行联系	例如，手杖与枪似乎是互不相关的不同信息，但是，在战争范畴（条件）内，则可以交合成“手杖式枪支”

表5-2 信息交合论使用程序

程序	具体内容
定中心	即确定研究中心。也就是说，你思考的问题是什么，你要解决的课题是哪个，你研究的信息为何物，要首先确定下来
设标线	根据“中心”的需要，确定画多少条坐标线
注标点	即在信息标上注明有关信息点
相交合	以一标线上的信息为母本，另一标线上的信息为父本，相交合后便可产生新信息
列出新产品	将组合出的新产品依次列出，并可顺标线移动变量，使产品系列化

5.6 愿望满足设计法

5.6.1 愿望满足设计法的含义

愿望满足设计法又称希望点列举法，是由内布拉斯加大学的罗伯特·克劳福特提出的。此法是通过提出对该问题和事物的希望或理想，使问题和事物的本来目的聚合成焦点加以考虑，进而探求解决问题和改善对策的技法。愿望满足设计法不同于缺点列举设计法。后者是围绕存在事物找缺点，提出改进设想。这种设想一般不会离开事物的原型，故为被动型的创造技法。而愿望满足设计法是从社会需要、发明创造者的意愿出发而提出的各种新设想，它可以不受原有事物的束缚，所以是一种主动型的创新技法。

从思维角度看，愿望满足设计法是收敛思维和发散思维交替作用的过程。从某一模糊需要出发，创造者发散思维，列举出多种能满足需要的希望点；然后又进行收敛思维，即选择可实施创新的希望点。

5.6.2 愿望满足设计法的分类

按照是否有明确的、固定的创造对象，可以把愿望满足设计法分为两大类。

5.6.2.1 目标固定型

目标固定型即目标集中在已确定的创造对象上，通过列举希望点，形成该对象的改进和创新方案。有人将其称为“找希望”。

5.6.2.2 目标离散型

目标离散型即开始时没有固定的创造目标和对象，通过对全社会、全方位、各层次的人在各种不同的时间、地点、条件下的希望点的列举，寻找创新的落点已形成有价值的创造性课题。它侧重于自由联想，特别适用于群众性的创造发明活动。有人将此类愿望满足设计法简称为“找需求”。为了相对集中，也可以在列举前规定一个范围，例如，通过对老年人的希望点的列举，为老年人设计新的用品。

5.6.3 愿望满足设计法的方法

虽与缺点列举设计法类似，但愿望满足设计法的实施有更多的灵活性，常用的有以下几种方法：

5.6.3.1 书面搜集法

依据创新目标，设计一种卡片，发动客户、本单位员工及特邀人员，请他们提供各种希望和需要。

5.6.3.2 会议法

召开5 ~ 9人的小型会议（60 ~ 120分钟），由主管就革新项目或产品开发征集意见，激励与会者开动脑筋、互相启发、畅所欲言。

5.6.3.3 访问谈话法

派人直接走访客户或商店等，倾听各类希望性的建议与设想。

5.6.4 愿望满足设计法的程序

对上述方法收集到的各类建议和设想，再进行分析研究，制订可行方案。具体程序如下：

（1）对现有的某个事物提出希望。希望一般来自两个方面：事物本身存在美中不足，希望改进；人们的需求提升，有新的要求。

（2）评价新希望，筛查出可行的设想。

（3）对可行性希望作具体研究，并制订方案、实施创造。

5.6.5 愿望满足设计法的应用

在运用愿望满足设计法进行创造设计时，可以分别从不同的角度，例如，以人类的普遍需求、现实的需求，特殊群体的需求以及以潜在的需求为立足点进行思考和分析。

5.6.5.1 人类的普通需求

希望实际上是人类需求的反映，因此利用愿望满足设计法进行创造发明就必须重视对人类需求的分析。人类的普通需求有很多，比如求新心理、求美心理、求奇心理、求快心理等。不仅要注重人类的普遍需求，而且还要分别站在不同层次人们的立场上进行分析，如不同年龄、不同性别、不同文化、不同爱好、不同种族、不同区域、不同信仰的人们，他们的需求也各不一样。

对于一些贫困地区，在电力缺乏的情况下使用洗衣机是件不现实的事情，他们洗衣服都采用的是手洗，设计师根据这种情况设计了小型的人力驱动的洗衣机，容量小，便于人力驱动，在洗衣机的底部有一个脚踏板，通过脚踏板的踩动来运行洗衣机。这样一款产品在电力资源缺乏的地方是非常实用的。

5.6.5.2 现实的需求

现实的需求是摆在眼前的需求，是人们急于实现的需求，是几乎每个人都能感觉到的需求。现实的需求是设计师首要关注的因素，切莫不顾人们的现实需求而进行一些不切实际的研究。

5.6.5.3 特殊群体的需求

一些特殊群体（比如视障群体等）在社会中只占很小一部分，所以大部分设计忽略了他们的存在。随着经济的发展，社会越来越多地关注这些特殊群体。而这些特殊群体的需求也远远比普通人的需求要迫切，所以针对特殊群体的设计空间就显得格外广阔。

5.6.5.4 潜在的需求

潜在的需求是相对于现实需求的一种未来需求。这就要求设计师的目光要放长远，能灵敏地触觉到事物的发展趋势。根据有关资料介绍，潜在需求占总需求的60% ~ 70%。因此，世界著名企业无不重视对潜在需求的研究。

5.6.6 愿望满足设计法的注意事项

（1）该方法作为一种积极主动的创造性思维，在工业设计特别是开发新产品过程中起着重要作用。准确地发现人们的希望和需求，并及时迅速地推出满足此需求的产品是企业成功的关键。例如，大众公司出产的新甲壳虫，之所以能获得惊人的销售量，就是因为准确地抓住了消费者的一种怀旧情绪，满足了一部分人的心理需求。由愿望满足设计法获得的发明目标与人们的需要相符，更能适应市场。

（2）希望是由想象而产生的，思维的主动性强，自由度大，所以，列举希望点所得到的发明目标含有较多的创造成分。人们的希望是多种多样的、无边无际的，但真正有价值能够投入设计开发的也只占少数，所以对这些希望点要加以分析鉴别，而且要特别注意表面希望与内心希望的鉴别以及现实希望与未来希望的鉴别。

（3）列举希望时一定要注意打破定势。在运用愿望满足设计法进行设计时，一要注重观察联想，二要注重调查研究。要使列举法的希望点尽可能地符合社会的需求，就必须善于观察发现人们在日常生产、生活、学习中所有有意或无意流露出来的某种希望和要求，充分利用联想构思出满足需求的方案。从征求的意见和调查的结果中选出目前可能实现的若干项进行研究，制订具体的创造方案。

（4）对于愿望满足设计法用得到的一些“荒唐”意见，应用创造学的观点进行评价，不要轻易放弃。

以风扇为例，看看是如何从原始的风扇一步步发展到现在种类繁多、功能多样的风扇，如表5-3所示。

表5-3 风扇希望点列举案例

希望点	产生的效果
希望角度不仅仅限制在一定角度范围	摆头风扇
希望不摆头部就能得到不同的风向	转页式台扇
希望风吹的范围更大	吊扇，扩大了风吹的范围
随意调节风力的强弱，而不用换挡位	无级调整风扇
希望风扇也像电视一样用遥控器控制	遥控风扇
希望风扇能丰富多彩	娇小可爱的卡通风扇，可装点生活
希望风扇像折扇那样方便随身携带	帽檐风扇或微型风扇
希望风扇的转叶不会伤到人	弯曲叶，采用软性材料
希望一种节约空间的风扇	挂壁式风扇，可挂在墙壁上
希望只是调节空气流动	塔式气流扇，起到流动空气的效果
希望更关注健康	带负离子功能的电风扇
希望风速根据温度的高低而大小变化	温控风扇可自主调节风扇风速大小
希望驱蚊虫	驱蚊风扇
希望在停电时也能享受风扇	带蓄电池电源风扇
希望在计算机前享受舒服的凉风	USB风扇，可以接到计算机的USB插座上
希望结合空调和风扇的优点	空调扇

5.7 头脑风暴设计法

5.7.1 头脑风暴设计法的概念

头脑风暴设计法（Brainstorming）是一种利用组织、集体产生大量创新想法、思维、思考、主意的技术方法，强调激发设计组全体人员的智慧。在产品设计中采用这种方法，通常是举办一场特殊的小型会议，使与会人员围绕产品外观、功能、结构等问题展开讨论。与会人员相互启发、鼓励、补充、取长补短，激发创造性构想的连锁反应，从而产生众多的设计创意方案。在这个阶段的讨论过程中，无需过分强调技术标准等问题，着眼点主要集中于产品创意本身。理想的结果是罗列出所有可能的解决方案。这种通过集体智慧得到的思维结果相比个人而言，更加广泛和深刻。

头脑风暴设计法于20世纪40年代由被誉为“创造工程之父”的亚历克斯·奥斯本（1888—1966）在其著作《创造性想象》中写道，开发创造力的技法原指精神病患者头脑中短时间出现的思维紊乱现象，病人会产生大量的胡思乱想。奥斯本借用这个概念来比喻思维高度活跃、打破常规思维方式而产生大量创造性设想的状况。后来英国“英特尔未来教育培训”将其作为一种教学法提出，试图通过聚集成员自发提出的观点，产生一个新观点，进而使成员之间能够互相帮助，进行合作式学习，并且在学习的过程中，取长补短、集思广益、共同进步。

5.7.2 头脑风暴设计法的特点

头脑风暴设计法主要有如下特点：

（1）极易操作执行，具有很强的实用价值。

（2）因为良好的沟通氛围，有利于增加团队凝聚力，增强团队精神。

（3）每个人的思维都能得到最大限度地开拓，能有效开阔思路，激发灵感。

（4）在最短的时间内可以批量产生灵感，会有大量意想不到的收获。

（5）几乎不再有任何难题。

（6）可以提高工作效率，能够更快更高效地解决问题。

（7）可以有效锻炼一个人及团队的创造力。

（8）使参加者增加自信、责任心，参加者会发现自己居然能如此有“创意”。

（9）可以发现并培养思路开阔、有创造力的人才。

（10）创造良好的平台，提供一个能激发灵感、开阔思路的环境。

5.7.3 头脑风暴设计法的应用

运用头脑风暴设计法进行创意讨论时，常用的手段有两种：

一是递进法，即首先提出一个大致的想法，所有成员在此基础上进行引申、次序调整、换元、同类、反向等思考，逐步深入。

二是跳跃法，不受任何限制，随意构思，引发新想法，思维多样化，跨度大。在创意过程中，设计组的每个成员都要积极思考，充分表现出专业技能和个性化的思维能力，进而在较短的时间内产生大量、有创造性、有水准的创意。

在产品概念设计过程中，头脑风暴设计法发挥了重要作用。它以集思广益的特性在短时间内迅速产生大量设计创意构想，并通过对各种可行的构想进行分析归纳，由设计师通过综合思考得出结论，产生最终设计方案。随着经济的蓬勃发展，产品创新需求不断增加，头脑风暴设计法必将在产品概念设计中得到广泛的应用。

5.8 逆向思维设计法

5.8.1 逆向思维设计法的含义

逆向思维设计法是指为实现某一创新或解决某一个难以解决的问题，而采取的反向思考，进而寻求解决问题的方法。本方法可以通过后天锻炼，提高创新思维能力。一般而言，人们在面对问题时，往往会习惯性地采用已有的思维方式、经验和观念进行思考，这种思考方式被称之为惯性思维。虽然这种思维方式有一定的优势，但也可能会导致人们对问题的理解和解决方案的选择受到限制，甚至会阻碍人们的创造力和创新能力。所以，如果人们能突破惯性思维的约束，用逆向思维进行反向探求，倒转思维，可能又会出现一个新的天地，从而有所发现或创造。

如图5-14反向伞的设计就是采用了逆向思维，改变了传统的收伞方式，通过反方向收伞，来减少收伞时所需空间，同时确保伞上雨水不会溅到身上。反向伞的设计让使用者在进门和进车的时候都不会被雨淋，而且在打开伞的时候也不会碰到旁边的人。这种利用反向思维进行的颠覆设计，很好地解决了传统伞所带来的问题。

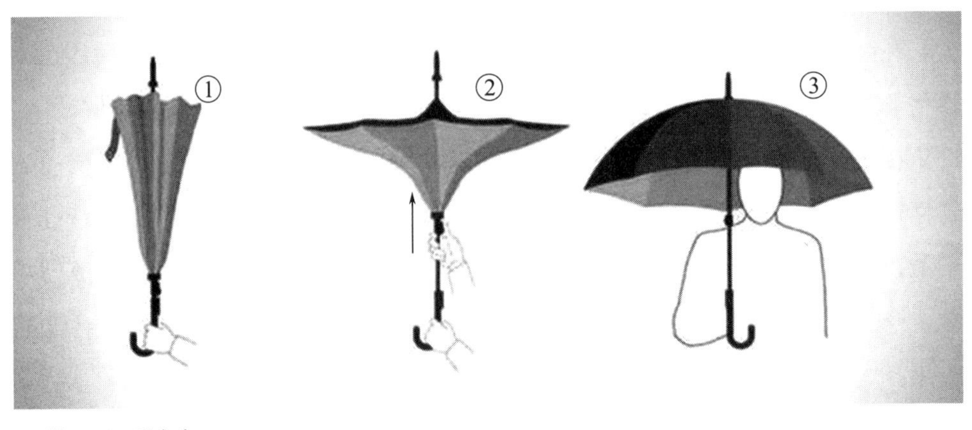

图5-14　反向伞

5.8.2　逆向思维设计法的分类

5.8.2.1　反转型逆向思维法

这种方法是指从已知事物的相反方向进行思考，产生发明构思的途径。“事物的相反方向”常常从事物的功能、结构、因果关系等三个方面作反向思维。

5.8.2.2　转换型逆向思维法

这是指在研究问题时，由于解决这一问题的手段受阻，而转换成另一种手段，或转换思考角度进行思考，以使问题顺利解决的思维方法。

5.8.2.3　缺点逆用思维法

这是一种利用事物的缺点，将缺点变为可利用的东西，化被动为主动，化不利为有利的思维方法。这种方法并不以克服事物的缺点为目的，相反，它是将缺点化弊为利，以找到解决方法。

5.8.3 逆向思维设计法的特点

5.8.3.1 普遍性

逆向性思维在各种领域、各种活动中都有适用性。由于对立统一规律是普遍适用的，而对立统一的形式又是多种多样的，有一种对立统一的形式，相应地就有一种逆向思维的角度，所以，逆向思维也有无限多种形式。如性质上对立两极的转换：软与硬、高与低等。结构、位置上的互换、颠倒：上与下、左与右等。过程上的逆转：气态变液态或液态变气态、电转为磁或磁转为电等。不论哪种方式，只要从一个方面想到与之对立的另一方面，都是逆向思维。

5.8.3.2 批判性

逆向是与正向比较而言的，正向是指常规的、常识的、公认的或习惯的想法与做法。逆向思维则恰恰相反，是对传统、惯例、常识的反叛，是对常规的挑战。它能够克服思维定势，破除由经验和习惯造成的僵化的认识模式。

5.8.3.3 新颖性

循规蹈矩的思维和按传统方式解决问题虽然简单，但容易使思路僵化、刻板，摆脱不掉习惯的束缚，得到的往往是一些司空见惯的答案。其实，任何事物都具有多方面属性。由于受过去经验的影响，人们容易看到熟悉的一面，而对另一面却视而不见。逆向思维能够克服这一障碍，且往往出人意料，给人以耳目一新的感觉。

5.8.4 逆向思维设计法的注意事项

（1）必须深刻认识事物的本质，所谓逆向不是简单的表面的逆向，不是“别人说东，我偏说西”，而是真正从逆向中做出独到的、科学的、令人耳目一新的超出正向效果的成果。

（2）坚持思维方法的辩证统一，正向和逆向本身就是对立统一，不可分割的，因此以正向思维为参照、为坐标，进行分辨，才能显示其突破性。

5.9 缺点列举设计法

5.9.1 缺点列举设计法的含义

缺点列举设计法就是凡属缺点均可一一列出，越全面越好，然后从中选出亟待解决、最容易解决、最有实际意义或最有经济价值的内容，作为创新的主题。例如，结构不合理、材料不得当、无实用性、欠安全、欠坚固、易损坏、不方便、不美观、难操作、占地方、过重、太贵等；或者从现行的生产方法、工艺过程中发现缺点；或从成本、造价、销售、利润等方面找出缺点；或从管理方法上找缺点。找出所有事物的缺点，将其一一列举出来，然后再从中选出最容易下手、最有经济价值的对象作为创新主题。

缺点列举法实施时并无一定程序，一般是通过各种途径全面搜索缺点，尽量少遗漏地将其列举出来，然后选定改进目标即可。例如，长柄弯把雨伞的缺点：

（1）伞太长，不便于携带；

（2）弯把手太大，在拥挤的地方会钩住别人的口袋；

（3）打开和收拢不方便；

（4）伞尖容易伤人；

（5）太重，长时间打伞手会疼；

（6）伞面遮挡视线，容易发生事故；

（7）伞湿后，不易放置；

（8）抗风能力差，刮大风时会向上开口呈喇叭形；

（9）骑自行车时打伞容易出事故；

（10）伞布上的雨水难以排除；

（11）雨天干活撑伞不方便。

针对这些缺点，可以提出许多改进方案，比如以下几点：

（1）可折叠伸缩的伞；

（2）直把的伞，或者将弯把设计成回形封闭的状态；

（3）具备自动收缩功能的伞；

（4）伞尖改为圆形，不易伤人；

（5）强度大、韧性好、轻便的碳钢骨架的伞；

（6）透明的伞；

（7）伞顶加装集水器，上车收伞时雨水不会滴在车内；

（8）具有防风、引导气流装置的伞；

（9）可以固定在自行车上的伞；

（10）具有抗水涂层的伞；

（11）头戴式雨伞或者肩背式雨伞，解放双手。

……

有关伞的缺点除了以上几点之外，还有其他缺点是可以用设计去进行解决的。比如伞套和雨伞是分开的，当下雨天人们使用雨伞时就必须把雨伞从伞套中取出，而伞套就成了多出来的累赘。于是就有设计师将雨伞和伞套集合在一起，使用时伞套和手柄自成一体，而用完后就可将雨伞收纳进去。如图5-15所示，Nendo工作室设计的雨伞就很好地解决了伞套总是不翼而飞的问题。他将伞分为两个部分，一部分用来控制合拢的雨伞，另一部分用来做伞套。

我们用过的伞，总会觉得它放地上站不稳，挂起来占地方。于是Nendo将他的伞把设计成一个开口状的半三角形，这样伞就可以很容易被立在墙角了，也可以挂在桌角（图5-16）。

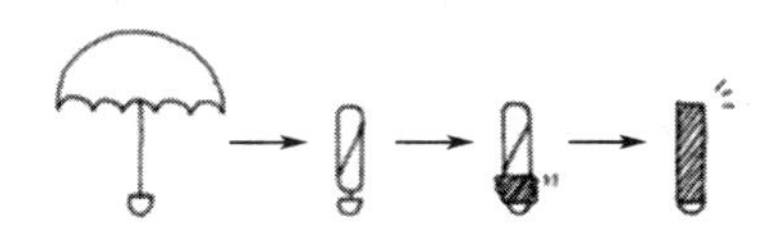

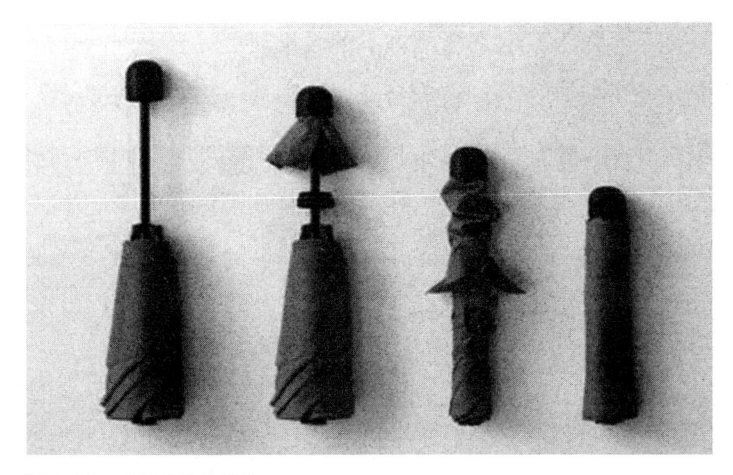

图5-15　自带伞套的雨伞

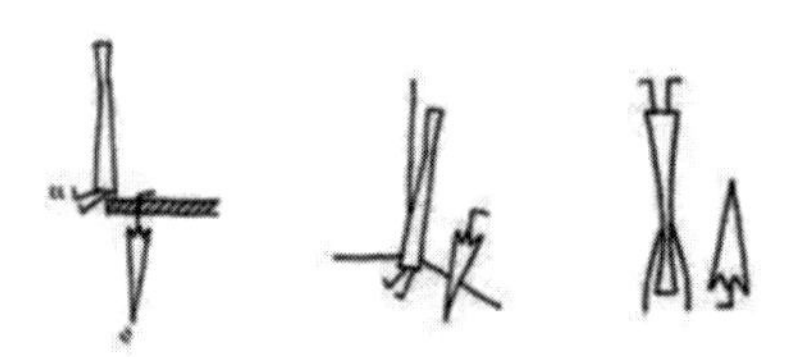

图5-16　可以被立着的雨伞

5.9.2　缺点列举设计法运用要点

（1）做好心理准备。缺点列举设计法的应用基础就是发现事物的缺点，找出事物的毛病。

（2）缺点列举的方法主要有访问列举法、会议列举法和分析列举法。在研究主题时，宜小不宜大。碰到较大的课题，可按层分解为一些小课题，然后再列举其缺点。这样，一件产品的各个部分、各个层次的缺点就不至于遗漏。

（3）缺点的分析和鉴别。对于列举出的大量缺点，必须进行分析和鉴别，从中找出有价值的主要缺点作为创造的目标，这是缺点列举法的关键所在。不同的缺点对事物特征和功能的影响程度不同，如电动工具绝缘性能差，但较之其质量偏大、外观欠佳来说重要得多；工艺礼品的包装不精美，但较之礼品本身某小部件的色彩欠佳重要得多。

5.9.3　产品缺点分类方法

任何事物或多或少都有缺点。工业产品无论怎样设计加工，都会存在一些缺点。在运用缺点列举设计法对产品进行革新时，必须首先了解缺点的性质及类别，然后才能便于列举。一般来说，产品的缺点，有以下两种分类方法。

5.9.3.1 按照缺点是否明显分类

首先按照缺点是否明显划分，可分为显露缺点和潜在缺点。显露缺点一般是由以下原因造成的：

（1）在生产过程中形成的缺点，如铸件上的砂眼，陶瓷上的斑点、裂纹、变形等缺陷。

（2）由于原材料不好而形成的，如原材料质量差、不合格等。

（3）由于设计不良造成的，如成本高、噪声大、体积大、质量大、外观不美等缺陷。

潜在缺点的主要成因如下：

（1）由于设计造成的，如安全性、维修性和可靠性等需要在使用过程中才能发现，从外观上一般是不易看出的。

（2）由于技术进步造成的。随着时间的推移、技术上变得落后，这样，产品原来的优点也会失去积极作用，转化为消极作用，变成了缺点。

5.9.3.2 按设计程序问题进行分类

根据设计程序来分类问题缺陷，可分为先天性缺陷和后天性缺陷。先天性缺陷是由选题不当、决策失误造成的；后天性缺陷是在设计、计算和生产过程中造成的。对这两类缺陷也应一一列举。

以上两类的缺陷不是各自独立的，而是彼此相互交叉的。在运用这种方法时，要从各个不同的角度加以分析，以避免遗漏。由此看来，缺点列举设计法的特点是着眼于事物的功能，吹毛求疵地列举产品功能上的缺陷，然后针对所提的缺点提出改进的方案。

5.10 设问法

5.10.1 5W2H设问法

5W2H设问法方法简单、方便，易于理解、使用，富有启发意义，有助于弥补考虑问题的疏漏。其设问内容不限于以下几个方面，可以根据设计方案提出相关的问题。

（1）Why——产品为什么要这么做？理由何在？原因是什么？

（2）What——该设计的目的是什么？内容有哪些？设置有哪些？

（3）Where——产品放置何处？在哪里用？从哪里入手？

（4）When——何时使用该产品？什么时间完成？什么时机最适宜？

（5）Who——用户人群是谁？

（6）How——怎么做？如何提高效率？如何实施？方法怎样？

（7）How much——产品需要具备多少功能？做到什么程度？质量水平如何？费用产出如何？

5.10.2 奥斯本设问法

奥斯本创造设问法又叫奥斯本检核表，原有75个问题，可归纳为转用、代替、改变、变位颠倒组合、扩增缩减、启发六类问题、九组。

（1）扩展　思考现有的产品（包括材料、方法、原理等）还有没有其他的用途，或者稍加改造就可以扩大它们的用途。

（2）借鉴　现有创新的借鉴、移植、模仿。

（3）变换　对现有产品在结构、颜色、味道、声响、形状、型号等方面进行改变。如美国的沃特曼对钢笔尖结构作了改革，在笔尖上开个小孔和小缝，使书写流畅，因此而成为一流钢笔大王。

（4）强化　对现有的产品进行扩大，比如增加一些东西，延长时间、长度，增加次数、价值、强度、速度、数量等。奥斯本指出，在自我发问的技巧中，研究“再多些”与“再少些”这类有关联的成分，能给想象提供大量的构思线索。巧妙地运用加法和乘法，便可大大拓宽探索的领域。

（5）压缩　对现有产品进行缩小，取消某些东西，使之变小、变薄、减轻、压缩、分开等。

（6）替代　现有的产品有代用品，以别的原理、能源、材料、元件、工艺、动力、方法、符号、声音等来代替。

（7）重新排列　现有的产品通过改变布局、顺序、速度、日程、型号、部件互换等，进行重新安排往往会形成许多创造性设想。

（8）颠倒应用　比如保温瓶用于冷藏、风车变成螺旋桨、车床切削使工件旋转而刀具不动等都是颠倒应用而创新的案例。

（9）组合　现有的几种产品是否可以组合在一起？如材料组合、元部件组合、形状组合、功能组合、方法组合、方案组合、目的组合等。

产品设计 Product Design

第6章

产品设计创新思维与方法

6.1 创造性思维

6.2 发散思维与收束思维

6.3 联想思维

6.4 产品设计创意方法的应用

6.5 产品设计开发计划

6.1 创造性思维

思维是人脑对客观事物间接和概括的反映，是人类智力活动的主要表现形式。当设计成为重复性劳动时，作为设计主体的设计师就务必从思维层面上着手加强训练，从而提升设计水准。一般认为，设计思维是将思维的理性概念、意义、思想、精神通过设计的表现形式实现化的过程，具体体现在设计中通过运用一定的思维方法与创新手段去实现设计的最终目的与思考过程。其主要研究包括设计过程中的思维状态、思维程序及思维模式等内容。从产品设计的角度分析，就是在产品设计行为实现过程中对思考方式、思维组织模式的整合，通过对产品在形态造型语言的推敲、色彩材质的选择和行为理念的把握，创造出符合社会需求和满足人们高品质生活方式使用的新产品。

设计思维的核心是创造性思维，它贯穿于整个设计活动的始终。

创造性思维是设计创造力的源泉，也是设计人才最重要的素质。在创造性思维形成的过程中，需要调动广泛的思维方式，运用创造性设计方法，突破已有事物的约束，以独创性、新颖性的崭新观念或形式去开拓新的价值体系。

6.1.1 创造性思维的类型

产品设计是一个创新的过程，任何创新都是基于一定的创造性思维。一般认为，创造性思维具体表现为逻辑思维和非逻辑思维两种类型。

（1）逻辑思维　逻辑思维又被称为抽象思维，是认识过程中用反映事物共同属性和本质属性的概念作为基本思维形式，在概念的基础上进行判断、推理、反映现实的一种思维方式。

抽象思维中常用的方法主要有归纳和演绎、分析和综合、抽象和具体等。它们的区别如下。

① 归纳是指从特殊、个别事实推向一般概念、原理的方法。演绎则是由一般概念、原理推出特殊、个别结论的方法。

② 分析是在思想中把事物分解成各个属性、部分、方面，分别加以研究，而综合则是在头脑中把事物的各个属性、部分、方面结合成整体。

③ 抽象是指由感性具体到理性抽象的方法，而具体则是指由理性抽象到感

性具体的方法。

（2）非逻辑思维　这种思维包括联想、形象、灵感和顿悟等多种方式。直觉思维是对思维对象在一定程度的理性认识基础上的联想和组合。在大多数创造性思维的过程中，这两种思维是共同发挥作用的。

创造性思维的活动过程一般包括酝酿期、豁朗期及验证期三个阶段。其中酝酿期，主要依靠分析、综合、归纳、演绎、比较、外推、类比等逻辑思维，旨在对复杂的创新思维信息进行选择。在豁朗期，主要依靠想象、灵感、直觉及顿悟等非逻辑思维，对创造性思维目标进行突破。突破就是对旧的观念、理论与方法、手段之局限性的突破，对当前的事物运行固定程序的突破。最后的验证期是创新的实现阶段，是选择与突破的最终目标和归宿。[1]

6.1.2　创造性思维的特征

创造性思维具有以下五个特征。

（1）独创性　创造性思维活动是新颖的独特的思维过程，它打破传统和习惯，不按部就班，而是解放思想，向陈规旧律挑战，对常规事物怀疑，锐意改革，勇于创新。在创造性思维过程中，人的思维积极活跃，能从与众不同的新角度提出问题，探索开拓别人没有认识或者没有完全认识的新领域，以独到的见解分析问题，用新的途径、方法解决问题，善于提出新的假说，善于想象出新的形象。

例如，在世界科学史上具有非凡影响和重大意义的控制论的诞生就体现了科学家维纳的创造性思维。古典概念认为世界由物质和能量组成，而维纳大胆提出新观点、新理论，认为世界是由能量、物质和信息这三种成分组成。尽管一开始受到批评家的指责，但是维纳的着眼点是对旧理论的突破，体现新理论的高度和战略意义，而不在于对旧理论的修修补补。正是这种独创性，使维纳创立了具有非凡生命力的新理论“控制论”。

在产品创新史上，任何一种独创产品诞生的背后都有一段艰辛的奋斗创造过程，大到宇宙飞船、航天飞机等重工业产品，小到电脑、电话等电子产品，都离

---

❶ 金辉，曹国忠.产品功能创新设计理论与应用[M].天津：南开大学出版社，2020.

不开创造性思维。

（2）联动性　创造性思维具有由此及彼的联动性，这也是创造性思维所具有的重要的思维能力。联动方向有以下三种。

① 纵向，看到一种现象，就从纵深思考，探究其产生原因。

② 逆向，发现一种现象，则想到它的反面。

③ 横向，发现一种现象，能联想到与其相似或相关的事物。

总之，创造性思维的联动性表现为由浅入深，由小及大，推己及人，触类旁通，举一反三，从而获得新的认识、新的发现。由此，可以一叶知秋、以一斑窥全豹，进而便可以运筹帷幄、决胜千里。

医学上“叩诊”的发现也体现出创造性思维的联动性。18世纪，奥地利医生给一位重症患者看病时，查不出病因，患者很快死去。解剖尸体时发现：脏器已经化脓，积满脓水。这位医生事后思索：自己的父亲经营酒业，常常用手指关节敲击酒桶以估量桶内酒量。于是引起医生进一步深思：人的胸腔也可以用手指叩击，并根据声音不同做出诊断。于是沿着这一思路观察、研究、实验，终于创出叩诊的方法，解决了当时一个大难题，产生了很大影响。

此外，诸如鲁班由于被茅草细齿刺破手指而想到用铁片锉出细齿造锯伐木，以及鲁班由妻子的翻头鞋能想到造类似形状的木船等，都体现了创造性思维的联动性。

（3）多向性　创造性思维思路开阔，善于从全方位提出问题，不受传统的单一的思想观念限制，能提出较多的设想和答案，选择面宽广。思路若受阻，就要从新角度去思考，调整思路，从一个思路跳到另一个思路，从一个意境进入另一个意境，善于巧妙地转变思维方向，随机应变。创造性思维不墨守成规，不拘泥于一种模式，而是多方位地设想，选择最佳方案，富有成效地解决问题。

爱因斯坦曾经说过：“像我们这种工作需要注意两点：毫不疲倦的坚持性和随时准备抛弃我们为之花费了许多时间和劳动的任何东西。”例如，1945年，美国有一家小工厂，厂长叫威尔逊，他获得了研究新式复印机的专利，于是便组织塞罗克斯公司生产。威尔逊给产品的定价故意超过国家法律许可范围，于是被禁止出售。人们不解其意。威尔逊揭示自己的决策：“我的意思不是卖商品，而是开展复印服务。”威尔逊的思维灵活善变，不是简单地卖复印机挣钱，而是生产复印机发展服务业务挣更多的钱，获利大大增加。这里体现了威尔逊创造性思维的多向性。凡有作为的人，往往具备多向性的优良的思维品质，思路开阔，善于奇思妙想，弃旧图新。

（4）跨越性　创造性思维的思维进程带有很大的省略性，省略思维步骤，思维跨度较大。这种思维具有明显的跳跃性。产品创新设计过程中，经常会在其他行业、产品得到灵感，或从别人不经意的一句话一个动作得到启示，从而设计出出色的产品。

比如，随身听WALKMAN的发明者不就是因为看到年轻人拎着体积庞大的放音机走到大街上，而发明了风靡世界的随身听吗？

（5）综合性　创造性思维能把大量的观察材料、事实概念综合一起，进行概括、整理，形成科学的概念和体系。创造性思维能对占有的材料加以深入分析，把握其个性特点，再从中归纳出事物的规律。这种综合性具有智慧和思维统摄能力。创造性思维善于选取智慧宝库中的精华，巧妙地进行结合，获得新成果，这就是所谓“由综合而创造”。

6.2　发散思维与收束思维

发散思维是通过想象和联想，冲破习惯的束缚，让思想自由地发散。收束思维则是对发散的思维进行归纳、整理、分析，通过缩小探索区域，来选择其中最有可能实现的设想。既要善于发散，又要敢于收束。产品设计需要运用这两种思维进行创造。

发散和收束思维都非常重要，在解决一个问题的时候通常需要先进行思维的发散，寻找很多解决问题的办法，然后再进行收敛式的收缩，将解决问题的办法的范围缩小，找一个最合适、最便捷的方法。这就是发散思维和收束思维的综合应用。

6.2.1 发散思维

6.2.1.1 发散思维的概念

发散思维也叫作扩散思维、辐射思维、多向思维等，是指人在思维过程中，无拘束地将思路由一点向四面八方展开，从而获得众多解题设想、方案和办法的思维过程。

发散思维本质上是一种非逻辑的思维形式。发散思维通过一点向四面八方展开联想，没有各种习惯的束缚，可以天马行空地想象，突破思维定式和固有的局限，重组已有的知识或者开拓新的空间。发散思维从一点出发，联想到的每一点又都作为起点，继续发散，可以说这样的想象是无穷尽的，能够极大地开拓脑力。发散思维所联想到的思维目标有可能脱离脑内已有的逻辑框架而具有新意，成为一个新的创新萌芽。

6.2.1.2 发散思维的特征

（1）流畅性　流畅性是指思维的进程流畅，没有阻碍，在短时间内能得到较多的思维结果，也就是单位时间内发散的量越多，流畅性越好，它体现了发散思维在数量和速度方面较高的要求。发散思维的流畅性有的人强些，有的人弱些，但经过训练，大多数人都可达到流畅的程度。

（2）变通性　变通性指的是发散思维的思路能迅速地转换，从而得到更多的思维结果，为选择解题方案提供更多的可能，也就是思维在发散方向上所表现出的变化和灵活。在变通性方面，人与人之间的差异往往很大。人们常常说有的人死心眼、一根筋、一条道跑到黑，就是说这样的人变通性很差。也就是说，那些思想僵化、性格偏执、作风生硬的人，必然思路狭窄，发散思维能力低；而那些思想灵活、性格开放、作风随和的人，必然善于变通，发散思维能力强。当然，在碰到大量的钉子后，变通性差的人也可能会逐渐转变。

（3）独特性　独特性体现的是发散思维成果新颖、独特、稀有的特点，它是发散思维的灵魂，属于最高层次。如果一个人的发散思维没有独特性，就不可能为创新思维提供有价值的东西，发散思维也就失去了创新的意义。让自己的发散思维结果具有独特性，是每个人追求的目标，但这方面的能力人们彼此也有差异，而且一个人在不同时期的能力也有强有弱。经过培养和训练，或克服了某些心理上的障碍，这方面的能力也是可以增强的。

例如，设想“清除垃圾”有哪些方式，可以提出“清扫”“吸收”“黏附”“冲洗”等手段。在有限的时间内，提供的数量越多，说明思维的流畅性越好；能说出不同的方式，说明变通性好；说出的用途是别人没有说出的、新异的、独特的，说明具有独创性。发散思维的这三个特点有助于人消除思维定式和功能固定等消极影响，顺利地解决创造性问题。要更好地保持发散思维的流畅性、变通性和独特性，首先要向规则挑战。规则是人定的。世界在变，一切都在变，因此，世界上没有永恒的规则。向规则挑战，不是不要规则，而是重新审查一下规则，仍然合理的就保留，已经过时的就要取消，制订出新的规则。这也是思维变通性和独特性的表现。

6.2.1.3 发散思维的作用

发散思维在整个创新思维结构中的核心作用十分明显。首先提出发散思维概念的是美国著名心理学家吉尔福特，他说过：“正是发散思维使我们看到了创新思维的最明显标志。”可以这样看：想象是人脑创新活动的源泉，联想使源泉汇合，而发散思维就为这个源泉的流淌提供了广阔的通道。发散思维从小小的点出发，冲破逻辑思维的惯性，让想象思维的翅膀在广阔的天空自由地飞翔，创造性想象才得以形成。

发散思维在整个创新思维结构中具有基础性作用。在创新思维的技巧性方法中，有许多都是与发散思维有密切关系的。著名的奥斯本智力激励法中最重要的一条原则就是自由畅想，它要求不受任何限制地去寻找解决问题的办法，这实际上就是鼓励参与者进行发散思维。

发散思维的主要功能就是为随后的收束思维提供尽可能的解题方案。这些方案不可能每一个都十分正确、有价值，但是一定要在数量上有足够的保证。如果没有发散思维提供大量的可供选择的方案、设想，收束思维就无事可做。可见，发散思维在整个创新思维过程中实际上是起着后勤保障的重要作用。

6.2.2 收束思维

6.2.2.1 收束思维的概念

收束思维又称集中思维、辐集思维、求同思维、聚敛思维，是一种寻求唯一答案的思维，其思维方向总是指向问题的中心。

与发散思维相反，收束思维在解决问题的过程中，总是尽可能地利用已有的知识和经验，把众多的信息和解题的可能性逐步引导到条理化的逻辑链中去。就像电视上的娱乐节目中常有的形式那样，每前进一步，都是向目标的靠拢。

有的研究者曾经认为，收束思维可能对创造活动有阻碍作用。这种说法并不正确。收束思维对创新活动的作用也是正面的、积极的，和发散思维一样，是创造性思维不可缺少的。这两种思维方式运用得当，都会对创新活动起促进作用。

6.2.2.2 收束思维的特征

收束思维具有批判地选择的功能，在创造活动中发挥着极大的作用。通过发散思维，提出种种假设和解决问题的方案、方法时，并不意味着创造活动的完成，还需从这些方案、方法中挑选出最合理、最接近客观现实的设想。也就是说设计构思仅有发散而不加收敛，仍不能得到解决问题的良好方案，没有形成创造性思维的凝聚点，最后还需要运用收束思维产生最佳且可行的设计方案。

收束思维实际上是按照逻辑程序进行思考的方法，离不开逻辑思维常有的分析、综合、抽象、判断、概括、推理等思维形式，所以，收束思维的特征与逻辑思维的特征大体上是一致的。它主要包括以下几点：

（1）集聚性　如果说发散思维的思考方向是以问题为原点指向四面八方，具有开放性，那么，收束思维则是把许多发散思维的结果由四面八方集合起来，选择一个合理的答案，具有集聚性。集聚性的直接体现就是在收束的过程中不会再有新的解题设想或方案出现，已有的设想或方案的数量也会通过评价、选择的优化过程变得越来越少，直到获得一个最优或相对最优的结果。

（2）逻辑性　发散思维的过程中，从一个设想到另一个设想时，可以没有任何联系，是一种跳跃式的思维方式，具有间断性。收束思维的进行方式则相反，是一环扣一环的，具有较强的连续性，这是由逻辑思维的因果链而决定的。

（3）实用性　发散思维所产生的众多设想或方案，一般来说多数都是不成熟的，或不完全符合实际，对发散思维的结果必须进行筛选，收束思维就可以起到这种筛选作用。被选择出来的设想或方案按照实用的标准来决定，应当是切实可行的，这样，收束思维就表现了很强的可行性。

6.2.3　收束思维与发散思维的主要区别

收束思维与发散思维的主要区别包括以下两大方面：

6.2.3.1　思维指向相反

收束思维是由四面八方指向问题的中心，发散思维是由问题的中心指向四面八方。

6.2.3.2　作用不同

收束思维是一种求同思维，要集中各种想法的精华，达到对问题系统、全面的考察，为寻求其中最有实际应用价值的结果，而把多种想法理顺、筛选、综合、统一；发散思维是一种求异思维，在广泛的范围内搜索，要尽可能地放开，把各种不同的可能性都设想到。

收束思维与发散思维之间是辩证关系，既有区别，又有联系，既对立，又统一。没有发散思维的广泛收集、多方搜索，收束思维就没有了加工对象，就无从进行；反过来，没有收束思维的认真整理、精心加工，发散思维的结果再多也不能形成有意义的创新结果，也就成了废料。只有两者协同动作，交替运用，一个创新过程才能圆满完成。

收束思维与发散思维之间的辩证关系早已被人们认识，许多科学家对此都非常重视。著名的心理学家吉尔福特就说过：“也许我们正需要发散思维与收束思维之间的协调。”著名科学史专家库恩也同样认为发散思维与收束思维对于科学进步是同样重要的。许多发明创造都是在合理运用发散与收束思维后产生的。

6.3 联想思维

世界上的事物都是相互联系的。联想思维往往是由一个现存的事物出发，想到另一个可与之类比、相似、相关的事物的心理现象。由此及彼，通过联想，产生解决疑难问题的办法，或产生新的设想。联想的产生，是由于被动受到某一事物的触发，或是主动捕捉到一个信息导致的。联想思维存在一定规律，一般分为相似联想、相关联想和相对联想。

（1）相似联想　是指通过对事物之间相似的现象、原理、功能、结构、材料等特性的联想，寻找解决问题的方法的思考过程，这是一种扩展式的思维活动。每一个事物都具有多种特征，可以围绕某一特征展开联想。一般善于观察、善于思考的人很容易找到事物之间的相似点。

世界上有很多道理都是相通的，相似联想可以让我们加深对事物的认识和了解。运用相似联想，可以把已知的某一领域的道理应用在我们所关注的另一领域中。

（2）相关联想　又叫接近联想，指的是由对某一事物的感知和回忆引起的与之相关的其他事物和联想，然后从相关之处着手找到解决问题的方法。相关联想可以是概念上相关引起的联想，也可以是时间和空间上接近引起的联想。时间和空间是事物存在的基本形式，一般在时间上接近的事物，在空间上也有相关性。世界上的任何事物都与周围的事物存在各种各样的关系，比如因果关系、包含关系、从属关系等。相关联想的基础就是事物之间的种种关系。相关联想可以让思考者从宏观上把握事物之间的相互关系，从而做出对自己有利的决策。在这个信息高速传播的社会，各种信息铺天盖地地袭击我们的眼球，也许看似两个毫无关联的信息之间会具有某种相关性。如果你能把握信息之间的关系，并利用其中有用的部分，也许就能得到新的创意（图6-1）。

（3）相对联想　也叫对比联想，指的是由对某一事物的感知和回忆引发与它具有相对或相反的特点的事物的联想。通过对事物的特征、属性、功能的相对或相反的情况进行联想，一方面可以获得对事物全新的认识，另一方面可以引发解决问题的新方法。相对联想就是让我们把正反两方面的事物放在一起进行考虑，一正一反，对比鲜明。可以是属性相反、结构相反或功能相反，通过对比可以使

图6-1 联想训练作品（绘制：曾予涵）
（从三角形联想到方形再到圆形，最后回归到三角形进行循环联想，联想关联的物品越多越好）

事物的特征更加明显，往往能引起人们的注意。相对联想对我们的思维能力具有一定的挑战性，它要求我们全面地看问题，同时把握问题的正反两方面。要想提高相对联想的能力，首先要丰富自己的知识，拓展思维的广度和深度；其次要善于转换思维角度，利用思考对象的对立面实现自己的目的；此外，还有要敢于突破常规思维模式，找到解决问题的新方案。

历史上有不少产品是通过联想而产生的，以下是一些有关联想思维创新产品的案例，大家可以通过这些案例来理解联想思维的原理和方法。

（1）木工锯的发明　许多人都有手被草叶划破的经历，但都没有进行联想，唯独鲁班在手被草叶划破后，发现草叶的边缘有很多细齿。细齿既然可以划手，是否也可以划木料呢？由此联想到木工工具，于是发明了木工锯。这是从划手联想到划木头的例子。

（2）微波炉的发明　美国工程师斯潘塞主要研究微波在空间的分布。有一次，他正在做雷达起振试验，忽然一股暗黑色的液体从上衣口袋里渗了出来。他用手一摸，发现那渗出的是熔化了的巧克力糖液。这个现象非常奇怪，装在口袋里的巧克力为什么会熔化呢？原来是雷达发出的强大的电波——微波，使巧克力内部分子发生振荡，产生热量，因而熔化。他由此产生联想：既然微波可以使巧克力融化，也一定可以加热其他食品。经过研究，斯潘塞发明了微波炉。

（3）可口可乐瓶身设计　制瓶工人罗特，有一天看到他的女朋友穿着一件膝盖上面部分较窄，使腰部显得很有魅力的裙子。罗特双眼紧盯着这条裙子，越看越觉得线条优美。于是他联想到，要是把瓶子的形状做成这裙子的样子（类比），肯定好看。他立即进行研究，经过半个多月的努力，一种外观新颖颇具美感的瓶子产生了。1923年，罗特把这项专利以600万美元卖给了可口可乐公司，因而成了富翁。

6.4　产品设计创意方法的应用

6.4.1　组合设计

组合设计是将产品的功能、形态等要素进行解析，将其中的设计要素提取出来进行内部属性的模块化，按照设计所需进行不同属性模块的组合设计，形成一个整合性设计。

（1）不同领域不同功能组合　在现代，我们的通信习惯已经改变，无论是独处，还是和朋友在一起，似乎都更习惯用手机和电脑来更新和沟通。有一款模块化的自由组合沙发，每个部分上面都有连接网络的USB，有笔记本电脑、平板电脑和手机三种模式。它可以让你舒服地用多种姿势上网，躺着、靠着或者坐着，都很自如。

与现在的办公桌相比，图6-2所示这款未来办公桌巧妙地将“桌面”与“电脑”融合为一体，巨大的弯折显示屏不仅可以显示各种电子文件的内容，还方便使用者直接用手进行操作。它先进的触控技术和便捷的操作方式可以提高工作效率，同时也给办公带来更多便利，必将引领一场新的办公革命。

（2）同类型的形态进行组合

同类型形态组合的方法在某些领域又称为“乘法策略”，是通过重复或叠加产品的部分外形及结构，强化产品的功能或造型，以求满足用户的使用需求。具体方法是先分解产品，列出组成部分，然后复制其中一个组成部分，重新组合产品，最后完善产品，提高可行性。

图6-2　全交互式办公桌

图6-3是吉列公司推出的双锋剃须刀，它革命性地取代了传统单锋刀片，男士们的剃须体验有了巨大飞跃。这甚至触发了剃须刀行业的“刀锋大战”：3个刀锋，4个刀锋，5个刀锋，现在已经有6个刀锋了。一个小小的组合方式，对一个行业产生了巨大影响。

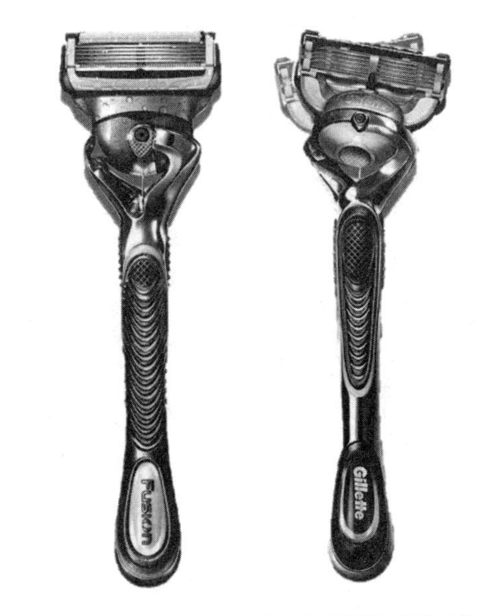

图6-3　吉列刀锋创新是典型的“同类型形态组合”

现在的智能手机，摄像头从一个组合增加到多个，通过摄像头组合让手机满足更多场景的拍摄需求。早期两个摄像头的手机可以进行自拍，现今三个摄像头的手机拍照能力明显提升，甚至能拍3D视频。在更远的未来，如果单摄技术仍然难以打破技术瓶颈，那么就很有可能在智能手机上见到越来越多的摄像头（图6-4）。

图6-4　智能手机摄像头

（3）附加组合　附加组合的产品设计，能给人们的生活带来极大的便利。例如现在的智能手机，将相机、音乐播放器、计算机等产品功能进行附加组合，让人们通过一部智能手机就可以玩游戏、看视频、听音乐等，不需要再去使用其他设备，极大地改变了人们的生活方式，让生活变得更加便捷、广泛和丰富。再如图6-5，这款名为ShelfPack 的行李箱是旅行箱和简易衣柜结合的多功能行李箱。从外观上看去，它跟普通的行李箱其实是一样的，但它的奥妙隐藏在了箱子内部。在旅店住宿或是在单身公寓里，它可以拉伸起来当成衣柜放置衣物。还有一种自带称重功能的旅行箱，只要按下按钮再提起它就可以在液晶屏上读到它的重量了，这些功能对于那些需要长期旅行的朋友来说都是十分实用的。

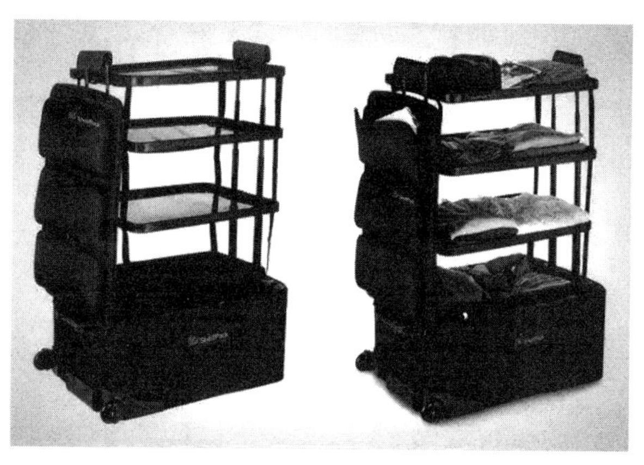

图6-5　ShelfPack 行李箱

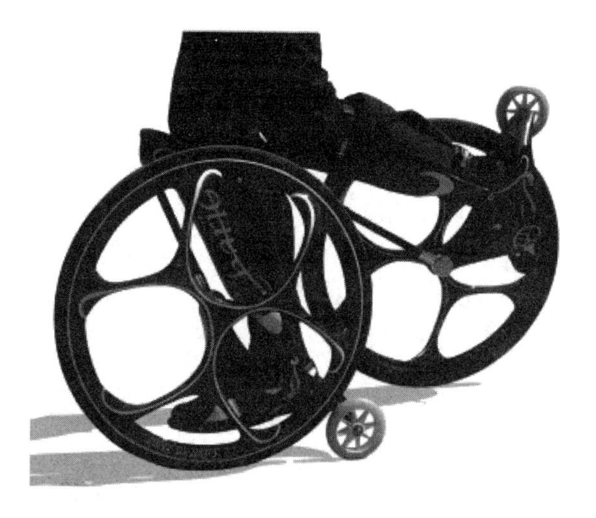

图6-6　碳纤维战车轮滑鞋

图6-6为碳纤维战车轮滑鞋的设计，将滑冰和自行车的功能集于一身，模仿人们骑自行车的原理，首先将轮滑者的双脚和膝盖固定在一根轴上，然后让双脚踩在轮内侧边安装的鞋内，利用膝盖带动双脚，从而带动双轮转动。双脚后跟各装有一个小滑轮保持稳定性。当双脚带动轮子向前转动时，

轮滑者可以体验到滑雪和溜冰的速度感。相比传统旱冰鞋，这款轮滑鞋的重心更低，不仅使得轮滑者能滑得更快，而且操作性更强。

6.4.2 逆向思维设计

逆向思维设计突破常规创意思维方式，从逆向设计角度重新考虑设计的可能性。比如本田独轮车的设计，利用平衡控制技术，可以全方位移动、左右转动等，用上半身即可操控。从逆向思维出发，打破常规的使用方式，顺应了小巧、便捷、节能的设计趋势。还有一种极简自行车的设计，仅靠车体本身的结构刚度来支撑，传动链条也取消，采用内部驱动装置替代，展现了简洁、时尚、前卫的设计趋势。它的座椅呈钉子状，乍一看，让人误以为此设计上下颠倒了；实则不然，顶部的空隙，会增添使用者的舒适度，彰显人性化和个性化。

6.4.3 绿色思维设计

绿色思维设计是指在产品整个生命周期内，着重考虑产品的环境属性并将其作为设计目标，在满足环境目标要求的同时，保证产品应有的功能、使用寿命、质量等。绿色思维设计反映了人们对于现代科技文化所引起的环境及生态破坏的反思，同时也体现了设计师道德和社会责任心的回归。

6.4.4 模仿设计与仿生拟态

直接模仿是对同类产品进行模仿。首先是看，正所谓“见多”才能“识广”。其次是用心观察，用心领会其他优秀设计的精妙之处。

每个坐过地铁的人都知道，当你距离轨道太近的时候，机车一来，你就会有一种危险感。在北京、广州地铁都发生过乘客掉下站台的危险事件。上海地铁一号线的德国设计师在靠近站台约50厘米的范围内铺上金属装饰，又用黑色大理石嵌了一条边。这样，当乘客走近站台边时，就会有了警惕性，意识到离站台边的远近，从而给顾客以很强的心理暗示要退后，在设计上体现“以人为本”的思想。而同在上海的另一条地铁线路的设计师明显没有用心体会到德国设计师的良苦用心，地面全部用同一色的瓷砖，乘客一不注意就靠近轨道，就很危险，因此车站不得不调派专人进行提醒服务。

我们大多有去银行办事的经历，现在银行在等候办理业务处都设置等候用1米线，用以暗示等候顾客与上前办理业务的顾客要保持距离。基本的做法是在地上贴上一条黄色不干胶带示意。倘若你还是采用此法来做一个银行装修设计方案的话，就该反省一下了。因为完全可以学习上面德国设计师的做法，对地面材质进行一种色彩的区分，形成一种语意感。当然银行语音报号系统又是另一个角度的解决方式，适合大型的分行。

密斯·凡·德·罗是20世纪世界上四位最伟大的建筑师之一。他的观点是，不管建筑设计方案如何恢宏大气，如果对细节的把握不到位，就不能称为一件好作品。细节的准确生动可以成就一件伟大的作品，细节的疏忽会毁坏一个宏伟的规划。他在设计每个剧院时都要精确测算每个座位与音响、舞台之间的距离以及因为距离差异而导致的不同听觉和视觉感受，计算出哪些座位可以获得欣赏歌剧的最佳音响效果，哪些座位最适合欣赏交响乐，不同位置的座位需要作哪些调整方可达到欣赏芭蕾舞的最佳视觉效果。更重要的是，他在设计剧院时，每个座位都要亲自去测试和敲打，根据每个座位的位置测定其合适的摆放方向、大小、倾斜度、螺丝钉的位置等。当今全美国最好的戏剧院不少出自密斯之手。他这样细致周到为顾客考虑的结果使他成为一个伟大的建筑师。

凌志公司有一个很朴素的设计，在你不小心将车钥匙留在钥匙孔里面锁上车门后，车门会瞬间关紧然后松开（保持打开状态）。它深知你不喜欢被锁在车外面的感觉。促使消费者下决心购买一辆汽车的原因可能就是一些小小的附加产品，比如舒适的坐垫，或者较好的饮水杯托，或者正好符合我们生活习惯的储藏空间。

直接模仿就要求我们用心体会优秀设计的精髓所在，它不一定是某一根具体的线条，而是渗透在这根线条里设计的理念。无论是学习他人的作品，还是自己做设计，我们都提倡注重细节，把小事做细。

仿生设计主要是运用工业设计的艺术与科学相结合的思维与方法，从人性化的角度，不仅在物质上，更在精神上追求传统与现代、自然与人类、艺术与技术、主观与客观、个体与大众等多元化的设计融合与创新，模仿生物的特殊本领、生物的外形结构和功能原理来设计产品。例如科拉尼的所有作品都充满了来自大自然的灵感，设计的飞机造型似鲨鱼或飞鸟，吸取鲨鱼功能形态中符合空气动力学原理与流体力学的特征，融合了自己的设计手法，创造出了很多耳目一新的设计。

模仿设计中还有一种为间接模仿，最常见的设计形式是功能上的模仿。这是把生物的某些原理、结构特点加以模仿，并在其基础上进行发挥和完善，产生另外不同功能或不同类型的产品。自然界有着极为丰富形态的自然物不仅有其形态上的完美性，也有其功能需要的实用性。万物之形，必有其生命原动力的存在，所有自然造型都具有必然性的结构或组织内涵。这都可以启发人类在设计创作中产生许多构思。比如利用旋转翼飞行的直升机的发明构想，最初来源于蜜蜂飞行时像螺旋桨一样回旋的翅膀翼片；蛙眼相机是科学家们根据蛙眼的视觉原理而设计的一种新型照相机，它能够从各个角度拍摄出一个球形的照片；还有超声波探测器是模仿蝙蝠的超声波，它能够探测物体的位置和形状，并且可以在黑暗中工作。

生物所具有的种种奇妙构造都是在长久的进化过程中经过了无数次的试行错误和验证后才取得成功的，因此，运用仿生学的原理所进行的设计，在实用性方面是经得起时间考验的，而且也可以和大自然和平共存。

我们在运用仿生设计时必须注意“仿生学”只能是启示，不能取代设计者的创造。设计者在模拟生物有机体时，必须加以概括、提炼、强化、变形、转换、组合，从而产生全新的冲击力。运用仿生学主要是“似物化”设计，要特别注意“似”和“化”两字的意义。“似”已经比模仿前进了一步，但它还是受原有形态的约束；“化”就深入得多了。

形态上的模仿是产品设计中最多见的手段，目的是通过仿生设计传达文化的、象征的产品语意。

设计师Helle Damkjaer设计的一款烟灰缸，模仿的是苹果形状特殊的造型，确保烟灰不会被风吹出。即使不吸烟的人，如果被这个银色苹果深深吸引，也可以拿来当纯摆设品，简约而雅致。我们隐隐地可以把握到当前的一种设计潮流，强调从自然形态中得到启示，通过对形态施以抽象手法来创造产品形象。尤其在家居用品中，造型生物感设计的情趣化似乎是今后设计的一种趋势。在这里，造型已经不再是根据功能推测出来的结果，而是脱离了现代主义的教条束缚，恢复由于过度追求效率而导致分崩离析的人际关系，重拾大家几乎遗忘了的历史文化及传统造型，传达更多文化象征的语意，体验更多轻松、自然、幽默的生活。

在运用模仿自然形态的手法时，首先要选择合适的形态。我们常见的街边的陶瓷垃圾桶，有的设计成青蛙或熊猫形，这就是一种失败的设计。其一，其形态并不符合垃圾桶、果皮箱的使用功能；其二，当我们看到这些憨态可掬的小动物嘴巴里塞满垃圾的时候，就很容易引起心理上的反感。所以选择形态时，要尽量回避在使用过程中容易引起的不良联想。

如能巧妙选择形象并运用象征或隐喻产生联想，达到形意结合，便又是更高的境界了。比如飞利浦公司有两款剃须刀包装袋的设计，一个模仿梨的形态，一个模仿花生的形态。我个人认为后者更耐人寻味，因为前者只是一个形态的模仿，而后者除了形态上的模仿，更是用花生壳对花生的包裹保护作用来暗喻包装袋对剃须刀的保护。运用含蓄隐喻的手法，使人产生多种联想，联想域越宽广，印象就越深刻，就越“耐人寻味”。

模仿也不仅限于对生物形态的模仿，可以把这种模仿的对象延伸至建筑、服装、文学、历史等。

G·里特维尔德是家具设计师兼建筑师，其设计受到当时荷兰“风格派”影响。风格派艺术家倡导艺术作品应是几何形体和纯粹色块的组合构图。1923年，他所做的极具轰动性的家具设计“红蓝椅”（图6-7），在专业艺术杂志上刊登出来以后，立刻引起广泛关注。“红蓝椅”在形式上是蒙德里安的作品“红黄蓝”的立体化翻译（蒙德里安以利用处于不均衡格子中的色彩关系达到视觉平衡而著称）。

图6-7　红蓝椅

1924年，G·里特维尔德又设计了他一生中最重要的也是建筑史上里程碑式的住宅设计——施罗德住宅（图6-8）。其设计思想和手法与“红蓝椅”如出一辙。光亮的墙板、简洁的体块、大片玻璃组成横竖错落、若即若离的构图，仍然与蒙德里安的绘画有十分相似的意趣，如同一座三维的风格派绘画。

图6-8　施罗德住宅

即便是采用同样的原型，因材料或提炼概括的手法不同，产品最终也会给我们带来完全不同的视觉感受和时代特征。

如果说前面提到的直接模仿是学习现有的优良产品，把别人的智慧转化为可利用的资源，那么，间接模仿更是把这种学习延伸至生物、建筑、服装、文学、历史，甚至更广的领域，这就要求产品设计从业人员平时要广泛涉猎。由阿尔多·罗西设计的咖啡壶产品（图6-9），采用了立体几何学的基本形状：

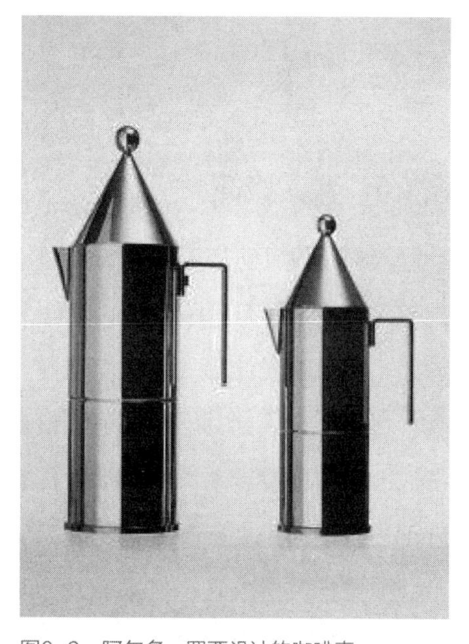

图6-9　阿尔多·罗西设计的咖啡壶

两个嵌合的几何体，其中一个是椎体，一个是圆柱，模仿建筑元素被重叠和组合，一如把城市轮廓放在家庭风景的一个角落中。

6.4.5 夸张强化设计

夸张强化法的第一种方式是突出强调设计中的某一部分，让用户感知更多的产品信息。另一种方式是对形态的局部或是整体进行夸张性的造型处理，增强产品形象，使得使用者留有深刻印象。如图6-10的蜂巢风扇设计，在千篇一律的风扇设计中，水滴状外形可让它在无支架的情况下平稳地放在桌面；而蜂巢孔则利于凉风保持风向，为室内提供高效的冷却效果。

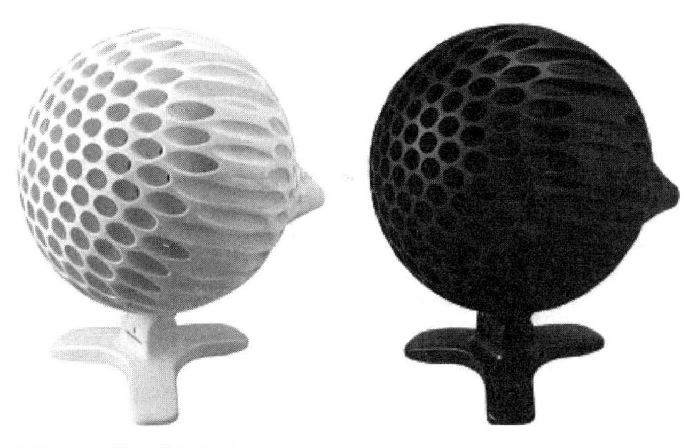

图6-10 蜂巢风扇设计

6.4.6 元素极简

极简化设计可以是一种设计风格，也可以是一种生活方式。强调感官上的简约整洁，剔除一切没必要的装饰，体现一种品位和思想上的优雅，强调一种简约而不简单的设计形式。极简化设计意味着平静自然的设计形式开始回归设计本真。极简主义设计并非一味追求设计形式的简化，而是追求设计形式和功能的平衡。即在实现设计功能的前提下，去除非本质、不必要的装饰，使用干净流畅的外形，使设计呈现出优雅感和纯粹感，减少人们的认知障碍，方便人们使用与欣赏。从设计风格来看，日本的设计可以归为极简化设计的典范，他们把极简发挥到极致。通过留白、正负形等各种方式，以简洁的图形来突出产品特征。

6.4.7 移植设计

移植设计类同于模仿设计，但不是简单的模仿。移植设计沿用已有的技术成果，进行新的移植、创造，是移花接木之术。移植设计的方法可以说是一种创新的魔力，作为寻求突破传统局限的创意，是一条极好的途径。这也类似于著名的设计公司IDEO经常用来发掘创意的一种方法——异花授粉（Cross Pollination），从其他领域中寻求解决问题的答案。

你无法猜到自己会在什么地方可以找到新鲜的东西，可能每天熟视无睹的东西就可以帮你解决一些一直困扰你的问题：我们用汽车雨刮器来解决浴室里镜子上的水雾；把超市手推车的设计创意移植到办公椅的叠放结构上来。创意的启发无处不在，所以我们提出了：每位设计师观察生活，并对周围事物保持好奇心和质疑精神是培养创新意识的第一步。

移植并非简单的模仿，其最终目的还在于创新。在具体实施中往往是要将事物中最独特、最有价值的部分移植到其他事物中。移植设计的方法可以分为技术移植、横向移植、纵向移植和综合移植。

（1）技术移植　技术移植即在同一技术领域的不同研究对象或不同技术领域的各种研究对象之间进行的移植设计。比如我们都感受过电脑风扇的缺点，电脑风扇散热是台式电脑最常用的散热方式，风扇形体很大，在吸收部分能量的同时，也会发出噪声。有一种薄薄的铜管，原本应用于航天业，被用来冷却航天器的关键部件，设计师们将它用于冷却移动式电脑中发热的微处理器芯片，这种微型的铜管能将热量安静地带走。

图6-11所示吸尘器是MY AI Labo的设计者罗德尼·布鲁克斯博士自己创立的公司、历时12年开发成功的家用机器人Roomba。Roomba为直径76厘米的厚圆盘形，重约2千克。乍一看，感觉不过是一个高性能的真空吸尘器，但它具有高度的自主能力，可以游走于房间各家具缝隙间，轻巧地完成清扫工作。据资料显示，这是将原本

图6-11　吸尘器

用于军事上的“躲避地雷的移动技术”应用到了吸尘器上。Roomba有着成熟的软件系统和大量的传感器。插上电源，这个圆形小东西就会开始充电，然后在你指定的时间内在房间里来回穿梭，把所有灰尘、果皮、纸屑统统清理干净。在超声波传感器和红外传感器的帮助下，Roomba会绕过各种障碍，钻到你床底、沙发下面清理污垢。“体力不支”的时候，Roomba还会自己回到充电底座上休养生息。

索布森（Sorbothane）是一种用在高级跑鞋中极好的松软且有弹性的物质。我们把它用于何处呢？至少可以用一小点这种物质来保护可移动电子设备内部精细的元件。TiVo公司生产的为个人电视设备服务的机顶盒内部装有两个巨大的、日夜旋转的磁盘驱动器，它可以将正在播放的节目作数字化处理并存储起来，以实现让正在播放的节目暂停甚至后退，却没有令人不愉快的噪声。它在设计上有什么独特之处呢？只是TiVo公司在驱动器中放置了价值几美分的索布森，以抑制震动和减轻噪声罢了。

（2）横向移植　横向移植是在不同层次类别的产品之间进行移植，把其他事物中最有特点的结构或功能部分进行移植创造。

比如，不倒翁是一种很好的玩具，在唐朝就有，用作劝酒的工具。有趣的不倒翁，不论你怎么使劲推，它都不会翻倒。甚至当你把它横过来放，一松手，“倔强”的不倒翁又会站在你面前。这是怎么回事呢？一方面因为它上轻下重，底部有一个较重的铁块，所以重心很低；另一方面，不倒翁的底面大而圆滑，当它向一边倾斜时，它的重心和桌面的接触点不在同一条铅垂线上，重力作用会使它向另外一边摆动。

Sony和Philips公司就移植了这一有趣的结构，分别制成了遥控器、剃须刀和无绳电话，使产品犹如一个有生命的事物直立于台面上，在使生活充满情趣的同时，也至少使我们摆脱了从满茶几的报纸堆里翻找遥控器的状况。

再比如，OHSO一体式牙刷的设计，就是创意性地把牙膏和牙刷结合为一体。它胖胖的后半部分就是储藏牙膏的地方，通过旋转旋钮就可以把里面的牙膏挤到前面的牙刷头，很方便，适合经常出差的朋友。牙刷的整体造型借鉴了笔的可随身携带的造型特点，而且，移植水性笔的出水方式，使储藏在OHSO一体式牙刷内的牙膏通过旋转尾部转钮直接经由内部的管路到达牙刷头处。

（3）纵向移植　纵向移植，是在同一层次类别内的不同形态之间进行的移植设计。如将摩托车的减震装置应用到了山地车和电动车上。这在军转民的技术里面应用已经很多了。比如，对于美国“9·11事件”里被困在世贸中心的人们来说没有什么能够比一顶降落伞更加有用了。美国在“9·11事件”后，有人在曼哈顿开了一家名为“更安全的美国”的安全用品商店，惊恐的美国人在这家店里可以买到任何安全保护用品，其中包括高空坠楼营救系统。感兴趣的人花1499美元就可以买一顶在半秒之内就能自动打开的降落伞，此外还有一顶安全帽、一个防毒面具和一个很大的腰包。它的最佳之处是还有适合儿童和宠物的尺寸。对于那些毫无准备的人来说它还带有一盘指导录像带，而对那些极度担心的人们它还可以提供15分钟的训练。

我们习惯上会把苹果盘描述为“容纳苹果的器皿”。“器皿”一词难免从材质和形式上限制设计思路的发散。但如果把这产品描述改为一种台式用品，用来集中放置苹果，我们的设计思路也会宽广很多，或许可以从落地灯中得到设计启发。它们都是支撑类用具，只不过支起的是不同的内容，可能是苹果，又或者是鸡蛋也未尝不可。

（4）综合移植　综合移植是把多种层次和类型的产品概念、原理及功能、方法综合引进到同一研究领域或同一设计对象中，这是一种创新的设计手法。

这一手法在产品设计中的运用越来越为广泛。随着电子技术的小型化、微观化发展，它给产品的造型也提供了极大的创作可行性。高技术产品随着科技的发展越来越普及，并渗透到生活的每一件小物件中，使原有物品之间的界定概念发生模糊，出现了很多对现有物品功能的重新定义。比如现今的手机，综合了相机、导航、阅读、听书等多种功能，已不再是单一的接打电话功能，功能的综合移植让手机用户使用起来更加便利，除此之外，还有设计师提出将手机和手镯进行结合，形成手镯式概念手机，让手机更方便携带。

再比如图6-12所示计算器，是将电子时钟和闹钟的功能移植到了计算器中，它的显示屏可以调节角度，当键盘正对使用者，显示器角度上翘时是计算器，而不用计算器时，将显示屏下压它就变成时钟和闹钟。

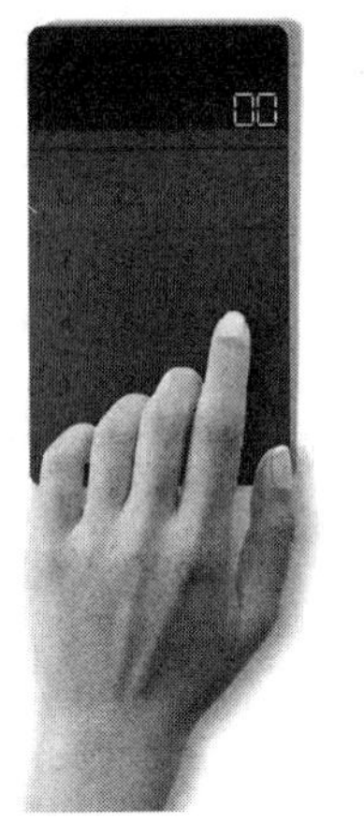

图6-12 多功能计算器

6.4.8 替代设计

替代设计就是在产品设计开发中，用某一事物替代另一事物的设计。这也是产品生命周期中的必然现象。每一个产品都有一个发生、成长、成熟和衰亡的过程，这是一个产品的生命周期。

随着新旧技术的更迭和人们需求的转变，一些产品和技术就难免被新的产品和技术所替代。犹如蜡烛终究被各式灯具所代替，手表的计时功能逐渐被其他电子产品所替代而更多作为一种表达自我的物品而存在一样。有的时候，甚至替代本身就是一种设计，比如手机的“彩壳随心换”被移植用到了冰箱面板的随心替换中。

一般来说，替代设计分为材料替代和方法替代。

（1）材料替代 在讨论材料之前，先来看一下一个时下很热销的产品——蚂蚁工坊。没有肮脏的泥沙，代之以由干净的海草提炼物制成的凝胶，其中含有可供蚂蚁维持生命的水和营养物质。放几只蚂蚁进

图6-13 蚂蚁工坊

去，盖上盖子，即可清楚地观看这些蚂蚁在蓝色黏性物质里“打隧道”的有趣情景，用放大镜甚至可以看清楚蚂蚁令人惊奇的尖爪以及细微的触角。如图6-13所示。

蚂蚁工坊可以锻炼儿童的观察能力、思维能力、专注能力和动手能力，开发儿童的智力，使孩子在观察蚂蚁生活的过程中去了解蚂蚁，引导孩子对自然科学、生命科学产生浓厚的兴趣。

随着新技术、新材料的不断发展，一个概念移植于植物无土栽培的设计，一个通过材料的替换就可以给我们带来全新生命体验的绝妙创意，往往出其不意地成为我们创意的点火器。难怪连著名的IDEO公司，也在公司的角落里摆放一个堆放平时收集来的各种有趣材料的“技术箱”。当某个项目陷入瓶颈时，随手翻翻，就会激发新的创意。这里有各种千奇百怪的材料——气态胶，这是一种很轻的透明物质，感觉很像固态的烟；也有防止子弹冷却的材料；不能够回弹的橡皮球；按下开关就会变透明的不透明材料……新材料的层出不穷为设计师们营造了一个多姿多彩的“乐高园地”。

产品设计常用的设计材料一般包括金属、塑料、木材、玻璃及陶瓷，材料替代的目的往往是多种多样的，比如环保，或者标准化生产和提高生产能力等。19世纪以前的制品都是采用天然材料做成的，材料与制品的对应关系都是相对固定的。由于材料种类稀少，在设计中改变材料性质、重新组合使用材料、改变材料用途的可能性极小，因此改变材料的色彩，或将不同的材料组合起来就成了设计的主要任务。20世纪初，塑料诞生后，塑料质地均匀，价格便宜，并适合机械化大生产。因此，大部分器具纷纷以塑料替代天然材料，其中尤其突出的是用尼龙代替丝绸。这个时期的设计仍用塑料模仿以玻璃、陶瓷、木材等单一材料做成的生活器具，这属于低层次的设计材料替代。

20世纪70年代以来，更多具有特殊性质的塑料品种也在工业生产中得到广泛应用。塑料本身所具有的特点决定了其产品的色彩、形态和使用方法，也提示了新制品诞生的可能。这一时期的材料替代就能充分发挥材料本身的特性去拓展产品，设计工作已不再是被动地运用塑料。

以家具中的椅子为例，可以看出材料对产品设计的影响和促进作用。古希腊时期，采用天然石材制作的石椅子，由于石材承受的压力远远高于承受的拉力，且不易加工装配，通常整体落地，因而形成一个基座式椅子的造型风格。木制椅子就比天然材料容易加工成型，坚硬的材质使得精密的榫卯结构得以实现，让椅子在造型上线条更加挺拔、秀丽、流畅，其形体更加严谨轻巧，浑然一体，可以形成集简洁的造型、严谨合理的结构、精致的制作工艺和自然亮丽的材料质感为一体的艺术作品。

自18世纪欧洲工业革命以来，随着科学技术的发展，出现了各类新材料、新工艺，给家具造型带来了新的生命。由马塞尔·布鲁尔领导的家具改革，开辟了家具设计新的一页。他由自行车把手而引出了钢管家具的设想，于1925年以钢管和帆布为材料，成功地设计制造出了世界上第一张以标准件构成的钢管椅——瓦西里椅（见第1章图1-6），突破了原有木制椅子的造型范围。

20世纪三四十年代以后，由于合成树脂的迅速发展和胶合技术的应用，产生了一种新的椅子形态——胶合板椅，它改变了原有木材的特性，其结构、强度赋予椅子新的造型风格。如芬兰设计师阿尔瓦·阿尔托设计的弯曲胶合板椅（图6-14），采用胶合板材热压弯曲而成，其造型既有钢管椅的结构特征，又有20世纪30年代流线型的美学特征，具有几何形体的明确性和简洁性的造型特点。

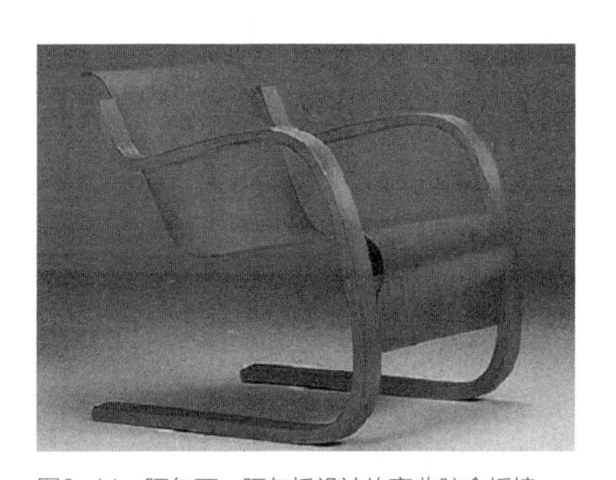

图6-14　阿尔瓦·阿尔托设计的弯曲胶合板椅

此外，新的合金技术和合成化学技术也为椅子提供了各类高性能的轻质合金材料及高分子聚合材料，这一系列材料的问世，为椅子造型设计提供了更多新的思路。例如设计师威勒·潘顿设计的“S”形堆叠椅，采用塑料一次性成型，其造型简洁优美、色彩艳丽，独特的造型充分体现了塑料的生产工艺和结构特点，使塑料这种工业化、大众化的材料变得高雅起来。又如采用乙烯基布缝制成一个锥状布袋子，内装颗粒状聚苯乙烯泡沫球的Sacco椅，完全抛弃了家具设计的结构，适宜使用者的各种坐姿。

所以，材料的更新总能为我们带来很多崭新的思路。近年来，一批设计师不甘心被动地接受材料科学的研究成功，从“以人为本”的角度出发，积极评价各种材料在设计中的价值，发掘材料在造型设计中的潜力，有意识地运用新材料和新技术来创造新产品，同时关注环境问题，从而出现了“材料设计”的理念，确定了材料运用已成为设计活动中一个不可忽视的部分。

（2）方法替代　我们总说，设计不是装饰，而是一种需要。那么，作为一种需要的实现，是有很多种方法的。通过设计，用新的方法代替老的方法，以实现既定功能或其他目标。这种方法的改变根源来自于经济的发展、技术的更新和人类需求层次的提高。不论是出于何种理由采取替代的方法，最终结果应该是使实现功能的过程更为优化。

比如同样是做饭的工具，我们经历了煤炉到煤气灶，再到电磁炉、微波炉的演化过程，它们依次或交替着见证了我们的生活，提高了我们的生活效率和品质。

当我们在西湖边上等公交车时，采用全球定位技术的公交站等候报时系统会提示，最近一班公交车离到站时间还有几分钟，使人们焦躁的心情安定下来。与传统的站牌相比较，全球定位技术的公交站报站系统的优势在于可以借助于技术的发展了解时间，即使人们仍然需要等待，但也会高效许多。

教学或者会议记录一般使用黑板，用粉笔会产生大量粉尘，后来才用无尘粉笔缓解了粉尘的问题。此后，采用记号笔书写记录的白板开始普及起来了，可是美中不足的是记录和听讲总令人处于顾此失彼的状态，由此产生了电子白板。写在普通白板上的书面信息通过红外线结合超声波扫描直接输入与其连接的电脑中，可以使每个会议参与者在“认真听讲还是仔细记录”的两难问题上有了最佳的解决方案。“黑板－无尘粉笔－白板－电子白板”记录方法的更迭，是技术的发展，也是人本精神的体现。

方法替代未必是要高技术含量的。最明显、最简洁的方案就是最好的方案，也让我们再次体会到移植设计中所倡导的“答案在别处”的深意。

6.4.9　运用几何比例关系

人类的视觉对某些特定的比例尺度分割关系会产生审美感觉，这种设计背后的有序与平衡的视觉感受来自数理几何中的各种分割与比例关系。符合比例尺度规律的视觉元素具备的共性是一种比较抽象的属性，是一种技术美学，在设计中合理加以应用，可以让设计更具技术美感。如图6-15所示。

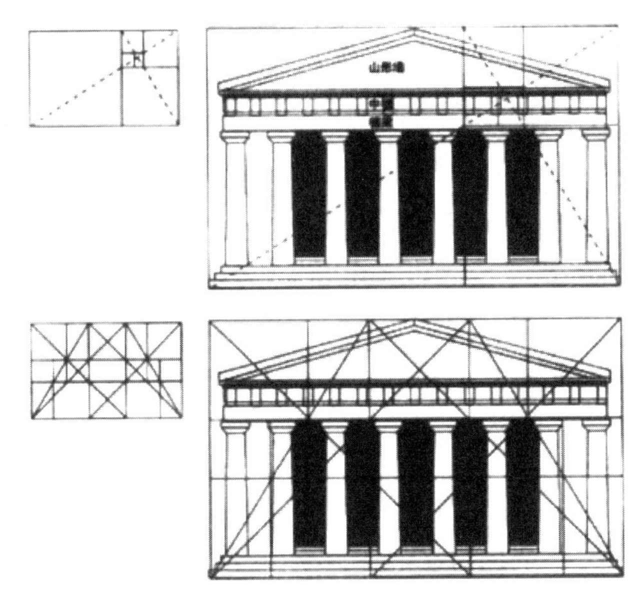

图6-15　帕特农神庙的黄金分割比例运用

一些世界上著名的品牌标志已经使用黄金比例的案例，以完善自己的标志设计。例如苹果公司用黄金比例切出了苹果标志的形状。结果显然是一个完美的更具视觉美感的标志设计。

6.5　产品设计开发计划

产品设计开发计划是在企业理念的指导下，统筹设计、生产、销售等各部门的资源，针对市场需求而制订的具体的、可行的产品开发计划。企业开发产品的目的是使企业获得收益，而且不仅仅是金钱上的收益，还有扩大企业对社会的影响力，这就要把企业的理念融入设计思想中去，通过设计出来的产品传达给消费者，以增强消费者对企业的信任感。

6.5.1　产品设计开发计划的类型

马斯洛需求理论由低到高分为生理需求、安全需求、社交需求、尊重需求和自我实现需求五类，这五类需求对应着不同的消费阶层，而不同的消费阶层又是同时并存的。社会的发展也对应着不同的需求层次，经济发展的不同阶段相对应的需求层次也不同。同时，产品开发计划因不同的需求层次而有所不同。例如，新中国成立初期，百业待兴，各种产品极其匮乏，所以消费者不可能有很大的选择余地。这时，产品的开发计划是以企业自身生产为目的的，只要能生产出来就能卖出去，所以产品开发计划更多的是考虑生产技术和生产能力的问题。

根据不同经济发展的阶段所对应的需求层次，产品开发计划可分为三种类型。第一种类型，以企业自身的生产为目的的产品设计开发计划。市场经济发展初期，竞争不激烈，能够生产出来的产品都能销售出去。第二种类型，以满足消费者需求为目的的产品设计开发计划。这个时期，经济得到快速发展，人们生活水平得到提高，消费者选择产品的自由度扩大，竞争日益激烈，为提高市场占有率，企业不得不着手提高产品的销售量。为达到销售的目的，产品的设计就必须开始考虑消费者的需求，因而就必须制订满足消费者需求的产品设计开发计划。第三种类型，以创造新的生活方式为目的产品设计开发计划。当经济发展到一定阶段，人们的物质生活得到极大丰富的时候，人们就开始追求精神上的满足，对于产品的要求不仅仅停留在功能上，而是希望通过产品来追求生活品质。这对产品设计开发计划提出了更高的要求，产品设计开发计划的制订必须考虑到产品的设计能够引导人们追求更高层次的精神上的满足感。

6.5.2 产品设计开发计划的内容

产品设计开发计划是一项长远的计划，不仅包括新产品的开发，还要考虑到新产品上市后的后续问题。因为市场是不断变化的，产品必须适应市场的变化才能生存，所以产品开发计划还要包括当市场变化时的产品改良计划以及对产品的生命周期的把握和系列产品的扩延等。

6.5.2.1 新产品的设计开发

新产品的设计开发首先必须保证能够促进企业的发展，这是企业开发产品的原动力。其中要考虑到产品对市场变化的适应、消费者的需求变化的适应、产品进入退化期对企业的影响等方面的内容。

6.5.2.2 产品的改良

当市场出现变化时，产品就要相应地作出改变，以应对市场的变化。产品的改良要尽可能地预测市场的变化，在市场发生变化之前将产品改良，占领先机。这种预测是建立在对消费者需求的变化的把握，对新技术、新材料应用的探索以及对造型、色彩等方面的改进上的。

6.5.2.3 产品生命周期的把握

产品从进入市场开始一般要经过成长期、成熟期、饱和期和退化期。产品到退化期后竞争力逐渐下降，企业的收益也不断降低。因此，在制订产品设计开发计划的时候就必须认识到这一点，对产品的寿命进行预测，有计划地将产品撤出市场，同时将改良后的产品投入市场，降低产品退化对企业的影响。

6.5.2.4 系列化产品的扩延

通常单个的产品取得良好的市场反应后，企业会将这一产品形成系列化，将市场对这一单个产品的好评引导向这一系列的产品，以争取更大的市场份额。产品设计开发计划要从市场经营、消费需求、企业内部资源利用等方面入手，将所有资源充分利用，争取效益的最大化。

6.5.3 产品设计开发计划的过程

产品设计开发计划是为了能够满足消费者需求的产品设计活动顺利进行而进行的计划活动。产品的设计过程大致要经过确定设计目标、方案设计、方案优选、方案评估、产品投产、产品销售等阶段。为使整个设计过程得以顺利进行，必须建立一套组织管理体系来指导设计过程的运行。这个体系是由设计部门、技术部门、生产部门等构成的，在各个阶段对时间、经费等作出明确的规定。

通过和企业深入沟通，了解这个企业的理念和市场需求，进行市场定位、竞争产品、产品功能、使用方式、人机工程的分析判断，以确定产品策略方向，达成共识。同时做一些调查，了解一下现在已经有什么样的产品了，当确定基本的思路后，与设计师沟通，并说明这个产品的思路、受众及一些自己的想法，探讨实现的可行性。同时准备相关资料与企业进行沟通，主要从数据报告、功能性及可行性三方面下手，在探讨的同时指出功能或结构上的一些问题，并提出改善方案，深入探讨并尽可能考虑到每个实现的细节。如果在设计目标的确立上出现隐患，余下的其他工作也将会遇到诸多问题。

下面主要从以下三方面进行评估：数据报告、功能性、可行性。

每个产品初期都是感性的，但不能保证每个功能都能按原有思路进行实现，具体还需要和相关技术人员进行探讨、碰撞后形成最终的产品思路。

（1）探索产品设计方案　产品设计方案需要设计师根据市场调研分析的结果，运用创意激发构想，设计出大量的方案。在确定产品设计的思路之后，通过“头脑风暴”的讨论，绘制出概念性草图，同时进行设计展开，并将设计思路图形化。然后通过可行性筛选、结构工程分析，对概念草图进行深化设计，完成传达给客户观看的草图。

（2）对产品设计方案进行优选　从大量的方案中挑选出既符合企业的发展理念，又具有市场价值的方案进行深化。

（3）对深化的设计方案进行评估　将深化后的方案进行各个方面（包括造型、材料、色彩、实现技术、人机关系等方面）的评估。通过评估，初步与客户达成概念上的共识。

（4）产品投产试销　为降低产品大批量投入市场的风险，先生产小部分产品投入市场，试探市场的反应，同时进行调查，找出产品的问题，再进行精确的修改。

（5）产品正式投产、销售　产品设计开发得到认可后，开始大批量的生产销售。这一阶段的工作重点转移到生产、销售、宣传和售后服务等部门。

产品是连接企业和消费者的桥梁，是两者互相传递信息的媒介。消费者通过使用企业的产品从而了解企业的文化；企业开发和改良产品设计又必须掌握消费者的需求。所以产品设计开发计划对于企业来说具有十分重要的意义，是企业一切活动的基础。

产品设计 Product Design

第7章

产品设计的发展与展望

7.1 现代设计思潮

7.2 未来设计的发展

7.1 现代设计思潮

生活中的每一件产品都蕴藏着设计师独特的设计理念。拥有一个好的设计理念至关重要，它不仅是设计的精髓所在，而且能使作品具有个性化、专业化和与众不同的效果。随着社会和科技的发展，设计的理念越来越人性化和超前化。那么，怎样拥有一个好的设计理念呢？21世纪又必须具备哪些设计理念呢？下面就从新产品开发的角度，来阐述当今设计师所必备的设计理念。

7.1.1 绿色设计

今天所处的生活环境已经发生了巨大的变化，科学技术的发展给人们的生活提供了极大的便利，但是同时也破坏了地球的生态环境。科学技术是把“双刃剑”，如何利用好这把“剑”，对于产品设计来说是非常关键的。气候变暖、冰川融化这些看似比较遥远的事情，已经切实地影响到了人们的生活。20世纪60年代末，美国设计理论家维克多·巴巴纳克出版了一部当时引起极大争议的著作——《为真实世界而设计》(*Design for the Real World*)，书中强调了设计师的社会和伦理价值、环境保护等问题。20世纪70年代“能源危机”暴发后，他的“有限资源论”得到了普遍的认同。

对于产品设计而言，从设计伊始就要始终贯彻绿色设计的理念，在产品设计的每个环节中都要充分考虑到环境、资源、能源等相关的问题。

7.1.1.1 绿色设计的概念

绿色设计（Green Design）也称为生态设计（Ecological Design）、环境设计（Design for Environment）等。绿色设计是指在产品及其生命周期全过程的设计中，要充分考虑对资源和环境的影响，在充分考虑产品的功能、质量、开发周期和成本的同时，更要优化各种相关因素，使产品及其制造过程中对环境的影响减到最小，使产品的各项指标符合绿色环保的要求。绿色设计的基本思想，是在设计的初始阶段就将环境因素和预防污染等措施贯穿于产品设计当中，将产品和环境的适应关系作为产品的设计目标和出发点，力求使产品对环境的影响减少到最小。对工业设计而言，绿色设计的核心是“3R”（Reduce、Recycle、Reuse），不仅要减少物质和能源的消耗，减少有害物质的排放，而且要使产品及零部件能够方便地回收并可循环再生或重新利用。

7.1.1.2 绿色产品设计的主要研究内容

绿色产品设计包括绿色材料选择性设计、绿色制造过程设计、产品可回收性设计、产品的可拆卸性设计、绿色包装设计、绿色物流设计、绿色服务设计、绿色回收利用设计等。在绿色设计中，从产品材料的选择、生产和加工流程的确定、产品包装材料的选定，直到运输等都要考虑资源的消耗和对环境的影响，以寻找和采用尽可能合理和优化的结构和方案，使得资源消耗和环境负影响降到最低。

（1）绿色材料选择性设计　绿色设计不仅要求在选材时要考虑产品的使用条件和性能，同时更要考虑选择的材料对环境的影响，使所选材料对环境的影响降到最低点。

（2）绿色制造过程设计　要加强对材料的管理和应用，使有用的部分得到充分回收利用，没用的部分采取特殊的方法进行再处理，从而使对环境的影响降到最低点。

（3）产品可回收性设计　它的最终目标是使所用材料得到充分的回收和再利用，把对环境的影响降到最低限度。

（4）产品的可拆卸性设计　可拆卸性要求产品的设计结构要打破传统的连接方式，便于包装、运输、维修，并且在报废后可回收再利用。

（5）绿色包装设计　绿色包装（Green Package）又称为环境之友包装，它是一种非常健康且环保的包装形式，普遍应用于当代的包装产业中，例如纸包装、木质的包装等。

7.1.1.3 绿色设计的特点

（1）绿色设计要体现人性化　人性化设计即“以人为本”的设计。所谓以人为本，不单单是指个体的人，更包括社会的人、环境的人、宏观的人等。人性化设计要考虑多方面因素，它包括对环境、安全、使用、操作、协调，以及心理感受等方面的综合要求，结合这些方面才能作出一种科学环保的设计。

（2）绿色设计要体现简约性　简约不等于简单，所谓简约，就是所设计的产品要体现出观念的创新、材料的创新、形态的创新等，既能体现时代性，同时又在功能上有所突破和创新，在节省材料的同时，又满足了人们的心理需求。它提倡一种少而精的设计理念，主张节俭，使未来的设计成为一种“健康的设计”。

（3）绿色设计要体现环保性　绿色设计着眼于人与自然的生态平衡关系，在设计过程的每一个决策中都充分考虑到环境效益，尽量减少对环境的破坏。绿色设计不仅是一种技术层面的考量，更重要的是一种观念上的变革，要求设计师放弃那种过分强调产品在外观上标新立异的做法，而将重点放在真正意义上的创新上，以一种更为负责的方法去创造产品的形态，用更简洁、长久的造型使产品尽可能地延长其使用寿命。

7.1.1.4　绿色设计的未来发展趋势

如果说19世纪的设计师们是以对传统风格的扬弃和对新世纪风格的渴望为特色，那么20世纪末的设计师们则更多的是以理性的思维来对待一个多世纪以来设计变革的历程。

针对绿色设计而言，目前大致有以下几种设计主题和发展趋势：

（1）天然材料的使用，以“未经加工的”形式在产品中得到体现和运用。

（2）精心融入“高科技”因素的简洁风格，使用户感到产品是可亲的、温暖的。

（3）实用并且节能。

（4）强调使用材料的经济性，摒弃无用的功能和纯装饰的样式，创造形象生动的造型，回归经典的简洁。

（5）情趣化的体现，主要表现在产品名称的情趣化和各要素的情趣化。

（6）产品与服务的非物质化。

（7）组合设计和循环设计。

在产品开发过程中，如果不重视环境保护意识，不考虑产品本身是否对环境造成污染和危害，而一味地关心它们的造型是否具有十足的创意，成本是否十足的低廉等，从长远的角度看，只会给企业带来损失，更会给人类赖以生存的环境带来不可逆转的损失和灾难。绿色产品开发，应该从产品的绿色设计开始。绿色设计的设计理念和方法以节约资源和保护环境为宗旨，它强调保护自然生态，充分利用资源，以人为本，善待环境。绿色设计不应仅仅是一个倡议或提议，它应成为现实文明和未来发展的方向。面对当前全球的环境污染、生态破坏、资源浪费、温室效应和资源殆尽等问题，每个地球人都应感到生存的危机。社会可持续发展的要求预示着“绿色设计”将成为21世纪工业设计的热点之一。“绿色设计”在现代化的今天，不仅仅是一句时髦的口号，而是切切实实关系到每一个人切身利益的事。

7.1.2 无障碍设计

无障碍设计又称通用设计，它是基于对人类行为、意识与动作反应的细致研究，致力于优化一切为人所用的物与环境的设计，在使用操作界面上清除那些让使用者感到困惑、困难的“障碍”，为使用者提供最大可能的方便，这就是无障碍设计的基本思想。无障碍设计这个概念是1974年联合提出的设计新主张。无障碍设计强调现在人类的和谐社会是高度人性化的生存状态，一切生活设施和环境都应该能够满足各种不同程度的残障人士和逐渐丧失各种活动能力的人使用，如残疾人、老年人等。无障碍设计提倡在现代文明社会中人人平等，不能因为残疾人不具有各样的生活能力而被社会忽视，相反，应该更加重视这一群体。设计要关注所有人，让设计为所有人所通用。

我国目前的各类残障人总数已经将近1亿。可想而知，如果设计不是通用的，那么将给这一部分人的生活带来困难。平常人很容易做到的事情，在残障人士看来却是非常困难的。这样的情况随处可见：下肢残障的人士乘坐公交车非常不方便，上、下车需要别人帮忙；视障人士打电话看不见按键，等等。无障碍设计关注、重视残障人和老年人的特殊需求，但它并非只是专为残障人、老年人群体的设计。它着力于开发人类“通用”的产品——能够满足所有使用者需求的产品。除了残障人士，无障碍设计也要考虑到正常人中的特殊群体，例如有的人身高很高，腿很长，而普通人坐的凳子却很低，这样身高的人坐在上面就很不舒服等，在日常生活中这种例子还是很常见的。

无障碍设计从关心弱势群体的角度出发，推动着设计的不断发展和进步，使设计的产品更加合理、人性化。首先体现在城市公共环境、交通道路、建筑等

图7-1　无障碍卫生间

方面。目前都市的道路大多铺有为盲人行走而建的盲道；城铁、地铁等交通工具也可以将轮椅方便地推进去，大大地方便了视障人士的出行；公共空间都设有为下肢残障的人准备的卫生间，如图7-1所示。

无障碍设计因其设计针对对象的特殊性而具有特殊的设计原则，美国北卡罗来纳州立大学通用设计中心以罗恩·梅斯教授为首，在1995年针对通用设计的设计指针提出7原则。7原则是目前最具代表性的设计指针，分述如下：

7.1.2.1　原则之一：平等的使用方式

定义：不区分特定使用族群与对象，提供一致而平等的使用方式。

（1）对所有使用者提供完全相同的使用方法，若无法达成时，也尽可能提供类似或平等的使用方法。

（2）避免使用者产生区隔感及挫折感。

（3）对所有使用者平等地提供隐私保护及安全感。

（4）对使用者具有吸引力。

7.1.2.2　原则之二：具有通融性的使用方式

定义：对应使用者多样的喜好与不同的能力。

（1）提供多元化的使用选择。

（2）提供左右手皆可以使用的机会。

（3）帮助使用者正确地操作。

（4）提供使用者合理通融的操作空间。

7.1.2.3　原则之三：简单易懂的操作设计

定义：不论使用者的经验、知识、语言能力、集中力等如何，皆可容易操作。

（1）去除不必要的复杂性。

（2）使用者的期待与直觉必须一致。

（3）不因使用者的理解力及语言能力不同而形成困扰。

（4）根据资讯的重要性来安排。

（5）能有效提供在使用中或使用后的操作回馈说明。

7.1.2.4 原则之四：迅速理解必要的资讯

定义：与使用者的使用状况、视觉、听觉等感觉能力无关，必要的资讯可以迅速而有效率地传达。

（1）以视觉、听觉、触觉等多元化的手法传达必要的资讯。

（2）在可能的范围内提高必要资讯的可读性。

（3）对于资讯的内容、方法加以整理区分说明（提供更容易的方向指示及使用说明）。

（4）通过辅具帮助视觉、听觉等有障碍的使用者获得必要的资讯。

7.1.2.5 原则之五：容错的设计考量

定义：不会因错误的使用或无意识的行动而造成危险。

（1）让危险及错误降至最低，使用频繁的部分拥有容易操作、具有保护性且远离危险的设计。

（2）操作错误时提供危险或错误的警示说明。

（3）即使操作错误也具有安全性。

（4）注意必要的操作方式，避免诱发无意识的操作行动。

7.1.2.6 原则之六：有效率的轻松操作

定义：有效率、轻松又不易疲劳的操作使用。

（1）使用者可以用自然的姿势操作。

（2）使用合理力量的操作。

（3）减少重复的动作。

（4）减少长时间使用时对身体的负担。

7.1.2.7 原则之七：规划合理的尺寸与空间

定义：提供无关体格、姿势、移动能力，都可以轻松地接近操作的空间。

（1）提供使用者不论采取站姿或坐姿，视觉讯息都显而易见。

（2）提供使用者不论采取站姿或坐姿，都可以舒适地操作使用。

（3）对应手部及握拳尺寸的个人差异。

7.1.3 民族化设计

民族化的设计风格与国际化的设计氛围之间的关系是存在于不同地区、不同地域、不同民族的风俗习惯及文化背景下所产生的对思维和特点的设计变革与进步，它同时具有个性与共性的鲜明特征，存在着辩证统一的关系。民族化设计具有个性，国际化设计具有共性，而国际化设计是具有包含意义的，是一个为国际设计界所认同的工人审美标准，民族化设计则处于其中，并产生着一定的积极影响。明基Scanner 5250c书法扫描仪具有鲜明的民族化特点：其轻薄以及极具古典气息和艺术品位的时尚外观设计，非常受用户青睐；其别具一格的底座竖放设计，可以节省空间；其人性化的软件功能，可升级实现A3大幅面扫描，如图7-2所示。

图7-2 明基Scanner 5250c书法扫描仪

7.1.3.1 民族化设计的推动作用

整理和探究民族的优秀文化，将有特色、有重点、有影响地弘扬民族文化的精髓，将利于国际设计多元化的发展趋势，尤其是在当今全球大文化互相影响的背景下，对各个国家的本土化设计风格都提供着多元素的设计定位与导向。民族化设计的发展是各个地域民族文化创新发展的基点，也是国际化发展的源泉动力，时代的快速发展，铸就了民族文化的积淀和创新。民族化设计对发展各个国家的文化创意产业资源，使其转化为各式各样的视觉表现方式，通过文化元素和文化产业的链接来铸造本土的文化活力和影响具有重要的作用，使民族化设计真正以积极主动的姿态融入设计的变革与创新之中，形成新颖独特的表现形式空间。

7.1.3.2 民族化设计的发展趋势

全球化设计不仅是一种共融趋势，同时又是不同国家、不同地域、不同民族对待同一设计风格的一种工具、一种策略和一种态度，而这种趋势是文化的展现，更是经济的支点。对待民族化设计，在保持设计风格品味的前提下，更应注重民族文化意识和国家意识，因为一个国家的文化积淀往往比其经济力量更为强大。

7.1.4 并行工程

并行工程是对产品及其相关过程（包括制造过程和支持过程）进行并行、集成化处理的系统方法和综合技术。并行工程要求产品开发及设计人员从一开始就要考虑到产品全生命周期内各阶段的因素（如制造、功能、装配、质量、作业调度、成本、维护与用户需求等），并强调各部门的协调工作，通过建立各个决策者之间的有效的信息交流与通信机制，全面分析各相关因素的影响，使后续环节中可能出现的问题在设计的早期阶段就被发现，并得到解决，这就是并行工程的产品开发过程（图7-3），从而使产品在设计阶段便具有良好的可制造、可装配、可维护及可回收再生等特性，最大限度地减少设计反复，缩短设计、生产准备和制造时间。

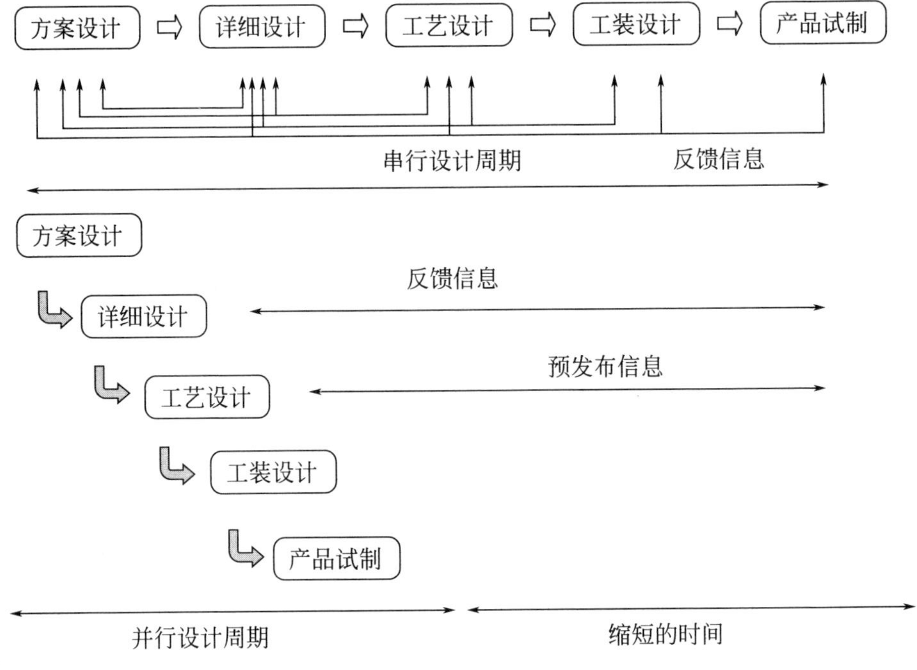

图7-3　并行工程的产品开发过程图

7.1.4.1　并行工程的本质特点

并行工程强调的是面向过程和面向对象研发的一个新产品，从概念构思到生产出来是一个完整的过程。强调设计要面向整个过程或产品对象，因此特别强调设计人员在设计时不仅要考虑设计，还要考虑这种设计的工艺性、可制造性、可生产性、可维修性等，工艺部门的人也要同样考虑其他过程，设计某个部件时要考虑与其他部件之间的配合。并行工程的运行模式中（图7-4），各部门之间协调配合，所以整个开发工作都要着眼于整个过程和产品目标。

7.1.4.2　并行工程的创新及发展前景

并行工程已从最初的理论化向实用化方向迈出了一大步，并越来越多地运用到航空、航天、机械、汽车等诸多领域。在企业对产品的研发与创造中，将企业产品的策划、研发、设计、制造、加工、销售、管理等各个环节无形中衔接起来，而不是最初的相互独立的一个单元，从而成了产品决策的推进剂，这就是实施并行工程的信息支撑环境与工具（图7-5）。自此，并行工程实现了三大方面的创新，即采用多功能团队实现组织的创新，在开发过程中实现过程的创新，采

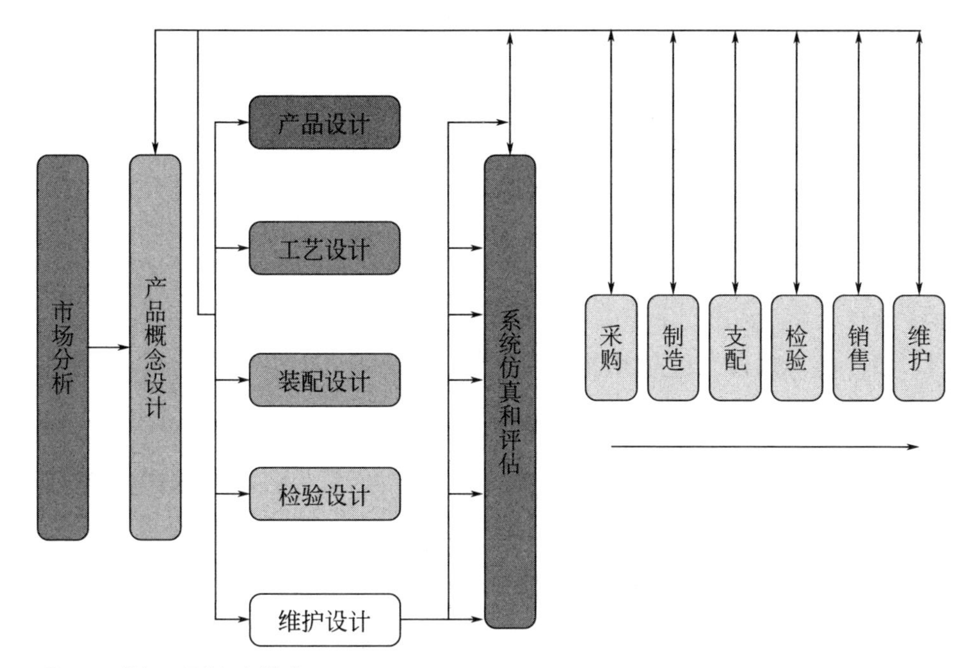

图7-4　并行工程的运行模式图

用信息技术手段实现设计手段的创新。并行工程的实施将从根本上改变现行的制造模式，从而在研究方向、产品研发、技术实用化、实施队伍、科研力量上促进产品在其市场竞争中的经济效益大大改善。

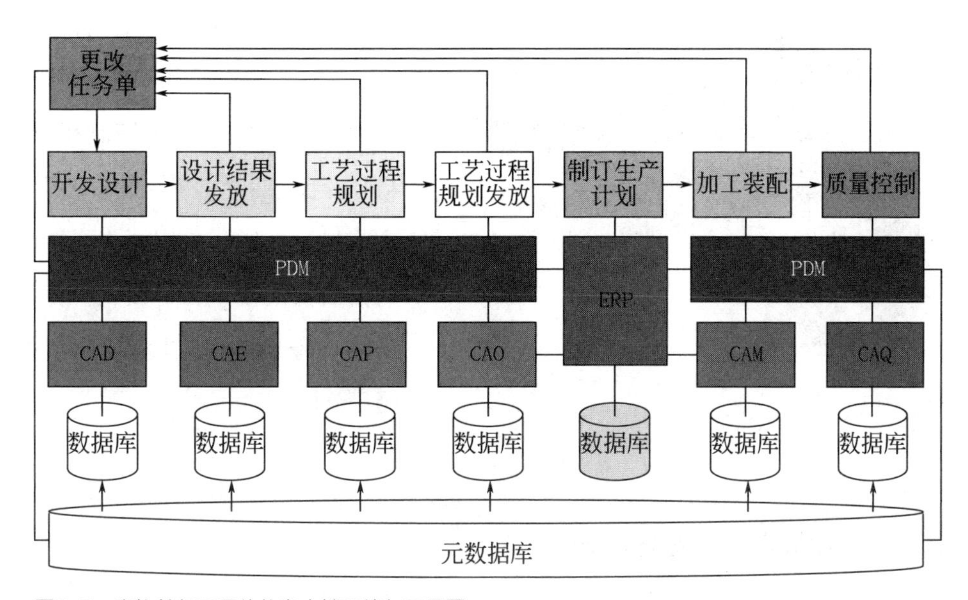

图7-5　实施并行工程的信息支撑环境与工具图

7.1.5 虚拟设计

虚拟设计是20世纪90年代发展起来的一个新的研究领域，是以“虚拟现实”技术为基础，以机械产品为对象的设计手段。借助这样的设计手段设计人员可以通过多种传感器与多维的信息环境进行自然交互，实现从定性和定量综合集成环境中得到感性和理性的认识，从而帮助深化概念和萌发新意。

7.1.5.1 虚拟设计在产品开发中的应用

在产品的研发生产过程中，设计对产品的成本起着重要作用。虚拟设计技术是由各个“虚拟”的产品开发活动来组成，由“虚拟”的产品开发组织来实施，由“虚拟”的产品开发资源来保证，通过分析“虚拟”的产品信息和产品开发过程信息求得对开发“虚拟产品”的时间、成本、质量和开发风险的评估，从而作出开发“虚拟产品”系统和综合的建议。例如，虚拟驾驶系统设计，是指利用现代高科技手段让体验者在一个虚拟的驾驶环境中，感受到接近真实效果的视觉、听觉和体感的汽车驾驶体验。

虚拟设计在产品设计方面具有较大影响的另一个领域是装配设计，尽管目前尚没有商用虚拟装配系统，但就其技术来说已经成熟，人们普遍认为这项技术对产品设计具有重要意义。例如，韩国Daeyang公司设计的产品i-Visor FX6013D立体眼镜式MP4，内部集成各种控制机部，与PC连接后通过模拟RGB连接方式显示映像，采用了失真较少的自由曲面棱镜，可极大扩充视角，具备3D立体显示能力，如图7-6所示。

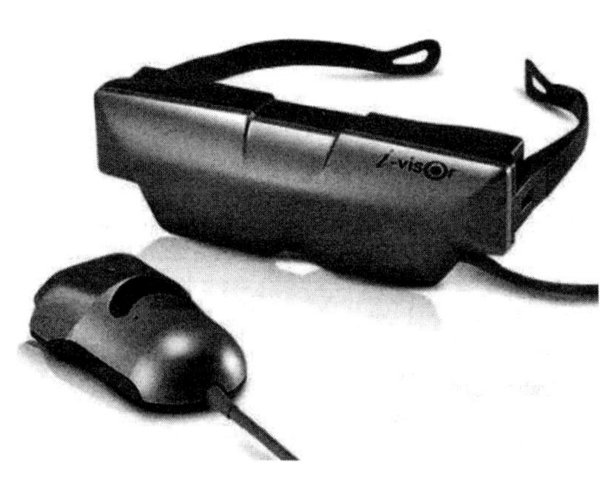

图7-6 3D立体眼镜式MP4

7.1.5.2 虚拟设计的发展趋势

以虚拟的概念来分析未来的设计，将从有形的设计向无形的设计转变，从物的设计向非物质的设计转变，从产品的设计向服务的设计转变，从实物产品的设计向虚拟产品的设计转变，以不拘一格的风格形式在更高层面上理解产品的服务性。例如，英国贝尔法斯特女王大学电子工程系教授阿兰·马歇尔设计的手套，戴上这种手套，就可以通过网络传输手掌触摸的力度以及皮肤感觉等信息，使人们不仅可以通过显示器遥遥相望，而且可以感受到他们的手握在一起，如图7-7所示。虚拟设计和制造技术的应用将会对未来的设计业与制造业的发展产生深远影响。

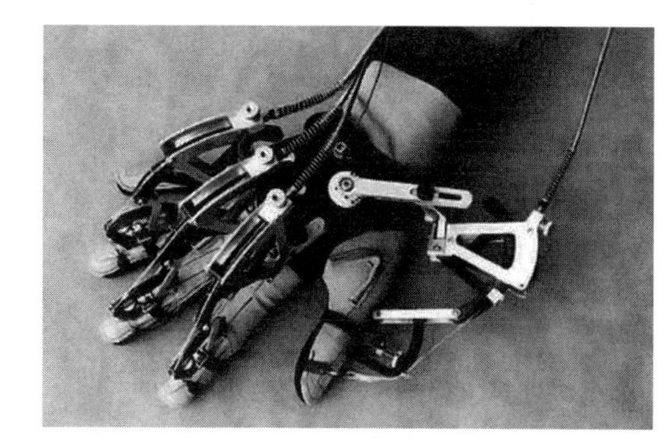

图7-7　阿兰·马歇尔设计的手套

7.2　未来设计的发展

7.2.1　智能化设计

随着社会信息化的加速，人们的生活、工作、社交与通信、信息的关系日益密切，而智能化设计又成为商品广告宣传中的常用词。人们在满足基本的自身需求的同时，对产品使用的要求又指向了舒适、交互、通信等诸多用途。例如，德国大众汽车公司设计的奥迪A8汽车内饰，其MMI系统集成了UMTS模块，以方便联网收发邮件和浏览网页，此外MMI系统还可接收奥迪的定制服务信息，包括实时路况信息以及谷歌街景等信息。随着现代家庭的家居环境被越来越多的家电产品所围绕，家电产品更迫切地需要基于整体环境考虑的智能化设计来改变现状。

7.2.1.1　智能化的“高设计”

为提高人们的生活方式而设计的高档产品在西方被称之为“高设计”，而在智能化的产品设计中除了不断创新产品使用上的功能外，其设计与生产成本不外乎会再次加大砝码，可以说智能化设计的发展是市场经济和消费理念的更新代替。不同的消费人群、不同的购买心理、不同的使用理念都会是推动智能化设计发展的又一动力。三星智能LED800电视，搭载了三星最新系统配合八核处理器，系统流畅度更高，在线视频资源更丰富，有更多、更好玩、实用的APP，支持手机同屏操作，可玩度更高，自带摄像头支持体感游戏，并配有智能触感遥控器，使用更方便。

7.2.1.2 智能化设计的未来化

设计的目的在于满足人们生活的需要，而现代都市人迫切需要的是一种短距离的追求和人情味厚重的产品使用环境。产品作为人们生活方式的物质载体，它必须在特定环境将人与产品联系于一体，以营造出一种和谐相容的居住氛围，让人们享受高端产品所带来的完美的使用感受。例如，iPhone系列智能手机，具有独立的操作系统、独立的运行空间，可以由用户自行安装软件、游戏、导航等第三方服务商提供的程序，智能手机的使用范围已经布满全世界。

7.2.2 模糊化设计

在现阶段的设计领域，模糊化设计已渐渐成了一种挑战传统的设计风格，产品的功能与形式上的模糊性使产品的使用具有了更大的弹性空间和多功能性，达到资源的节约和可持续发展的目的。

7.2.2.1 模糊设计提出的时代背景

对于产品设计而言，模糊设计与其他设计一样具有鲜明的时代特征，即什么样的时代决定产生什么样的产品或设计。现代社会正处于一种“非物质社会”的社会形态，在这个社会中，大众媒体、远程通信、电子技术服务和其他消费者信息的普及，标志着这个社会已经从一种“硬件形式”转变成为“软件形式”。一件好的设计作品可以触及人的心灵，而这种设计的缘由所在正是其表达的一种看似抽象的思想和情感。相对于客观世界的复杂性而言，它还有随机的不确定性，即模糊性，认识客观世界的过程与处理各种设计问题的不确定性是人们所要面对的。

7.2.2.2 模糊设计的研究与应用

在设计过程中利用相关的模糊理论或模糊技术，以现代人的生理或心理需求作为设计的出发点可称之为模糊设计。在这种情况下，设计立即转变成一个更为复杂和更多学科参与的活动，这种设计的改变主要体现于产品使用环境和体验用户之间，同时对于产品的设计而言最重要的就是处理产品与用户之间的关系。

7.2.2.3 模糊设计的研究发展方向

工业设计的发展是以灵活性对抗复杂性，或者说是以灵活性对抗混乱性，从很少的概念中产生无数的变体，这就是研究模糊设计和未来进行研究的发展方向。

7.2.3 概念化设计

在高新技术快速发展的现代社会，概念设计以一种特有的思维方式与设计理念改变着人们的生活，并影响着人们的生活方式和生活质量。在产品设计、广告设计、家居设计、建筑设计、环境艺术设计等多领域都出现了概念设计的身影。

7.2.3.1 概念的设计思想与实施

现代传媒及心理学认为：概念是人对能代表某种事物或发展过程的特点及意义所形成的思维结论。概念设计是利用设计概念并以其为主线贯穿全部设计过程的设计方法，它通过设计概念将设计者的感性认知和瞬间思维上升到统一的理性思维从而完成整个设计。美国苹果公司所设计的一款零排放的iMove 2020的苹果概念车打破了原来的设计模式，如图7-8所示。这款汽车的设计思想在于打破传统的汽车概念，以设计语言和品牌为主打，从苹果的设计产品中获得灵感并付诸实践。

图7-8 苹果概念车

7.2.3.2 未来概念设计产业的发展趋向

未来概念设计产业的发展趋势是将引领人们通向一个有创新性的、物质和精神产品极其丰富的世界。概念设计将是人性化、绿色、健康、环保、节能的设计，并赢得消费者在情感上的共鸣与认同。同时“乐活”精神将是人们生活的概念体现，它不仅为人类生活而服务，更为未来生活创新。法国设计师福莱特设计的Nike slip-on梦幻跑鞋，如羽毛般轻盈的鞋面，以全方位的贴合灵活性提升双脚的步态流畅性和自然感，更出众的透气舒爽穿着感受为你摆脱双脚束缚，助你尽情施展速度优势。

7.2.4 人性化设计

人性化设计是指在符合人们对物质需求的基础之上，强调精神与情感需求的设计，是人类生存意义上一种高设计追求，它体现了“以人为本”的设计核心，运用美学和人机工程学的人与物的设计，展现了一种人文精神，是人与产品、人与自然完美和谐的结合。如约翰·奈斯比特所说：“无论何处都需要有补偿性的高情感。我们社会里高技术越多，我们就越希望创造高情感和环境，用技术和软性一面来平衡硬性的一面。我们必须学会把技术的物质奇迹和人性的精神需求平衡起来，实现从强迫性技术向高技术和高情感相平衡的转变。”而作为这种情感和人性平衡的媒介，人性化的设计将是高技术发展的必然要求。

7.2.4.1 人性化设计的类型

（1）功能主义的人性化设计　功能主义的人性化设计所考虑的首要因素是高度的功能性，即产品应符合消费者的最基本需要，其次是追加产品在外观上的美感，让消费者在使用过程中能得到精神上的释放与享受，二者缺一不可。例如，Young-min Heo设计的收纳式垃圾桶，在满足垃圾桶最基本的功能性需要基础上，以全新的视觉美感满足了消费者精神上的需求。

再如澳大利亚设计师西蒙·科拉布法罗设计的Metrotopia高机动性双人座单轮电动交通工具，是为了解决人类未来的交通问题。这是一个具有柔韧性和机动性的橡胶制电动交通工具，它的动力来自底部的电池和电动马达，低重心设计使它拥有高度的稳定性和操控性。平时不被使用时，它可停放在专为其设计的大型电车中，以方便人们租用及充电，使用者也可以乘坐在停放于电车中的Metrotopia稍作休息，待到达目的地后再驾驶它离开大型电车至下一个目的地（图7-9）。

图7-9 Metrotopia双座汽车

（2）"为人而设计"的人性化设计　人性化设计作为一种为人而设计的理念，其出发点与归宿都是将功能需求与精神需求相结合，从而设计出符合消费者使用需求与要求的产品。正如1998年美国苹果公司推出的全新iMac计算机，再一次在计算机设计方面掀起了革命性浪潮，成为全球瞩目的焦点。iMac计算机秉承计算机人性化的宗旨，采用一体化的整体结构和预装软件，插上电源和电话线即可上网使用，极大方便了第一次使用电脑的用户，打消了他们对技术的恐惧感。美国设计师Peter Bristol设计的三角形角落照明灯，紧紧依偎在角落里面，这款灯被设计成了房间架构的一部分，灯的外形紧贴在天花板和墙角，呈现斜角切割的状态，把这盏灯装置在房间里显得独一无二又别致。

（3）带有情感的人性化设计　物质丰富的现代社会背后，人们更注重的是情感上的需求和精神上的慰藉，这使得产品在情感因素上成为设计的关键，正因如此，消费者在产品的购买上产生了无形的情感寄托。

7.2.4.2 人性化设计的方法

（1）用情感人　通过设计的外观和使用形式上的要素变化，引发消费者积极的情感波动和亲身体验。美国著名经济学家、社会学家托夫勒曾这样说："人类需要高技术，更需要高情感，人们的购物过程不仅满足的是物质需求，还有文化上的需求。产品一旦被赋予某种美好的情感，就会缩短人与产品在情感上的距离，出现购买行为上的认同。"

（2）用义感人　通过对产品外观及功能上的完善，附加消费者对生态环境的高度保护意识和可持续环保理念，使消费者对所使用的产品获得进一步的认知与认可。

（3）用名诱人　对产品恰到好处的命名往往会为产品提升无形的附加值，因为名字是产品吸引消费者的第一方式，所以产品的命名也是人性化设计当中的一个重要环节。

7.2.4.3 人性化设计的发展趋势

人性化设计是现代产品设计的一个重要基点，"人性化"在未来设计中深层次的体现就显得尤为重要。进入21世纪以来，人类生存面临众多难题，如能源危机、生态平衡、环境污染等。如果现代设计没有把这些与人类息息相关的问题作为设计的标准，最终会导致人类自身的灭亡，这也无疑给人性化设计的"以人为本"的理念蒙上一层阴影。设计是生活的需要，是认识与感受传统文化的精神内涵，只有这样才能实现真正意义上的"以人文本"的设计理念，实现设计的美学、技术、经济与人性的统一。人性化设计的趋势主要有以下几点：

（1）回归自然的人性化设计情怀，在生活中尽量选择自然的材质作为设计素材。

（2）体现人体工程学原理，从人体生理结构出发的空间设计。

（3）以人的精神享受为主旨的环境保护和以人文资源保护与文化继承为目标的设计。

7.2.5 体验设计

体验设计是一种以用户为中心、以用户需求为目标而进行的设计。设计过程注重以用户为中心，用户体验的概念从开发的最早期就开始进入整个流程，并贯穿始终，从而提高用户的满意度和忠诚度。这种设计方法源于产品、服务和用户交互等领域，现已扩展到包括品牌战略、营销推广、用户研究、UI设计、交互设计、数字游戏设计等多个领域。

体验设计的核心是用户的需求和感受，设计师需要深入了解用户的行为、需求、心理和生理特征，以及他们与产品的交互方式。设计师需要创造出符合用户期望和需求的产品及服务，使用户能够轻松、高效、愉快地使用产品，并获得积极的情感体验。

7.2.5.1 体验设计和传统设计的不同点

（1）含义和特征不同　传统设计是一种批量化生产，更多追求的是一种功能上的满足，对产品的外形、色彩、材质、包装、结构等考虑得较多。而体验设计是全方位、系统性的设计，它包括视觉、听觉、嗅觉、触觉等，关系到整个人体，可以是真实的，也可以是虚拟的，让使用者在体验的过程中更加真实贴切地感受到产品的设计作用，同时还可以和产品产生一种互动。例如美国设计师设计的可散发出香味的嗅觉电视、可播放音乐的座椅等，都是体验式的产品形式。

（2）目的不同　产品的体验设计更多的是使用户在使用过程中拥有美好的回忆，衡量产品设计的优劣标准就是这个回忆体验的好坏。而使用者在体验的过程中，产品要具有主动性，这样才能满足人类在体验过程中的美好感觉，让人们留下美好的回忆。

在产品体验设计中，产品作为一种道具，服务于各种场景，然而体验也是不确定的，它不能凭空产生，必须要有外界的刺激才可以。所以，要设计一种好的产品，必须经过反复的试验推敲，直到满足人们的心理和生理需求。

（3）方式不同　随着人们对新潮、个性生活的渴望，人们不再满足于简单的功能需要，而是更多地希望参与到整个创造生活的过程中去，得到充分的满足感，这将成为人们对生活的另一种体验方式。德克霍夫在《文化肌肤》中提到，在不远的未来，设计的灵感来源将不会被局限于传统的美和功能这些概念，而会来源于人类最古老的对智慧的渴求。而产品的体验设计提供的是一种生活体验方式，它让人们在生活、工作、出游等各个方面感受到体验设计的魅力所在。面对同一款产品、相同的功能，根据不同的场合人们会作出不同的选择，从而产生不同的体验。例如，头盔有各种颜色可供选择，当人们外出旅行时，一定会选择具有运动和个性张扬的颜色。与其说选择颜色是完成一件产品设计，倒不如说是在选择一种生活的体验方式。

因此，产品的体验设计赋予了使用者更多的自主性，让体验者在广阔的空间里发挥自身的主动性来实现最终的目标。

（4）对象不同　在产品的体验设计中，设计的重要内容是有使用者的参与，它是设计的有机组成部分，也是检验设计成功与否的标准。使用者的参与分为主动参与和被动参与。主动参与是指使用者就是创造体验的主体，如同电影中的演员。被动参与是指使用者不参与到体验中去，如同一个旁观者。

（5）对设计者的要求不同　体验设计要求设计者在设计的过程要有更系统、更全面、更深入、更具有广度和深度的设计思想，以便于迎接更具有挑战性的设计。作为一个设计者要涉猎更多的领域，扩大自己的知识面，以便于从这些领域中提取设计符号，激发设计灵感。同时还要多参与实践，对现有产品进行反复的调研和推敲，不断模拟客户参与体验的动态过程，才能真正地设计出一款符合使用者要求的设计作品。

设计以人为本，在体验经济[1]的条件下，产品不再是简单功能的载体，它更需要人的参与，人是产品体验设计的主体，产品体验设计为人和物提供了良好的互动关系，从而为人类的生活增添了更多的情趣和便利。

7.2.5.2 体验设计战略应用案例——Coasting

IDEO[2]公司的Coasting项目是一个全面产品体验设计的经典案例。2004年，

---

❶ 体验经济是服务经济的延伸，强调顾客的感受性满足，重视消费行为发生以及产品使用时顾客的心理体验。

❷ 1991年，一群斯坦福大学的毕业生创办了IDEO公司。IDEO是世界顶尖的设计咨询公司，尤其是以产品发展及创新见长。

日本的高端自行车零配件公司Shimano发现，其在美国市场的销售量已不再增长，这使得他们产生了危机感。于是，Shimano联合IDEO公司，希望通过设计来寻找新的增长点。经过第一阶段的市场分析和用户研究，IDEO公司发现，在美国90%的成年人不骑自行车，但几乎每个人在童年时期都骑过自行车。这被认为是一个巨大的潜在市场，而找到美国成年人不骑自行车的原因是进行下一步设计的前提。自行车制造商一直以为，用户购买自行车是为了实现锻炼身体的目的；希望自行车具有很高的科技含量，无论从造型或者使用方式上都能体现这一点；不骑自行车的人是因为他们懒惰，觉得开汽车更舒服。但是，通过应用人类学方法对潜在用户的研究，IDEO的四点发现彻底推翻了上述看似合理的解释：相当一部分不骑自行车的成年人对自行车其实有着特殊的感情，因为他们都有过与自行车有关的童年记忆；多数人并不希望穿着紧身的运动服在街上骑自行车，他们希望可以穿着便装，更休闲地享受自行车带来的乐趣；高科技感的设计让他们感到头疼，而零售人员却在商店主要针对自行车的科技含量进行介绍；专门的自行车车道比较少，他们觉得在公路上与汽车同行非常危险，他们不知道在哪里骑自行车是安全的。

基于这些研究，IDEO的设计人员发现他们似乎并没有费脑筋地为Coasting思考创意，一切创意已在眼前。Coasting是一个全新的自行车种类，一种简单、舒服且有趣的自行车种类。它看上去有些怀旧，而且重新采用了过去在美国使用多年的倒转脚踏板的制动方式来唤起用户对童年的美好记忆，以此来建立更好的人与产品的关系。Coasting虽然也采用了最新的自动变挡技术，但没有将这个技术放在表面，用户也看不到任何高科技的特点。随后，Shimano联合Trek、Raleigh和Giant共同将Coasting这个新的自行车种类推广上市。此时，传统意义的产品设计已经完成，但是IDEO的设计团队并没有停止。IDEO针对Coasting进行了零售服务体验设计。在美国的自行车零售店里，店员大多数都是对自行车技术和零配件痴迷的男性发烧友。他们介绍自行车的方式主要是强调一串串零配件代号及其科技含量。IDEO为他们开发了培训手册，让他们明白在介绍Coasting时的零售体验战略。随后，IDEO又为Coasting开发了网站。通过该网站，用户可以了解到在哪里有自行车的专用车道，在哪里骑自行车是安全的。除此之外，他们还向地方政府提出开辟自行车专用车道的建议，并联合政府、制造商举办了以“Coasting”命名的休闲类自行车专题活动来推广Coasting。

7.2.5.3 产品体验设计

约瑟夫·派恩与詹姆斯H.吉尔摩于1998年在《哈佛商业评论》杂志上发表了一篇名为《迎接体验经济》的文章，立即引起了很强烈的反应。其后撰写的《体验经济》一书又被哈佛大学出版社出版。他俩在书中阐述了一种观点，即体验是一种创造难忘经历的活动，是企业以服务为舞台、商品为道具，围绕消费者创造出值得回忆的活动，它也是一种经济物品，可以买卖。按照其理论，从经济角度而言，人类历史经历了四个阶段：从物品经济时代，到商品经济时代，再到服务经济时代，最后将进入体验经济时代。这说明随着社会的发展，人类必将进入一种崭新的经济时代，而这个时代必定会给人类的生活方式带来前所未有的改革。

体验设计正是随着体验经济时代的到来应运而生。一段可记忆的、能反复的体验使体验设计通过特定的设计对象（产品、服务、人或任何媒体）来达到预期的目标。设计师既可以运用传统的设计手段（例如造型、色彩设计），也可以通过新的设计思路（例如塑造主题和混合使用多种记忆手段）来再现某段有特定市场价值的体验，并强化消费者的记忆。

在整体的设计系统中，产品体验设计作为其中的一项设计内容，它同传统的产品设计在内涵、表征上必然有所不同，也必然有其新的理念与特点。

（1）体验经济条件下的生产与消费方式和相应的经济管理模式的变化，是产品体验设计形成、发展的基础。

对于传统的产品设计，其发展的源动力是批量化生产。从19世纪末期到现在，批量生产的管理模式几乎为所有工业制造企业沿用。工业设计师致力于产品的结构、造型、色彩、材质、包装等要素，从而实现产品易于生产且便于使用，这便构成了传统意义上的工业设计定义。然而从20世纪70年代起，随着信息技术在各个领域的广泛应用和知识经济的逐步形成，工业设计所依赖的原有生产、消费和相应的经济、管理模式已经发生了几个方面的重要变化，而这些变化成为体验经济和产品体验设计形成、发展的基础。

① 信息技术使原来需要许多物质材料实现的产品和服务转变到计算机与网

络系统组成的非物质的虚构体验世界。人们所熟悉的电子邮件、电子商务，以及运用个人数据交换技术和网络技术开发的产品为产品设计师提供了不同以往的新视野与领域。另外，从设计的战略角度，产品的生产和销售过程也更强调信息和知识的传递。总之，在商品市场化的过程里，消费者的感知和体验被提到前所未有的高度，得到了格外的关注。

② 随着知识经济的发展，产品的概念有了更广泛的意义，使之扩大到包括所有可以市场化的产品、服务、体验、活动、信息、知识、资产等，产品概念的扩展使产品设计针对的对象由原来的具象化（由一个个零件组成的实体）转化为抽象化、系统化。

③ 产品体验设计要求设计从开始阶段就将个体消费的需求与消费经验融入产品的生命周期里，解决了产品的个性化、多元化，从而出现批量化定制的生产与管理概念。

（2）产品体验设计的目的是唤起产品使用者的美好回忆与生活体验，产品自身是以“道具”形式出现的。

在产品体验设计中，产品是作为道具出现的。能否让使用者在使用产品的活动过程中拥有美好的回忆，产生值得记忆的体验，是衡量产品设计优劣的标准，而且产品体验设计必须服务于产生体验的整个“剧情”的需要，使用者产生美好的回忆与体验是其最终的目标。按照吸收与参与的程度，体验可分为四大类：娱乐体验、教育体验、遁世体验和美学体验。通常，让人感觉最丰富的体验是同时涵盖这四个方面的，即处于四个方面交叉点的“甜蜜地带”的体验。

体验是对某些刺激产生的内在反应，它关系到整个人体。体验大都来自直接观看或参与某些事件，既可以是真实的，也可以是虚幻的。从体验的角度来理解，世界是人类思想和理解的产物，并不是万物规律的产物。因此当产品作为道具所营造的氛围、环境及其对人产生的刺激引起人的体验时，人与物之间的共鸣便产生了，即满足了人的某种需求。

体验是不确定的，主体并不是凭空地产生某种体验，而是需要在外界环境的刺激下才有所体现。就这个意义上来说，产品在让使用者产生体验的过程中更具主动性，产品是施动者，人则是受动者。由此可见，产品体验设计的作用就是如何贴切、恰当地构架其产品与人之间的这种刺激与体验的互动作用。产生设计预期的某种体验，成为产品的主要功能，也是产品体验设计的方向所在。

作为设计者，应充分认识到产品体验设计是一场“体验的设计”，个体的体验是最重要的，而体验的价值将远远大于产品本身。产品的形式是整体的、全方位的，包括视觉、听觉、嗅觉、触觉等。体验性的产品设计还应是戏剧化的，在某一时间、某一地点，发生了某一故事，例如以“怡”为主题的音响设计，以“悦”为主题的手机设计，这些都是为某一特定的“剧情”，产生某一特定的体验感受而作。

（3）产品体验设计使产品的概念具有更为广阔的外延空间，产品体验设计提供的是一种生活体验方式。

产品体验设计是为使用者产生体验与美好的回忆提供道具、生情点，它必须为产生体验的整个剧情、主题服务，设计必须满足演出的需要。而剧情之所以能够与观众取得共鸣，是因为它再现或印证、憧憬了使用者的某种过去或将来的生活体验，从这层意义上讲，产品体验设计提供的是一种使用者向往或能激发他积极参与的生活体验方式。

人们渴望决定自己的生活，并热切地希望投入这个创造生活的全过程中去，在过程中得到智慧，获得提高。过程本身就给了人满足感，对未来未知领域的探索，回味过去他人或自身的经历往往会超越最终结果——产品本身的意义。这种过程给予人类的满足感甚至可以让人忽略最终产品的某些不足。如果设计师以产品为媒介，在设计中表达对生活、文化的看法以及个人的生活体验，客户同样也可以，而不是被动地接受别人的表达。产品的价值因为有了这一过程而得到提升，也就更具内涵与魅力。这实际上体现了设计对人类自身心理层次的人性化关怀。

（4）在产品体验设计中，唤起使用者的参与是一个重要方面。

完整的设计是由设计者、产品和使用者三方面共同完成的。故事有了道具，有了舞台，有了布景还不足以展开，必须有演员去表演、去参与，才能够生动、具体，才能够产生剧情。在产品体验设计中，使用者的参与是整体设计的重要内容，是设计的有机组成部分，也是检验设计成功与否的标准。

第一种方式，主要是使用者从产品中体会设计者所要传达的意境，从而唤起使用者的某种联想，这种联想与使用者自身的某种生活体验密不可分。虽然唤起联想的导线是相同的——同一个产品，但不同的人由于生活阅历、文化素质、民族习惯、兴趣取向的不同，产生的体验也会不同。

第二种方式，是使用者的主动参与，这种方式更像是流行的DIY，如手机可以随心所欲地变换彩壳，或者是使用者自己动手安装产品等。在自己动手的过程中，创造体验，不再是由产品唤起体验。在主动参与的过程中，不仅可以通过感觉器官感受外部世界，而且能够产生心理的满足感与成就感。

（5）在体验经济条件下，产品体验设计需要设计者建立一种较以往更系统、更全面、更深入、更具有广度和深度的设计思想。

体验经济是当代美国风行的、继服务经济之后又一全新的经济发展阶段，强调商业活动给客户带来独特的审美体验，其灵魂和核心是主体体验设计，由主题相关的各种元素及设计内外各种关系形成一个复杂的系统。原来以设计师主观感性为主的设计必须在系统的约束下走向理性。产品体验设计的每个细节都是整个大主题策动下的一粒棋子，按体验经济的观点，“工作就是剧场”，而设计细节就是剧情推动下的一个角色、道具符号，必须符合情节的安排与要求，是对主题有用或相关的规定动作。

产品体验设计的研究一方面从心理学、社会学等基础学科寻找理论基础，以解释人类所能产生的与产品相关的情绪和体验；另一方面又将这些与商业无关的基础理论应用于商业产品服务的开发中，为用户设计好的产品体验，为企业创建好的品牌。今天，产品设计再也无法单独存在，设计的系统思考成为必然，也许这也是人们应该重新认识设计、定义设计、思考如何运用设计来建立品牌和取得商业成功的时候了。

产品设计 Product Design

参考文献

[1] 曹伟智，李雪松.产品设计[M].北京：北京大学出版社，2021.

[2] 汪伟.创意设计应用研究[M].北京：研究出版社，2019.

[3] 韩禹锋，姚民义.设计概论[M].北京：化学工业出版社，2018.

[4] 钱峰.从设计思维到创新设计[M].成都：四川大学出版社，2018.

[5] 刘震元.产品设计程序与方法[M].北京：中国轻工业出版社，2018.

[6] 李娟莉，赵静，王学文，等.设计调查[M].北京：国防工业出版社，2015.

[7] 管倖生，等.设计研究方法.[M]台湾：全华图书股份有限公司，2013.

[8] 王星河.产品设计程序与方法[M].武汉：华中科技大学出版社，2020.

[9] [美]布鲁斯・布朗.设计问题：本质与逻辑[M].孙志祥，辛向阳，译.南京：江苏凤凰美术出版社，2021.

[10] 金辉，曹国忠.产品功能创新设计理论与应用[M].天津：南开大学出版社，2020.

[11] 张婷，王谦，孙惠.品质与创新理念下的产品设计研究[M].北京：中国书籍出版社，2019.

[12] 穆波，余春林.产品生态化设计理论与实践[M].北京：中国纺织出版社，2019.

[13] 王欣欣.工业产品设计中的造型与表达[M].北京：新华出版社，2019.

[14] 周文静，白晓景，田宇.产品设计程序与方法探究[M].北京：九州出版社，2018.

[15] 李丽凤，刘付勤.产品创意设计[M].西安：西安电子科技大学出版社，2019.

[16] 霍春晓.产品开发设计与创新方法[M].南京：江苏美术出版社，2018.

[17] 彭小鹏，钟周，龚敏.产品设计方法学[M].合肥：合肥工业大学出版社，2017.

[18] 吕明，白云峰，李硕.产品形态设计研究[M].北京：北京工业大学出版社，2018.

[19] 朱炜，卢晓梦，杨熊炎.产品设计方法学[M].武汉：华中科技大学出版社，2018.

[20] 熊杨婷，赵璧，魏文静.产品设计原理与方法[M].合肥：合肥工业大学出版社，2017.

[21] 刘九庆，杨洪泽.工业设计程序与方法[M].哈尔滨：东北林业大学出版社，2016.

[22] 郭会娟，汪海波.基于符号学的产品交互界面设计方法及应用[M].南京：东南大学出版社，2017.

[23] 郑路，佟璐琰，陈群.产品设计程序与方法[M].石家庄：河北美术出版社，2018.

[24] 佟囡.产品设计程序与方法[M].郑州：中州古籍出版社，2017.

[25] 王俊涛，肖慧.产品设计程序与方法[M].北京：中国铁道出版社，2015.

[26] 侯可新.产品设计程序与方法[M].合肥：合肥工业大学出版社，2014.

[27] 姚奇志，宋敏.产品设计程序与方法[M].南京：南京大学出版社，2015.

[28] 杨向东.工业设计程序与方法[M].北京：高等教育出版社，2008.

[29] 高筠，怀伟，俞书伟.设计程序与方法[M].南昌：江西美术出版社，2011.

[30] 刘永翔.产品设计[M].北京：机械工业出版社，2008.

[31] 许继峰，张寒凝，崔天剑.产品设计程序与方法[M].南京：东南大学出版社，2013.

[32] 柴邦衡，黄费智.现代产品设计指南[M].北京：机械工业出版社，2012.

[33] 吴佩平，章俊杰.产品设计程序与实践方法[M].北京：中国建筑工业出版社，2013.

[34] 王俊涛，肖慧.新产品设计开发[M].北京：中国水利水电出版社，2011.

[35] 张帆.产品设计开发程序与方法[M].北京：北京理工大学出版社，2008.

[36] 孙颖莹，傅晓云.设计的展开：产品设计方法与程序[M].北京：中国建筑工业出版社，2009.

[37] 高筠，怀伟，俞书伟.设计程序与方法[M].南昌：江西美术出版社，2011.

[38] 虞世鸣.创意元素与产品设计[M].北京：中国轻工业出版社，2008.

[39] 江杉.产品设计程序与方法[M].北京：北京理工大学出版社，2009.

[40] 杨辉.关于绿色产品设计理念与准则的思考[J].中国文艺家，2021(02):61-62.

[41] 绿色设计：当代设计不可回避的时代命题［EB/OL］.https://www.163.com/dy/article/HFL7VB820541BT1I.html（2022-08-25)[2023-01-20]

[42] 门德来,石琬莹.慢设计及其表现[J].大众文艺,2010(09):146-147.

[43] 张红燕,刘子建.从工业设计的角度浅谈设计管理[J].美与时代(上半月),2009(02):31-34.